化学工业出版社"十四五"普通高等教育规划教材

土木工程试验与测试技术

TUMU GONGCHENG SHIYAN YU CESHI JISHU

刘洪波　主编　　邵永松　主审

U0392143

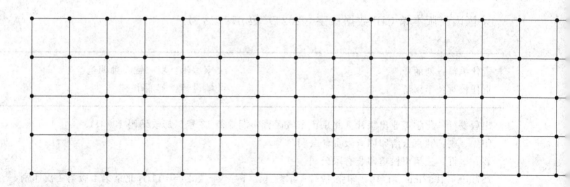

化学工业出版社
·北京·

内 容 简 介

《土木工程试验与测试技术》系统、全面地介绍了土木工程结构试验和检测的基本原理和基本方法，主要内容包括：土木工程结构试验与检测的组织实施与管理、试验设计理论与方法、试验量测技术与仪器、试验加载方法与设备、无损检测技术，以及模型试验的原理与方法、静载和动载试验的准备、组织、常用仪器和操作方法。本书还结合土木类不同方向专业的特点，介绍了无损检测技术基本原理、建筑结构检测的内容与观测方法，同时介绍了常用的测试数据整理与分析方法。

本书可作为高等院校土木类专业的本科生教材，也可供继续教育本专科学生和高职高专院校专升本学生使用，亦可作为专业技术培训教材供工程技术人员参考。

图书在版编目（CIP）数据

土木工程试验与测试技术/刘洪波主编．—北京：化学工业出版社，2024.8
ISBN 978-7-122-45468-3

Ⅰ.①土… Ⅱ.①刘… Ⅲ.①土木工程-工程试验-高等学校-教材②土木工程-测试技术-高等学校-教材 Ⅳ.①TU

中国国家版本馆 CIP 数据核字（2024）第 079723 号

责任编辑：刘丽菲　　　　　　　　　　　　文字编辑：罗　锦　师明远
责任校对：李雨晴　　　　　　　　　　　　装帧设计：刘丽华

出版发行：化学工业出版社（北京市东城区青年湖南街 13 号　邮政编码 100011）
印　　刷：北京云浩印刷有限责任公司
装　　订：三河市振勇印装有限公司
787mm×1092mm　1/16　印张 17¾　字数 442 千字　2024 年 11 月北京第 1 版第 1 次印刷

购书咨询：010-64518888　　　　　　　售后服务：010-64518899
网　　址：http://www.cip.com.cn
凡购买本书，如有缺损质量问题，本社销售中心负责调换。

定　　价：49.80 元　　　　　　　　　　　　　　　版权所有　违者必究

序

随着我国国民经济的高速发展，大规模的基础设施建设呈现出日新月异的局面。党的二十大指出：全面建设社会主义现代化国家，最艰巨最繁重的任务仍然在农村。习近平总书记为全面推进乡村振兴指明了方向，其中包括统筹乡村基础设施和公共服务布局。土木工程结构试验与测试技术为乡村基础设施建设提供了科学依据，能够促进农村经济的发展，改善农民生活条件，实现乡村振兴战略的全面落实。而在城市更新方面，通过技术手段对建筑结构进行全面评估和测试，可以提高城市更新项目的可持续性和安全性，为城市更新注入新的活力，推动城市建设向着更加现代化、智能化的方向迈进。

土木工程结构试验与检测作为土木工程专业中不可或缺的一门技术课程，承载着重要的理论和实践意义。它紧密联系着材料力学、结构力学、混凝土结构、砌体结构、钢结构等诸多领域，同时还涉及物理学、机械与电子测量技术以及数理统计分析等多个学科。

系统学习这门课程，学生将掌握土木工程结构试验的基础知识和实践技能，将能够设计和执行工程结构试验，并能准确分析和解释试验结果。这不仅为他们未来从事科学研究和工程检测奠定了坚实基础，也为他们在土木工程领域的职业发展提供了有力支持。

此外，土木工程结构试验与检测在结构计算理论的验证和发展中起着关键作用。它通过实验研究，验证和完善各种结构材料的力学性能和结构计算方法，为大跨、超高、复杂结构等新型工程的设计和施工提供了重要支持。

随着科学技术的不断进步，工程结构试验理论和技术也在不断发展。电子技术和计算机技术的应用使得工程结构试验设备和方法得到了革命性的改进，试验过程变得更加精确、高效和自动化。这种变革不仅提高了工程结构试验的质量和效率，也促进了土木工程学科的发展和创新。

因此，教材内容需要及时更新，以反映这些新进展和趋势。它应该结合最新的理论成果和实践经验，为学生提供全面而深入的学习材料，帮助他们在未来的工程实践中取得更大的成就。

哈尔滨工业大学　教授　博士生导师
哈尔滨工业大学工程检测有限公司　总工程师

前言

随着科学技术的进步，土木工程建设规模和复杂性也逐步增加；进入新时代，城市更新、乡村振兴给土木工程专业提出了新的课题。而新课题的产生，必然要通过工程问题的研究来解决。

解决工程问题，通常有理论计算分析和实验分析两种方法，而工程结构试验与检测技术是人类认识土木工程客观规律、改造自然的重要手段，扩展和延伸了人们的感官能力。现代化的试验检测技术对于经济生产和科学技术的发展具有重要意义，同时科学技术的进步也同样促进了试验检测技术的提高和进步。

结构试验作为一门既科学又技术的领域，在研究和推动土木工程新结构、新材料、新工艺的发展，以及验证结构分析和设计理论方面具有重要地位。它是探索和实践的桥梁，将理论与实际紧密结合，为结构工程的研究和技术创新提供不可或缺的支持。随着科学技术的不断进步和应用的不断拓展，结构试验已成为土木工程专业学生的必修专业课程。

本书就工程试验与建筑检测的内容进行了全面、系统的论述，共分 13 章（第 12、13 章为线上学习内容）。主要内容包括：绪论；土木工程结构试验与检测的组织实施与管理；试验设计理论与方法；试验量测技术与仪器；试验加载方法与设备；模型试验；静载试验；动载试验；工程结构抗震试验；无损检测技术；建筑结构检测；地基与桩基基础检测；测试数据整理与分析。在结构试验检测技术上，采用我国目前已经成熟的最新技术和标准，以保证技术的先进性。

本书立足于科学、严谨的原则，旨在帮助读者建立扎实的理论基础和实践技能，为未来从事土木工程领域的研究和实践奠定坚实的基础。本书可作为高等学校土木工程专业的专业课教材，也可作为相关专业工程技术人员的参考资料。

本书由黑龙江大学刘洪波担任主编，哈尔滨理工大学朱晶、东北石油大学滕振超、黑龙江大学徐树全担任副主编，黑龙江大学曾庆龙参加编写，全书由哈尔滨工业大学邵永松教授担任主审。全书由刘洪波统稿。具体分工：刘洪波（第 1、2 章），朱晶（第 4~6 章），滕振超（第 7~9、13 章），徐树全（第 10、11 章），曾庆龙（第 3、12 章）。东北石油大学郭道琳、张永新参与了绘图和文稿校对工作，黑龙江大学姜冬雪、李泊辰、郭骅山、简家硕、张成、孙悦、邵海迪、李银飞、马航宇、刘一博、谷媛、曹晓鹏、王遥赓、宋健、杨文诚、刘磊、任广宇等研究生在资料整理方面提供了大量的帮助，有关设计单位提供了资料支持，在此一并表示感谢。

由于编者的水平有限，书中难免有疏漏之处，敬请读者批评指正。

编者

2023 年 12 月 于哈尔滨

目录

传统的结构工程科学由建筑材料、结构力学和结构试验组成。随着计算机技术的发展，结构工程科学成为包含了结构理论、结构试验和结构计算三部分相对完整的科学，其中，结构试验始终是结构工程科学的一个重要组成部分。

土木工程结构试验与检测技术，是一门研究和发展工程结构新材料、新体系、新工艺、新设计理论和方法以及鉴定结构现有状况、结构损伤程度和处理工程事故的重要学科，是电学、光学、电磁学、光电子学、力学、钢筋混凝土结构和钢结构等学科相互交叉的、实用性很强的一门科学，是用试验的方法研究和测量结构的强度、结构受荷载作用后的反应及评估结构产品质量的一门科学，在工程结构科学研究和技术创新中起着重要作用，具有较强的工程实践性。它与结构设计、施工实践以及土木学科发展有着密切的关系，在古建筑物保护和研究中也起着重要作用。当今国内外有很多专家学者致力于研究保护建造年代已久的古建筑物，延长其使用寿命。通过对这类建筑物进行普查、搜集资料、现场检测、分析计算，按可靠性鉴定标准评定其结构的安全等级，推断其剩余寿命，为古建筑遗产保护提供依据和合理的维护措施。如图 1-1 所示是位于黑龙江省哈尔滨市的圣索菲亚大教堂，它之所以能一直保持原始的样貌，得益于工程师通过先进的土木工程结构试验与检测技术科学对它不断地监测和维护。

图 1-1　圣索菲亚大教堂

1.1　土木工程结构试验与检测的目的和任务

本课程的任务是使学生掌握结构试验方面的基本知识和基本技能，可根据设计、施工和科研的需要，完成一般土木工程结构的试验设计，并得到初步的训练和实践。要求学生对检测的基本方法、原理和技能做到重点掌握，对具体结构的检测全过程有整体的认识和了解。本课程的重点之一是了解各种试验装置的使用原理和使用功能，熟练掌握施工现场检测和研究中经常使用的重物加载、液压加载和支承装置；重点之二是掌握结构试验中各种物理量的测试原理和测试技术，特别是熟练掌握电阻应变测量方法、振弦式应变计测量方法、测量高远处位移的光学测量方法和加速度传感器测量方法等。通过本门课程的学习使学生获得土木工程结构试验与检测方面的专业知识、专业能力和创新应用意识，培养在现场进行各类材料构件的试验检测工作、施工测量、施工质量控制能力，为从事土木工程结构设计、施工和检测等生产一线技术与管理工作奠定基础。

1.2　土木工程结构试验分类

结构试验，按照试验目的、试验对象、试验场所、结构（构件）的破坏与否、荷载性质、加载时间等分类，可分为验证性试验与探索性试验、真型试验与模型试验、实验室试验与现场（原位）试验、非破坏性试验与破坏性试验、静力试验与动力试验、短期荷载试验与长期荷载试验。

1.2.1　验证性试验和探索性试验

（1）验证性试验

验证性试验也称为生产检验性试验，以直接服务于生产为目的，以工程中实际结构（构件）为对象，通过试验或检测对结构（构件）作出技术结论，通常解决以下问题：

① 检验或鉴定结构质量。对一些比较重要的结构，建成后通过试验综合性地鉴定其质量的可靠度。对于预制构件或现场施工的其他构件，在出厂或安装之前，要求按照相应规范或规程抽样检验，以推断其质量。

② 判断结构的实际承载力。当旧建筑进行扩建、加层或改变结构用途时，往往要求通过试验确定旧结构的承载能力，为加固、改建、扩建工程提供数据，为服役结构的可靠性鉴定提供依据。

③ 处理工程事故、提供技术依据。对于因火灾、爆炸、地震等而损伤的结构，或在使用中有严重缺陷的结构，往往要求通过试验和检测，判断结构在受灾破坏后的实际承载能力，为结构的再利用和加固处理提供技术依据。

（2）探索性试验

探索性试验也称为科学研究性试验，目的是验证结构计算理论的各种假定，发展新的设计理论、改进设计计算方法、修改和制定各种规范，为发展和推广新结构、新材料和新工艺提供试验依据。通常解决以下问题：

① 验证结构计算理论的假定。在结构设计中，为了计算上的方便，人们通常要对结构构件的计算公式和本构关系作某些简化假定。一般可以通过试验来加以验证，使之满足要求后用于实际工程的结构计算。

② 为制定设计规范提供设计依据。我国各种现行的结构设计规范除了总结已有的大量科学试验的成果和经验外，为了理论和设计方法的发展，还进行了大量结构试验以及实体建筑物的试验，为编制和修改结构设计规范提供了依据。特别是混凝土结构、钢结构、砖石结构和公路桥涵等设计规范所采用的计算理论几乎全部是以试验研究的直接结果作为基础的。

③ 为发展和推广新结构、新材料与新工艺提供试验依据。随着建筑科学和基本建设的发展，新结构、新材料和新工艺不断涌现，一种新材料的应用、新结构的设计或新工艺的实施，往往要经过多次的工程实践和科学试验，即由实践到认识，再由认识到实践的多次反复，从而积累资料、丰富认识，使设计计算理论不断改进和完善。

1.2.2 真型试验与模型试验

(1) 真型试验

真型试验的试验对象，是实际结构（构件）或者按实际结构（构件）足尺寸复制的结构（构件）。真型试验，适用于生产检验性试验、有些结构整体性能的研究试验（如工业厂房结构的刚度试验、桥梁在移动荷载下的动力特性试验、高层结构风振测试及采用脉动法测量结构的动力特性等）、实际构件试验（如实际工程取下的预制板承载力试验）、足尺寸复制结构的试验等。真型试验的目的是，通过试验对结构构造、各构件的相互作用、结构的整体刚度以及结构破坏阶段的实际状况进行全面测试和分析。真型试验的优点是完全反映真实结构受力特性，试验结论可靠。真型试验的缺点是，投资大、周期长、测量精度受环境影响较大。

(2) 模型试验

模型试验的试验对象，是仿照真实结构并按一定比例复制而成的试验代表物。它具有真实结构的全部或部分特征，是比真型结构尺寸小得多的缩尺结构。对模型试验的要求，是保证模型与真实结构几何相似、材料相似和力学相似，完全满足相似理论。试验力学常常用这种模型，水利工程中也用此类模型，在"钢筋混凝土结构"及"砖石结构"课程中讲到的试验研究，绝大多数使用这种模型。模型按相似条件可分为相似模型和缩尺模型，按试验目的可分为弹性模型和强度模型。模型试验的优点是实施方便，费用低，多参数，多试件。模型试验的缺点是严格相似条件难实现，存在尺寸效应。

1.2.3 实验室试验和现场（原位）试验

(1) 实验室试验

实验室试验，是指在有专门设备的实验室内进行的试验。近年来，我国高等学校和科研机构建造了许多大型结构实验室，为进行模型试验和足尺结构的整体试验提供了比较理想的条件。实验室试验，由于有良好的工作条件和精密灵敏的仪器设备，可获得较高的准确度，甚至可以人为地创造一个适宜的工作环境，突出研究的主要方面，减少或消除各种不利因素对试验的影响。

(2) 现场（原位）试验

现场试验，是指在生产和施工现场进行的试验，又叫结构原位试验。为验证既有结构在作用下的效应，或对既有结构的实际承载力性能进行评估时，应通过原位加载试验进行检验。原位加载试验分为三种类型，可根据具体情况选择其中一种或多种进行试验。

使用状态试验：根据正常使用极限状态指标验证或评估结构的使用功能；

承载力状态试验：根据承载力极限状态的指标验证或评估结构的承载能力；

其他试验：对复杂结构、非正常使用结构或其他特殊类型结构进行的原位加载试验。

现场试验多数用以解决生产性的问题，所以大量的试验是在生产施工现场进行的，有时研究的对象是已经使用或将要使用的结构物，现场试验也可获得实际工作状态下的数据资料。如图 1-2，为了验证某采光顶吊挂 3t LED 屏是否满足正常使用性和安全性而进行的现场试验。

图 1-2　某采光顶现场吊挂试验

1.2.4　非破坏性试验和破坏性试验

(1) 非破坏性试验

非破坏性试验有使用性能检测和承载力检测。检测的对象可以是实际结构或构件，也可以是足尺的模型。

使用性能检测，用于证实结构或构件在规定荷载的作用下不出现过大的变形和损伤。经过检验且满足要求的结构或构件应能正常使用。

承载力检测，用于证实结构或构件的设计承载力。其试验荷载，应采用永久荷载与可变荷载适当组合的、承载力极限状态的设计荷载，目的在于检验荷载作用下结构或构件的任何部分不应出现屈曲破坏或断裂破坏。

(2) 破坏性试验

破坏性试验的目的是掌握试验结构或构件由弹性阶段进入塑性阶段甚至破坏阶段时的结构性能和破坏形态等试验资料，常用于确定结构或模型的实际承载力。

1.2.5　静力试验与动力试验

(1) 静力试验

静力试验的目的是通过对试验结构或构件直接加载，采集试验数据，认识并掌握结构的力学性能。根据试验性质的不同，静力试验可分为单调静力荷载试验、拟静力试验和拟动力试验。

单调静力荷载试验是指试验荷载逐渐单调增加到结构破坏或预定的状态目标，研究结构受力性能的试验。拟静力试验也称单调周期反复荷载试验或伪静力试验。拟动力试验又称联机试验，是将地震反应所产生的惯性力作为荷载加在试验结构上，使结构所产生的非线性力学特征与结构在实际地震动作用下所经历的真实过程完全一致。

(2) 动力试验

结构动力试验是采用一定的激振方法，使结构产生震动，采用相应的动测仪器设备，来测定结构的固有频率、阻尼比、振型、位移响应、加速度响应等或作用力的大小、方向、频率、作用规律等参数，然后依据理论计算结果、相关限值或经验公式，来宏观判断结构的整体刚度或使用性能，为结构体系在动力环境中的安全性和可靠性提供坚实的理论基础。与静力试验的区别在于，在试验过程中，由加载引起试件本身运动的加速度效应（惯性力效应）

是否可以忽略不计，当此部分效应对结果影响较大时，就需要我们采用动力试验。结构动力试验的内容主要分为动荷载的特性试验、结构动力特性试验和结构的动力反应试验。

动荷载的特性包括作用力的大小、方向、频率及其作用规律等。

结构的动力特性是进行结构抗震计算、解决结构共振问题及诊断结构累积损伤的基本依据，因而结构动力特性参数的测试是动力试验的最基本内容，结构的动力特性包括结构的自振频率、阻尼比、振型等参数。

结构的动力反应试验是测定结构在实际工作时的振动参数（振幅、频率）及性状，如动力机器作用下厂房结构的振动、移动荷载作用下桥梁的振动、地震时建筑结构的动力反应（强震观测）等。量测得到的这些资料，可以用来研究结构的工作是否正常、安全，存在何种问题，薄弱环节在何处。

1.2.6　短期荷载试验和长期荷载试验

在进行结构试验时限于试验条件、时间和基于解决问题的步骤，一般情况下，都采用短期荷载试验，即荷载从零开始一直施加到结构破坏或到某个阶段进行卸载，荷载作用时间段较短。

对于研究结构在长期荷载作用下的性能，如混凝土结构的徐变、预应力结构中钢筋的松弛、混凝土受弯构件的裂缝开展与刚度退化等，就必须进行静力荷载作用下的长期试验。

总之，结合具体的试验目的及试验周期，可选用一种或几种试验手段来检验土木结构的设计施工质量或使用性能。在选择试验方法时应从具体问题出发，综合考虑各种因素降低试验费用，一般能用模型代替的，就不用大尺度的原型试验。通过非破坏性试验可以达到试验目的的，就不做破坏性试验。

1.3　土木工程结构检测分类

结构检测是为评定结构工程的质量或鉴定既有结构的性能等所实施的检测工作。结构检测的含义应是广义的，不应单纯局限于仪器量测的数据。检测包括检查和测试。前者一般是指利用目测了解结构或构件的外观情况，如结构是否有裂缝，基础是否有沉降，混凝土结构表面是否存在蜂窝、麻面，钢结构焊缝是否存在夹渣、气泡，连续构件是否松动等，主要是进行定性判断；后者是指通过工具或仪器测量了解结构构件的力学性能和几何特征。对观察到的情况要详细记录，对测量的数据要做好原始记录，并对原始记录进行必要的统计和计算。

依据《建筑结构检测技术标准》（GB/T 50344—2019），建筑结构的检测应分为结构工程质量的检测和既有结构性能的检测。

(1) 工程质量的检测

遇有下列情况时，应进行结构工程质量的检测：

① 国家现行有关标准规定的检测；

② 结构工程送样检验的数量不足或有关检验资料缺失；

③ 施工质量送样检验或有关方自检的结果未达到设计要求；

④ 对施工质量有怀疑或争议；

⑤ 发生质量或安全事故；

⑥ 工程质量保险要求实施的检测；

⑦ 对既有建筑结构的工程质量有怀疑或争议；

⑧ 未按规定进行施工质量验收的结构。

（2）既有结构性能的检测

既有结构性能检测的目的在于评估既有结构的安全性和可靠性，为结构的评定提供真实、可靠、有效的数据和检测结论。检测对象为已建成并投入使用的结构，既有建筑需要进行下列评定或鉴定时，应进行既有结构性能的检测：

① 建筑结构可靠性评定；

② 建筑的安全性和抗震鉴定；

③ 建筑大修前的评定；

④ 建筑改变用途、改造、加层或扩建前的评定；

⑤ 建筑结构达到设计使用年限要继续使用的评定；

⑥ 受到自然灾害、环境侵蚀等影响建筑的评定；

⑦ 发现紧急情况或有特殊问题的评定。

1.4　土木工程结构试验与检测的发展

伴随着科学技术不断进步，新技术、新材料的不断涌现，带动了土木工程结构试验与检测技术和理论迅速发展，未来发展趋势主要有大型化、数字化、自动化、智能化、精密化，与无损检测技术、无人机技术和物联网技术相结合也是土木工程结构试验与检测重要的发展方向。

1.4.1　先进的土木工程试验与测试设施

（1）先进的大型和超大型试验装备

随着现代工业制造技术的不断提高与实际需要，大型结构试验设备不断投入使用，使加载设备模拟结构实际受力条件的能力越来越强。目前，我国电液伺服压力试验机的最大加载能力达到 50000kN，处于全球领先地位，可以完成实际结构尺寸或构件的破坏性试验。大型多功能结构试验系统能够用于大型建筑结构的足尺或大比例模型力学加载试验。

天津的国家大型地震工程模拟试验设施，是全球规模最大、功能最全的地震工程模拟研究设施之一。大型地震模拟振动台基础埋深达 18m、台面长 20m、宽 16m，相当于一个标准游泳池三分之一的面积，载重能力最大可达 1350t。台面上方的巨大空间可满足大尺寸模型试验，甚至可以在台面上 1:1 等比例还原一栋七层楼高的建筑物，以实物形式在其内部进行抗震性能测试。位于试验中心另一侧的水下振动台台阵是这个装置的另一利器，能模拟河流、海流、海浪等涉水环境，为海洋中的"超级工程"提供试验环境。

此外，大型风洞大型离心机、大型火灾模拟结构试验系统等试验装备相继投入运行，使研究人员和工程师能够通过结构试验更准确地掌握结构性能，改善结构防灾抗灾能力，发展结构设计理论。

（2）先进的仪器及测试技术

除了大型设施以外，高精尖设备也有长足进步。现代测试技术的发展以新型高性能传感器和数据采集技术为主要方向。传感器是信号检测的工具，理想的传感器具有精度高、灵敏度高、抗干扰能力强、测量范围大、体积小、性能可靠等特点；利用微电子技术，使传感器具有一定的信号处理能力，形成所谓的"智能传感器"；新型光纤传感器可以在上千米范围内以毫米级的精度确定混凝土结构裂缝的位置。分布式光纤传感系统原理是同时利用光纤作为传感敏感元件和传输信号介质，探测出沿着光纤不同位置的温度和应变的变化，实现真正分布式的测量，具有良好的抗电磁干扰能力、测量精度和长期稳定性。大量程高精度位移传感器可以在 1000mm 测量范围内，达到 0.001% 的精度；基于无线通信的智能传感器网络已开始应用于大型工程结构的健康监测。

另一方面，测试仪器的性能也得到极大的改进，特别是与计算机技术相结合后，数据采集技术发展更为迅速。高速数据采集器的采样频率达到 500Hz，可以清楚地记录结构经受爆炸或高速冲击时响应信号前的瞬态特征。利用计算机，长时间、大容量数据采集已不存在困难。

1.4.2　计算机与网络通信技术

土木工程试验与检测未来将以技术创新或传统技术与计算机网络结合为主要发展方向。一方面科技的日益发展不断带动行业的进步，传统技术日益更新，例如无损检测技术将是其中的一个重点，设备越来越小型化且更加智能化，轻便易操作是未来发展的主要趋势；另一方面计算机网络与传统技术的结合在不断加深，利用计算机网络来简化工作，共享信息，也是当今结构试验与检测的发展主流之一，传统技术与计算机网络的结合将不断推动土木工程试验与检测行业向数字化、智能化方向发展。

(1) 计算机在试验中的应用

1986 年，美国 NI 公司提出了"软件即仪器"的口号，传统仪器参数在生产出来时即被生产厂家定义，不易改变，且体积庞大，携带起来也不方便，而通过软件模拟的"虚拟仪器"则没有这些缺点，使用者仅需一台计算机就可以模拟一整套仪器，并且可以根据自己的需求设计仪器系统，通过修改软件来改变参数，省下大量人力物力。

目前市面上的计算机软件能够模拟大部分工程实际中可能遇到的问题，除了能解决大量结构（应力、位移）问题，还可以模拟其他工程领域的许多问题，例如热传导、质量扩散、热电耦合分析、声学分析、岩土力学分析（流体渗透/应力耦合分析）及压电介质分析，为用户提供了广泛的功能，使用起来又非常简单。在大部分模拟中，甚至高度非线性问题的模拟，用户只需要输入一些工程数据，像结构的几何形状、材料性质、边界条件及荷载工况，大量的复杂问题就可以通过选项块的不同组合很容易地模拟出来。例如，对于复杂多构件问题的模拟是通过把定义每一构件的几何尺寸的选项块与相应的材料性质选项块结合起来进行的。

计算机-试验机联机系统进行结构拟动力试验的出现使得人们可以更加有效了解结构物在地震发生过程中的性能与破坏特征。之前已有的三种试验方法——反复加载试验、模拟地震反应加载试验和振动台试验均有其不足之处。第一种反复加载试验通过对结构顶点反复施加荷载模拟地震发生过程中结构物的受力情况，但无论是塑性阶段之前的荷载控制还是塑性阶段位移控制的荷载输出，都只能使结构处于等幅渐增的反复位移状态，与实际地震发生过程中结构物的受力情况有较大差别；第二种模拟地震反应加载试验是通过计算机对以往反复加载试验得到的刚度变化的简化模型进行动力分析，求解出各时刻的位移与荷载，然后在试件上按照计算结果进行加载试验，由于要假定反应结构刚度的恢复力模型，与实际情况会有出入；第三种振动台试验能最直接、真实地反映结构物在地震发生过程中的情况，但大型的振动台不仅价格昂贵，而且承载能力有限，并且振动发生过程较短，难以对试验数据进行细致的观察和记录。计算机-试验机联机系统先将某一时刻的结构位移施加到结构上，同时测得恢复力返回计算机进行下一步计算，如此反复最终得到完整的结构在地震中的振动过程，这种方法避免了模拟地震反应需要假定回线的形式，且每一步加载指定位移，都可以在静力试验台座上进行，不仅方便观察，而且可以进行大型的试验研究，克服了振动台试验的缺点。

虚拟实验室由美国弗吉尼亚大学（University of Virginia）的 William Wolf 教授在 1989 年提出，可以方便实验人员规划时间，只需要有一台电脑就可以随时随地进行虚拟仿真试验，且虚拟实验室投入资金少，收益大。

（2）网络通信技术在现代土木工程试验与检测中的应用

在结构试验方面，网络通信主要应用在借助互联网快速共享信息的特点，进行实验室资源的共享，将网络通信技术应用于结构试验，使得现代结构试验朝着自动化、智能化、多功能无线信息网络化发展，逐渐形成基于网络的远程结构试验体系。目前，我国已开始进行网络联机结构试验，将结构工程、地震工程、计算机科学、信息技术和网络通信技术结合起来。除了各个学科的联合，还有各个实验室的联合，随着结构试验的大型化和复杂化，单个实验室的设备与资源有限，往往无法单独完成此类大型结构试验，因此，需要将各地的大型结构实验室的资源联合在一起进行协同试验，实现资源共享。不同实验室之间还可以做到优势互补，过去规模较小的结构实验室可以通过网络通信平台得到提升和拓展，在设备能力上弥补过去的不足，没有试验设备的单位和研究人员也可以通过网络通信平台使用试验设备，节省了大量结构实验室建设的资金。

通过与网络通信技术有机结合，结构检测技术实现了远距离检测。在实际检测过程中，检测人员可以在检测位置安装相应的信息采集设备，这样就能实现远距离检测。同时，在数据信息接收方面，结构检测技术能做到准确无误接收，并且可以对数据信息进行动态调整。在实际检测过程中，检测人员可以通过计算机查看信息，然后对检测结果作出准确判断。这样结构检测技术就实现了远距离工作，为实际检测工作带来巨大便利，保证了检测工作的顺利开展。当前的建筑工程检测工作质效有待提升，检测过程中存在检测数据不够精确以及真实性缺失等问题，新一代网络通信技术——5G 技术，具有高速率、低延时且稳定可靠的特点，其传输速率更快、覆盖范围更广、服务路径更加多元化。近年来，5G 技术的优势被更多人看到，建筑工程检测领域，则要抓住 5G 技术发展机遇，例如将其应用在铁路基础设施检测方面，可以实现基础设施故障判断、状态评价、趋势预警，提高维修效率，降低维修成本。目前，世界各国正在积极探索 5G 技术与传统铁路运输系统相结合的道路，而我国铁路基础设施检测技术在近些年已得到了长足发展，但在基础设施智能运维方面还有很大的发展空间。除了铁路方面，在基坑检测、桩基检测、结构检测以及热工检测等方面，5G 技术都有良好的应用前景。

1.4.3　无损检测技术

无损检测技术是现代测试技术的重要组成部分，是在不破坏待测物质原来的状态、化学性质等前提下，利用物质中固有缺陷或组织结构上的差异，通过一定的检测手段来测试、显示和评估这些变化，从而了解和评价材料、产品、设备构件等被测物的性质、状态或内部结构等所采用的检测方法。随着现代工业的迅速发展，对产品质量、结构安全性和使用可靠性提出了更高的要求，由于无损检测技术具有不破坏试件，检测快捷简便、精度高等优点，所以其应用日益广泛。至今，无损检测技术在国内许多行业和部门，例如建筑、公路、铁路、隧道、桥梁等，都得到广泛应用。

常见的无损检测技术如超声波技术、电磁检测技术、渗透检测技术、射线探伤技术、回弹检测技术在土木工程检测领域已得到广泛的应用。

超声波无损检测技术是土木工程施工质量检测工作中常用的技术之一，与其他无损检测技术相比，超声波技术具有以下优点：检测范围广，可以用于金属、非金属等复合材料构件的无损检测，穿透力强，该技术可在不影响建筑物构件质量的基础上，对构件进行检测。

电磁检测技术是近年兴起的无损检测方法，它的优点在于不需要使用耦合剂、检测效率高、可实现在线监测等。

渗透检测技术具有检测范围广（可检测多种材料），且有较高灵敏度（可发现 0.1μm 宽缺陷）的优点，同时显示直观、操作方便、检测费用低，但它只能检出表面开口的缺陷，不适于检查多孔性疏松材料制成的工件和表面粗糙的工件，只能检出缺陷的表面分布，难以确定缺陷的实际深度，因而很难对缺陷做出定量评价，检出结果受操作者的影响也较大。

射线探伤技术常用的射线有 X 射线和 γ 射线两种。这两种射线能不同程度地透过金属材料，对照相胶片产生感光作用。利用这种性能，当射线通过被检查的材料时，各部位不同缺陷对射线的吸收能力不同，使射线落在胶片上的强度不一样，胶片感光程度也不一样，这样就能准确、可靠、非破坏性地显示缺陷的形状、位置和大小。

回弹检测技术虽然检测精度不高，但是设备简单、操作方便、测试迅速、检测费用低廉，且不破坏混凝土的正常使用，故在现场直接测定中使用较多。

随着大数据时代的到来，无损检测技术将会更上一个台阶，将无损检测技术与云计算相结合，实施云检测，也将成为检测技术发展的方向。

1.4.4 无人机检测技术

近年来，无人机技术的发展为结构检测带来了许多便利。无人驾驶飞机通常被称为"无人机"，它是通过无线电传输技术远程遥控操纵的四轴飞行器。无人机系统一般包含四大子系统：飞行器平台系统、航测相机云台系统、信息采集传输系统和地面远程控制系统。无人机的优点很多，如制造成本、使用成本、维修费用都很低，飞行安全性非常高，对于恶劣的自然环境能够很好地适应，机动性能优异，可以到达许多人类难以到达的地方，因而在各行各业中有广泛的应用。

传统的检测方法，通常用肉眼或者望远镜等辅助工具对建筑物进行外观质量检测，或利用专业仪器对建筑物或桥梁隧道等各个部位的力学性能进行检测，存在较大的局限性，例如传感器网络有大量的检测盲区，灵活性差，其中，盲区的检测通常是人工现场观察，这种方法不仅效率低、难度大，还会影响人身安全，而采用无人机进行辅助检测，可以在很大程度上解决这些难题。

无人机检测技术在土木工程检测领域应用已越来越广泛，对于特别复杂工程的特殊部位或者超高层建筑，人工检测危险性大、效率低、难度大，且对于一些面积大或不易观察的地方容易产生检测遗漏的现象，无人机检测技术在这类场所中的应用，无须搭架或者吊篮配合人员检测，极大地提高了检测的安全性；在道路、桥梁日常巡查时，尤其在城市中，无须封闭道路中断交通；对于部分不便于检测桥腹、拉索等部位，无人机可以抵近观察了解更多细节，在天气情况允许的前提下，具备较高的及时性和可操作性。无人机主要有五项关键技术，分别是机体结构设计技术、机体材料技术、飞行控制技术、无线通信遥控技术、无线图像回传技术，这五项技术支撑着现代化智能型无人机的发展与改进，无人机技术以及图像技术（超高清摄影技术、图像损伤识别技术和数字处理）的日渐成熟，为无人机检测技术在土木工程领域的广泛应用提供了强有力的技术保障。

思考题

在线题库

1. 结构试验有哪几类？
2. 试对比真型试验与模型试验。
3. 计算机网络对现代结构试验产生了哪些影响？

第 2 章
土木工程结构试验与检测的
组织实施与管理

2.1 试验组织计划

凡事预则立，不预则废。做好试验组织计划是试验成功的极大保障。土木工程试验可分为四个阶段，即试验的设计阶段、准备阶段、实施阶段和总结阶段。

2.1.1 设计阶段

土木工程试验以结构试验和材料试验居多，微小的疏忽可能会导致试验结果与真实情况大相径庭。试验失败不仅会导致材料、人力和时间的浪费，造成不必要的损失，还有可能危及研究人员的人身安全，因此必须认真对待任何一处细节的设计。在做试验设计时，要明确试验目的，针对试验的各项具体任务收集相关资料（包括试验假说、边界条件、试验验证、加载仪器、试验结果、分析方法等）。在做好以上工作之后，针对本次试验的性质和规模，结合实验室现有条件，制订一个合理细致、切实可行的试验方案，并严格按照试验方案进行试验，并记录好试验结果。

一般而言，土木工程试验设计包含试件设计、加载设计、观测设计，以及保证试验安全和控制试验误差的措施设计。

2.1.2 准备阶段

在整个试验进程中，准备工作占据了大部分时间。准备工作细致与否，是土木工程试验能否成功的决定性因素之一，也与试验结果的准确性息息相关。因此，准备阶段的工作无疑是重要且严谨的，需要给予足够的重视。试验准备阶段的主要工作有：

① 试件制作。试验负责人员应亲自参与试件的制作，对试件状况有直观的认识，掌握第一手资料。

a. 试件尺寸应与试验大纲中的试件尺寸严格对应并保证精度。

b. 在制作试件时，还应注意材性试样的留取，试样必须能真正代表试验结构的材性。

c. 材性试件必须严格按试验大纲上规划的试件编号进行编号，以免不同组别的试件混淆。

d. 在制作试件过程中，应做试件制作日志，注明试件批次、日期、原材料等情况。这些原始资料，都是最后分析试验结果不可缺少的依据。

② 试件质量检查。包括试件尺寸和缺陷的检查，应做详细记录，纳入原始资料。

③ 试件安装就位。试件的支承条件应力求与计算简图一致。一切支承零件均应进行强

度验算并使其安全储备大于试验结构可能有的最大安全储备。

④ 安装加载设备。加载设备的安装，应满足"既稳又准且方便，有强有刚求安全"的要求，即就位要稳固、准确方便，固定设备的支撑系统要有一定的强度、刚度和安全度。

⑤ 仪器仪表的率定。对测力计及一切量测仪表均应按技术规定要求进行率定，各仪器仪表的率定记录应纳入试验原始记录中，误差超过规定标准的仪表不得使用。

⑥ 做辅助试验。辅助试验多在加载试验阶段之前进行，以取得试件材料的实际强度，对加载设备和仪器仪表的量程等做进一步的验算。但对一些试验周期较长的大型结构试验或试件组别很多的系统试验，为使材性试件和试验结构的龄期尽可能一致，辅助试验也常常和正式试验同时穿插进行。

⑦ 仪表安装，连线调试。仪表的安装位置、测点号，在应变仪或记录仪上的通道号等，都应严格按照试验大纲中的仪表布置图实施，如有变动，应立即做好记录，以免时间长久后回忆不清而将测点混淆，造成分析结果困难，甚至最后放弃这些混淆的测点数据等，造成不可挽回的损失。

⑧ 记录表格的设计准备。在试验前，应根据试验要求设计记录表格。其内容及规格，应周到准确地反映试件和试验条件的详细情况，以及需要记录和量测的内容。记录表格的设计，反映了试验组织者的技术水平，切勿养成试验前无准备地在现场临时用白纸记录的习惯。记录表格上应有试验人员的签名并附有试验日期、时间、地点和气候条件。

⑨ 算出各加载阶段试验结构各特征部位的内力及变形值，以备在试验时判断及控制。

⑩ 在准备工作阶段和试验阶段，应每天记录工作日志。

2.1.3　实施阶段

(1) 加载试验

加载试验是整个土木工程试验过程的中心环节，其加载顺序以及测读顺序都应该严格按照既有的规定和试验计划进行。如果试验过程中发现有重要试验数据与估测数值相差过大，应暂停试验，进行问题排查，确定没有问题后继续进行试验，并在试验结束后针对这种现象认真分析原因。

在试验过程中，试件的外观变化是土木工程试验中应该被重点记录的试验现象之一。试验过程中任何节点的松动与变形、裂缝的出现与扩大、钢筋的裸露与拉断，都是分析试件性能的宝贵证据，应该被详细地记录及描述。初做试验时，往往容易忽略外观变化，只关注仪器仪表的数值。因此，除了要安排专人进行数据测读外，还要安排专人进行外观观测，观测裂缝数量、裂缝宽度以及形状变化等。每一个加载阶段的外观变化都应该拍照留存并且绘制裂缝简图。破坏试件在试验结果分析整理完成之前不要过早毁弃，以备进一步核查，试件破坏后，必要时还可从试件上切取部分材料测定力学性能。

(2) 试验资料整理

试验资料的整理即将所有的原始资料整理完善。所有测读到的仪表数据、记录曲线等，都应作为原始数据由专人整理并签名，不得随意改动。二次处理后的试验数据不得与原始数据同时列在一个表格内。

一次严谨的土木工程试验，应该有一份严谨详细的试验大纲、原始试验数据记录、试验过程中的观察记录以及试验中各个阶段的工作日志作为原始资料在试验室进行存档。

2.1.4　总结阶段

(1)　验证性试验结果分析评价

① 对验证试验的数据的有效性和合理性进行评价;

② 验证试验数据所表明的检品预处理方式、检验用器具、材料、养护条件等的合理性是否符合规定要求，它们与结构检验的规程要求是否符合;

③ 验证试验数据最后要说明该试验方法是否准确、有效、可靠与可行，是否有较好的重现性。

④ 得出总结性的结论。在此基础上，写出验证试验的报告。

(2)　探索性试验总结阶段的工作

① 试验数据处理。在试验过程中从仪表里得出的原始试验数据或者图像不能直接对试验现象进行解释，也不能直接解答试验任务书中提出的问题。因此需要使用数学工具对试验原始数据进行处理，才能分析出试验结果。

② 试验结果分析。试验结果的内容是通过分析试验数据总结出了哪些规律性的东西，并且通过分析试验数据得出不同影响因素对试验现象的影响从而对物理现象及其规律进行解释。此外，还要将试验结果与理论数值进行对比，分析产生差异的原因，并做出结论，写出试验总结报告。总结报告中应提出试验中发现的新问题及进一步的研究计划。

③ 完成试验报告。

2.2　试验前期方案

2.2.1　试验方案调研

试验研究的首要任务是对试验项目进行广泛的调查研究。其目的就是知己知彼，有的放矢。调查工作的内容是了解相关研究项目已有的研究成果和试验方法。

调查的方法有实地调查、信函调查、电话调查和网上调查等;各方法各有侧重，各有长短，应区别应用。实地调查，尤其是项目负责人亲自进行的实地调查，直观性强、感受深刻、易发现问题、信息量大，有明显的优势。其缺点是:时间相对较长，耗费人力，成本高。信函调查，用于简单问题调查，只需对方回答是与否或方向性信息等，不宜进行内容量大、劳动量大的调查。电话调查的优势在于时间短速度快。若要进行文字资料查询，网上调查的手段最好。

2.2.2　研究路线设计

(1)　研究路线的含义

研究路线也叫技术路线，是指完成一项试验研究任务要经过的起始点、中转点和结束点等若干个技术环节上所有的内容的顺序。简而言之，就是从哪入手，依靠什么原理、采用什么方法、经过哪些技术环节才能到达理想的目的地。

一项任务的技术路线很可能有若干个，究竟哪一条为最优，在不同的条件下则有不同的答案。技术路线设计就是要寻求这一最优的答案。

（2）研究路线的作用

① 反映研究项目组织者的技术水平和业务能力。

② 反映研究方法的可行程度。

③ 是研究小组分工的依据。

④ 研究路线是进行研究项目申请的重要内容，关系到研究项目的成败。在试验研究阶段，一条清晰的技术路线是研究工作能够有条不紊进行的依据。

（3）研究路线的内容

① 项目研究能够进行的条件，如已经建立的基础，包括理论基础和试验基础。

② 完成本项目研究内容必须经过的技术途径与理论依据以及针对难点问题的对策等。

（4）研究路线的制订

研究路线制订的过程，可理解为认真调查研究，掌握基础资料；扩大信息来源，查清已有技术；规划技术路线，寻找研究方法；预计困难障碍，探讨攻克对策等。

2.2.3　其他工作方案设计

其他工作方案设计主要有人员分工方案设计、技术准备方案设计、时间进度方案设计、经费预算方案设计和试验安全方案设计等。

2.3　试验技术性文件

结构试验的技术性文件一般包括试验大纲、试验记录和试验报告三个部分。

2.3.1　试验大纲

试验大纲是结构试验组织计划的表达形式，是进行整个试验工作的指导性文件。其内容的详略程度视不同试验而定，但一般应包括以下部分：

① 试验项目来源，即试验任务产生的原因、渠道和性质。

② 试验研究目的，即通过试验最后应得出的数据。如破坏荷载值、设计荷载下的内力分布和挠度曲线、荷载-变形曲线等。弄清楚试验研究目的就能确定试验目标。

③ 试件设计要求，即试件设计的依据及理论分析过程，试件的种类、形状、数量、尺寸，施工图设计和施工要求；还包括试件制作要求，如试件的原材料、制作工艺、制作精度等。

④ 辅助试验内容，即辅助试验的目的、数量、试验方法等。

⑤ 试件的安装与就位，即试件的支座装置、保证侧向稳定的装置等。

⑥ 加载方法，即荷载数量及种类、加载装置、加载图式、加载程序等。

⑦ 量测方法，即测点布置、仪表率定方法、仪表的布置与编号、仪表安装方法、量测程序等。

⑧ 试验过程的观察，即试验过程中除仪表读数外，在其他方面应做的记录。

⑨ 安全措施，即安全装置、脚手架、技术安全规定等。

⑩ 试验进度计划，即试验时间与劳动任务的对应关系等。

⑪ 经费使用计划，即试验经费的预算计划。

⑫ 附件，如设备、器材及仪器仪表清单等。

2.3.2　试验记录

除试验大纲外，每一项结构试验从开始到最终完成都需要有一系列的写实性的技术文件，主要有：

① 试件施工图及制作要求说明书。

② 试件制作过程及原始数据记录，包括各部分实际尺寸及疵病情况。

③ 自制试验设备加工图纸及设计资料。

④ 加载装置及仪器仪表编号布置图。

⑤ 仪表读数记录表，即原始记录表格。

⑥ 量测过程记录，包括照片、测绘图以及录像资料等。

⑦ 试件材料及原材料性能的测定数值的记录。

⑧ 试验数据的整理分析及试验结果总结，包括分析依据的计算公式，整理后的数据图表等。

⑨ 试验工作日志。

以上文件都是原始资料，在试验工作结束后均应整理装订归档保存。

2.3.3　试验报告

试验报告是反映试验工作及试验结果的书面综合资料。书写试验报告能培养综合表达科学工作成果的文字能力，是全面训练实践能力的重要组成部分，必须认真完成。试验报告要做到字迹工整、图表清晰、结论简明。一份完整的试验报告应由以下内容组成：

① 试验名称、试验日期、试验人员等。

② 试验目的和要求、试验原理、试验装置，通常要画出装置简图。

③ 试验仪器、设备的名称、型号及精度。

④ 试验数据记录、试验数据处理（注意采用适当的处理方法并保留正确的有效数字）。

⑤ 试验结果通常可用表格或曲线来表示。试验结论应简单、明确、符合科学习惯，要与试验目的、要求相呼应。

⑥ 试验结果的分析与结论。

⑦ 附录。

试验报告在编写过程中，必须认真记录好整个试验过程的有关现象及原始数据，但试验报告不是原始的记录、计算过程的罗列，试验报告是经过数据整理、计算、编制的结果。只有做好记录，认真计算并将结果用图、表等方式表达清楚，才能够清晰、正确地分析、评定出测试的结果。

结构试验必须在一定的理论基础上才能有效地进行。试验的成果，为理论计算提供了宝贵的资料和依据，一定要经过周详的考察和理论分析，才可能对结构的工作得出正确的符合实际情况的结论。因此，不应该认为结构试验纯是经验式的试验分析；相反，它是根据丰富的试验资料对结构工作的内在规律进行的更深一步的理论研究。

2.4　试验安全措施

为了保证试验的顺利进行，保证人身、仪器和试件的安全，试验者必须针对具体情况，采取有效的安全措施，防止突然事故的发生。试验安全问题可以从以下几方面进行考虑。

2.4.1 人员安全

① 在试验结构下面要有安全保护设施（如安全托架或垫板），结构破坏时可以托住结构。

② 在较高位置使用千斤顶加载时，应设法将其绑牢在上部的固定点上。

③ 用杠杆加载时，在吊盘底下要有垫板，根据吊板下降程度逐步撤除，并要保持 5cm 的间隙；对于没有平衡重的杠杆，也要用安全托架把杠杆支起来，防止杠杆跌落伤人。试验时杠杆应预先翘高，防止水平力太大，把构件推倒。做斜弯曲试验时要特别注意这个问题。

④ 使用电源时，严防触电。

⑤ 在预应力结构试验时，两端不准站人，防止锚头突然崩坏伤人。

⑥ 对属于塑性破坏的结构，破坏过程缓慢、结构变形大，必须及早预测破坏的到来。而对于脆性破坏的结构，在破坏前变形较小，破坏发生较为突然，因此更加危险，试验时就应特别小心，冷拔钢丝预应力构件就属于这种类型。另外，构件受剪破坏，也是突然发生的，应加强警惕。

⑦ 在进行现场试验时，现场要设置围栅，禁止非工作人员入内。

⑧ 对于大型的结构试验，指挥者应全面检查安全措施方能试验。在试验过程中，要"一切行动听指挥"，防止人员各自为政，导致事故的发生。

2.4.2 仪器设备安全

① 加荷设备、支墩等应有足够的安全储备，严禁超载。

② 用接触式仪器进行测量时，要用细线绑牢，防止跌落。

③ 测量张拉预应力值，最好不要用杠杆应变仪之类的仪器，因为一旦钢筋拉断，仪器就会损坏。

④ 现场试验过夜时，要保护好电子仪器，严防潮气进入使线路受潮，影响仪器工作。

⑤ 进行破坏性试验时，接触式仪器应严密注视，控制好拆卸的时间。测量极限值，要采用非接触式仪器，如用钢尺和水平仪测量挠度，用电阻应变片测量应力等。

⑥ 仪器使用前要仔细检查，确认无误时才能接通电源。

2.4.3 试件安全

① 在运输时，支座的位置要符合计算简图。如运输简支梁时，受拉区一定要向下，支座不能随便搁在梁的中间，否则会未试先裂；如运输平面结构时，一定要设置好临时支撑，以防倾覆。

② 在吊装时，吊点要符合设计要求，吊装连续梁更需要注意。

③ 在安装时，支墩、支座、试件及加荷设备要严格对中，防止倾斜。在张拉构件易断处应安装保护索。

④ 在现场试验时，两端支座一定要做强度验算，基础应适当放大，地基要夯实，否则会因支座不均匀沉降或沉降过大而导致结构过早破坏。

⑤ 试件拆除时，要遵循合理的拆除顺序，并做好试件的稳定保护工作，避免试件突然掉落伤人。

2.4.4　其他安全问题

① 消防安全意识：消防问题一直是实验室安全中不可忽略的问题。在实验室消防设计时应注意防火分区的划分，消防器材应安置在显眼的位置，并安排专人做定期检查。严格遵守易燃易爆物品的存储规定，将易燃易爆物品远离火源。定期检修实验室通电线路，高负载试验机械所使用的线路应格外注意。

② 危险品防范意识：在实验过程中，可能产生一些易燃易爆或者有毒的气体，此时需要有有效的通风措施来保证室内空气的流通。在进行可能产生这种有害气体的试验时（如加热沥青），须保证换气扇全程工作。

③ 人员安全防护意识：在进行土木工程试验前，每个参与试验的人员都应认真阅读实验室安全须知，详细了解试验设备安全使用说明，有试验指导教师参与的试验，试验指导教师应对试验人员进行试验安全培训。试验人员进行试验前应佩戴相应的护具，如应穿着试验服，在进行结构试验时应佩戴头盔，在接触腐蚀性物品时应佩戴手套、护目镜、口罩避免皮肤裸露等。

思考题

1. 设计一个完整的试验，其步骤和内容有哪些？
2. 设计一个钢筋混凝土柱抗压承载力试验方案。
3. 在撰写的试验报告中，应包含哪些要素？
4. 在土木工程试验中常见的安全隐患有哪些？

第 3 章
试验设计理论与方法

3.1　试验设计理论、要求与原则

试验设计理论是自然科学研究方法论领域中一个分支学科，是国内外许多重点大学化学、化工、电子、土木、机械、材料、管理等专业的专业技术基础课程，是当代工程技术人员必须掌握的技术方法。试验设计的目的，是用科学的方法去安排试验，懂得如何处理得到的试验数据，以最少的人力和物力消耗，在最短的时间内取得更多、更好的生产和科研成果。

目前常用的试验设计方法，有区组设计、正交设计、均匀设计、饱和设计与超饱和设计、参数设计、回归设计、混料设计等。

3.1.1　试验研究的基本要求

试验研究的目的，是为了揭示纷繁复杂的各种事物和现象对研究对象在一定条件下产生影响的深度与广度，找出其发展变化的规律性，为人们认识和利用它提供科学依据。为此，试验研究必须符合下列基本要求：

(1) 试验条件的代表性

一个试验，通常只是对研究总体的一次抽样观察。因此，试验结果的利用价值，主要取决于试验样本对研究总体的代表性的准确程度。试验条件，应能代表试验地区的实际情况，以便将来的推广应用，例如，进行混凝土试件强度试验，就要注意诸如温度、湿度和风速等自然条件。同时还应兼顾未来发展的可能，使试验结果既能符合当前需要，又能适应未来发展。还需强调的是试验研究的代表性必须与试验目的相一致。

(2) 试验结果的可靠性

试验结果的可靠性，包括试验的准确性与精确性两个方面。准确性，是指试验中某一性状的观测值与其真实值的接近程度，越接近准确性越好；一般试验中真实值是未知的，故准确性不易确定。精确性，是指试验中同一性状的重复观测值的彼此接近程度，即试验误差的大小，这是可以估算的；试验误差越小，则试验就越精确。当试验不存在系统误差时，精确性与准确性是一致的。因此，在试验的全过程中，要严格按照试验要求和操作规程实施各项技术环节，力求避免发生人为错误和系统误差，尤其要注意试验条件的一致性，以减少试验误差，提高试验结果的可靠性。高度的工作责任心和科学的态度，是保证试验结果可靠性的必要条件。

(3) 试验结果的重演性

试验结果的重演性，是指在相似或相同条件下重复试验能得到相同趋势的试验结果，是试验结果具有应用价值的前提条件。为了保证试验结果能够重演，首先必须严格要求试验的正确实施和试验条件的代表性；其次，必须注意试验的各个环节，全面掌握试验所处的条件，有详细、完整、及时和准确的试验记载，以便分析产生各种试验结果的原因。

3.1.2　与试验有关的术语

① 试验指标，指度量试验结果的标志。试验指标与试验目的相对应。土木工程的结构试验中，许多参数可以作为试验指标，如结构或构件的刚度、位移、应力、应变、转角等。

② 试验因素，指试验中由人为控制的影响试验指标的变量。只研究一个因素效应的试验，称为单因素试验；研究两个或两个以上因素的效应及其交互效应的试验，称为多因素试验。

③ 因素水平，对试验因素所设定的不同量或质的级别，称为因素的水平。水平相当于试验因素这一自变量的各种取值。

④ 试验方案，指一个试验的全部处理或处理组合的总和。试验方案是进行科学试验的准备工作，详细的试验方案是试验研究成果的保证。

⑤ 重复，指同一试验处理所设置的试验单元数。当一个试验的每个处理只设置一个试验单元时，称为无重复试验；当一个试验中，部分处理设置两个或两个以上试验单元时，称为部分处理设重复的试验；当一个试验的每个处理中，都设置两个试验单元时，称为试验有两次重复，其余类推。

3.1.3　结构试验设计的基本原则

如果将工程结构视为一个系统时，所谓"试验"，就是指给定系统一个可以描述的输入并让系统在规定的环境条件下运行，考查系统的输出，确定系统的模型和参数的全过程。从这一定义，可以归纳结构试验设计的基本原则如下：

(1) 真实模拟环境和结构荷载

工程结构在其使用寿命的全过程中，要受到以荷载为主的各种作用。结构试验除少数试验是实际荷载外，绝大多数在模拟荷载下进行。因此，要根据不同的结构试验目的设计试验环境和试验荷载，目的是要"真实再现"结构或构件在实际环境和荷载作用下的反应。例如，地震模拟振动台试验再现地震时的地面强烈运动，而风洞则再现了结构所处的风环境，为了考查混凝土结构遭遇火灾时的性能，试验要在特殊的高温装置中进行。在验证性结构试验中，可按照有关技术标准或试验目的确定试验荷载的基本特征。而在探索性结构试验中，试验荷载完全由研究目的所决定。

除实际原型结构的现场试验外，在实验室内进行结构或构件试验时，试验装置的设计要注意边界条件的模拟。如图 3-1 所示为梁柱节点组合试件的边界条件。由于框架结构是超静定结构，因此对梁柱节点组合体的试件和加载装置进行设计时，对边界条件的模拟尤需注意。在实际框架结构中，当侧向荷载作用时，节点上柱反弯点可视为水平可移动的铰，相对于上柱反弯点，下柱反弯点可视为固定铰，而节点两侧梁的反弯点均为水平可移动的铰，这样的边界条件比较符合节点在实际结构中的受力状态，如图 3-1(a)。实际试验中为了使加载装置简便，往往采用梁端施加反对称荷载的方案，这时节点边界条件是上下柱反弯点均为不动铰，梁两侧反弯点为自由端，如图 3-1(b)。以上两种方案的主要差别在于后者忽略了柱子的荷载位移效应。

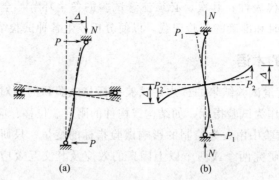

图 3-1   梁柱节点组合试件的边界模拟

（2）消除次要因素影响

影响结构受力性能的因素有很多，一次试验很难同时确定各因素的影响程度。通常，试验中一般都会明确给出需要研究或需要验证的主要因素，这就需要在试验设计时进行仔细分析，尽可能消除次要因素的影响。

例如，试验目的若是研究徐变对钢筋混凝土受弯构件长期刚度的影响时，就要进行钢筋混凝土受弯构件的长期荷载试验。但影响受弯构件长期刚度的因素除混凝土的徐变外，还有混凝土的收缩。为尽可能消除混凝土收缩的影响，试验宜在恒温恒湿条件下进行。

在结构模型试验中，模型的材料、各部分尺寸以及细部构造，都可能和原型结构不尽相同，但主要因素要在模型中得到体现。例如，采用模型试验的方法研究钢筋混凝土梁的受弯性能，如果模型采用的钢筋直径按比例缩小，则钢筋面积就不会按同一比例缩小。又例如，在地震模拟振动台试验中，采用大比例缩尺模型进行混凝土结构的抗震试验，原型结构采用普通混凝土，最大骨料粒径可以达到 20cm 或更大；如果采用 1：40 的比例制作结构模型，只能选用最大骨料粒径 3.5mm 的微粒混凝土。从材料性能我们知道，微粒混凝土和普通混凝土尽管性能有相近之处，却仍然是两种不同的材料。但由于采用微粒混凝土制作结构模型进行地震模拟振动台试验，能够反映结构在遭遇地震时的主要性能，故仍被采用，而其他次要影响因素因为不是试验研究的重点，忽略不计。

在大型结构试验中，更要注意把握结构试验的重点。按系统工程学的观点，有所谓"大系统测不准"定理。意思是说，系统越大越复杂，影响因素越多，这些影响因素的累积可能会影响试验结果的准确程度。因此，不论是设计加载方案还是设计测试方案，都应力求简单。复杂的加载子系统和庞大的测试仪器子系统，都会增加整个系统出现故障的概率。只要能达到试验目的，最简单的方案往往就是最好的方案。

（3）随机变量原则

从结构设计的可靠度理论我们知道，结构抗力和作用效应都是随机变量。但在进行结构试验时，人们希望所有影响因素都在可控范围内。对于建筑工程产品的验证性试验，有这种想法是正常的，因为大多数产品都是符合技术标准的合格产品。而对于结构工程科学的研究性实验，虽然人们也期望实验结果能证实自己的猜想和假设，但却必须将结构的反应视为随机变量。

将结构反应视为随机变量，这一观点使得我们在进行结构试验设计时，必须运用统计学的方法设计试件的数量、排列影响因素，例如，基于数理统计的正交试验法。而在考虑加载设备、测试仪器时，必须留有充分的余地。有时，在进行新型结构体系或新材料结构的试验时，由于信息不充分，很难对试件制作、加载方案、观测方案等环节全面考虑，还需要先进行预备性试验，也就是为制订试验方案而进行的试验，通过预备性试验初步了解结构的性能，再制订详尽的试验方案。

(4) 合理选择试验参数

在结构试验中，试验方案涉及很多参数，这些参数决定了试验结构的性能。一般而言，试验参数可以分为两类，一类与试验加载系统有关，另一类与试验结构的具体性能有关。例如，约束钢筋混凝土柱的抗震性能试验，试验加载系统的能力决定柱的基本尺寸。试验参数中取柱的截面尺寸为 300mm×300mm，最大轴压比为 0.7，C40 级混凝土，试验中施加的轴压荷载约为 1800kN，这要求试验系统具有 2000kN 以上的轴向荷载能力。

试验结构的参数，应在实际工程结构的可能取值范围内。钢筋混凝土结构常见的试验参数，包括混凝土强度等级、配筋率、配筋方式、截面形式、荷载形式及位置参数等；砌体结构常见的试验参数，有块体和砂浆强度等级等；钢结构试验，常以构件长细比、截面形式、节点构造方式等为试验参数。有时，出于试验目的的需要，将某些参数取到极限值，以考察结构性能的变化。例如，根据钢筋混凝土受弯构件的极限破坏试验给出其承载力计算公式的适用范围，在试验中，梁试件的配筋率必须达到发生超筋破坏的下限，才能通过试验确定超筋破坏和适筋破坏的分界点。

在设计、制作试件时，对试验参数应进行必要的控制。如上所述，我们可以将试验得到的测试数据视为随机变量，用数理统计的方法寻找其统计规律。但试验参数分布应具有代表性。例如，钢筋混凝土构件的试验，取混凝土强度等级为一个试验参数，若按 C20、C25、C30 三个水平考虑进行试件设计，可能发生由于混凝土强度变异以及时间等因素使试验时试件的混凝土强度等级偏离设计值的情况，三个水平无法区分，导致混凝土强度这一因素在试验结果中体现不充分。

(5) 统一测试方法和评价标准

在验证性结构试验中，试验对象和试验方法大多已事先规定。例如，预应力混凝土空心板的试验，应符合《混凝土结构工程施工质量验收规范》（GB 50204—2015）的规定。采用回弹法、超声法等方法在原型结构现场进行混凝土无损检测、钢结构的焊缝检验、预应力锚具的试验等，都必须符合有关技术标准的规定。

在探索性结构试验中，情况有所不同。结构试验是结构工程科学创新的源泉，很多新的发现来源于新的试验方法，我们不可能用技术标准的形式来规定科学创新的方法，但我们又需要对试验方法有所规定，这主要是为信息交换而建立的共同评价标准。例如，关于混凝土受拉开裂的定义。在 800 倍显微镜下，可以看到不受力的混凝土也存在裂缝，在 100 倍放大镜下，也可以看到宽度小于 0.003mm 的裂缝，这种裂缝显然不构成我们对混凝土受力状态的评价。但在常规的混凝土结构试验中，我们使用放大倍数 20～40 倍的裂缝观测镜，对裂缝的分辨率大约为 0.01mm，如果裂缝宽度小于观测的分辨率，我们认为混凝土没有开裂。这就是研究人员在结构试验中认可的开裂定义，它不由技术标准来规定，而是历史沿革和一种约定。在设计观测方案时，可以根据这个定义来考虑裂缝观测方案。

所有的科学研究都必须利用已有的成果，结构试验获取信息必须经过交流、比较、评价，才能形成新的成果。因此，结构试验要遵循学科领域中认可的标准或约定。

(6) 低成本高效率原则

在结构试验中，试验成本由试件加工制作、预埋传感器、试验装置加工、试验用消耗材料、设备仪器折旧、试验人工费用和有关管理费等组成。在试验方案设计时，应根据试验目的选择有关试验参数和试验用仪器仪表，以达到降低试验成本的目的。诸如，在试验装置和测试消耗材料方面，应尽可能重复使用配有标准接头的应变计或传感器的导线、由标准件组装的试验装置等。

测试的精度要求，对试验成本和试验效率也有一定的影响。因此，应避免盲目追求高精度。例如，钢筋混凝土梁的动载试验中，要求连续测量并记录挠度和荷载。当挠度的测试精度为 0.05～0.1mm 即可满足一般要求；但若将挠度测试精度提高到 0.01mm，则传感器、放大器和记录仪都必须采用高精度高性能仪器仪表。这样，仪器设备费用、仪器的调试时间都会增加，对试验环境的要求也更加严格。

此外，结构试验方案设计时，还应仔细考虑安全因素。在实验室条件下进行的结构试验，要注意避免试件破坏或变形过大时，伤及试验人员，损坏仪器、仪表和设备。结构现场试验时，除上述因素外，还应特别注意因试验荷载过大而引起的结构破坏与人身事故。

3.2　结构试验的试件设计和模型设计

3.2.1　试验构件方案设计

试件设计，应包括试件形状、试件尺寸与数量以及构造措施设计。同时，还必须满足结构与受力的边界条件、试验的破坏特征、试验加载条件的要求。要能够反映研究的规律，能够满足研究任务的需要，以最少的试件数量得到最多的试验数据。

（1）试件形状

试件设计之所以要注意它的形状，主要是要在试验时形成和实际工作时相一致的应力状态。在从整体结构中取出部分构件单独进行试验时，必须要注意其边界条件的模拟，使其能如实反映该部分结构构件的实际工作状态，同时要注意有利于试验合理加载。任意试件的设计，其边界条件的实现与试件安装、加载装置与约束条件等均有密切的关系。在整体设计时必须进行周密考虑，才能付诸实施。

试件设计时还要考虑到安全问题，例如对偏心受压柱施加偏心力，设计试件时应在柱的两端加设构造牛腿。

（2）试件的尺寸

结构试验所用试件的尺寸和大小，总体上分为真型（实物或足尺结构）和模型两类。不同情况下选择不同的试件尺寸。验证性试验中一般使用原型构件，探索性试验的研究一般采用缩小比例尺的试件。总体来看，试件尺寸大小要考虑尺寸效应的影响，尺寸效应反映结构构件和材料强度随试件尺寸的改变而改变的性质。试件尺寸越小，表现出的相对强度提高越大和强度离散性也大的特征。小尺寸的试件也难以满足试件在构造上的要求。在满足构造要求的情况下，太大的试件也没有必要。

对于结构动力试验，试件尺寸常受试验加载条件等因素的限制。动力特性试验，可在现场原型结构上进行。至于地震模拟振动台加载试验，因受台面尺寸、激振力大小等参数的限制，一般只能做缩尺的模型试验。

（3）试件数量

在试件设计中，除试件的形状尺寸应进行仔细研究外，试件数目即试验量的设计也是一个不可忽视的重要问题。因为试验量的多少，直接关系到能否满足试验的目的、任务以及整个试验工作量要求等问题，同时也影响到试验的经费、时间与进度。

试件数量设计，是一个多因素问题。在实践中我们应该使整个试验的数目少而精、以质取胜，切忌盲目追求数量；要使所设计的试件尽可能做到一件多用，以最少的试件，最少的人力、经费，得到最多的数据，使经试验得到的结果，能客观反映规律性，满足研究目的和要求。

对于探索性试验，其试验对象是按照研究要求而专门设计的。这类结构的试验，往往是某一研究专题工作的一部分，试件的数量往往取决于测定参数的多少。特别是对于结构构件基本性能的研究，由于影响构件基本性能的参数较多，所以要根据各参数构成的因子数和水平数来决定试件数目，参数多则试件的数目也自然会增加。

对于验证性试验，一般按照试验任务的要求有明确的试验对象。试验数量应执行相应结构构件质量检验评定标准，如对于预制场生产的一般钢筋混凝土和预应力混凝土预制构件的质量检验和评定，可以按照《混凝土结构工程施工质量验收规范（2010 年版）》中结构性能检验的规定，确定试件数量。

试验模型数量的设计方法，有 4 种。即优选设计法、因子设计法、正交设计法和均匀设计法。下面简要介绍四种方法的特点。

① 优选设计法。针对不同的试验内容，利用数学原理合理地安排试验点，用步步逼近、层层选优的方式以求迅速找到最佳试验点的试验方法叫作优选法。优选法对单因素问题试验数量设计的优势最为显著，单因素问题设计方法中的 0.618 法是优选法的典型代表。

② 因子设计法。因子，是对试验研究内容有影响的发生着变化的因素，因子数则为可变化因素的个数，水平即为因子可改变的试验档次，水平数则为档次数。

因子设计法，又叫全面试验法或全因子设计法。试验数量，等于以水平数为底、以因子数为次方的幂函数。即，试验数＝水平数^{因子数}。

因子设计法试验数量的设计值见表 3-1。

表 3-1　用因子设计法计算试验数量

因子数	水平数			
	2	3	4	5
1	2	3	4	5
2	4	9	16	25
3	8	27	64	125
4	16	81	256	625
5	32	243	1024	3125

由表 3-1 可见，因子数和水平数稍有增加，试件个数就呈指数式增多，所以因子设计法在结构试验中不常采用。

③ 正交设计法。为解决因子设计法的不足之处，在试验设计中经常采用一种解决多因素问题的试验设计方法：正交设计法。它主要应用均衡分散、整齐可比的正交理论编制的正交表，来进行整体设计和综合比较。它科学地解决了各因子和水平数相对结合可能产生的影响，也妥善地解决了试验所需要的试件数与实际可行的试验试件数之间的矛盾，即解决了实际所做小量试验与要求全面掌握内在规律之间的矛盾。

现以钢筋混凝土柱剪切强度基本性能研究问题为例，用正交试验法做试件数目设计。以

表 3-2 为例，主要影响因素为 5，而混凝土只用一种强度等级 C30，这样实际因子数为 4；但每个因子数各有 3 个档次，即水平数为 3。

表 3-2　钢筋混凝土柱剪切强度试验分析因子与水平数

主要分析因子		因子水平数		
代号	因子名称	1	2	3
A	钢筋配筋率 $\rho/\%$	0.4	0.8	1.2
B	配箍率 $\rho_s/\%$	0.2	0.33	0.5
C	轴向应力 σ_c/MPa	20	60	100
D	剪跨比 λ	2	3	4
E	混凝土强度等级	C30		

试件主要因子组合如表 3-3 所示。这一问题通过正交设计法进行设计，原来需要 81 个试件可以综合为 9 个试件。试验数正好等于水平数的平方。即试验数=水平数^2。

表 3-3　试件主要因子组合

试件数量	A	B	C	D	E
	配筋率	配箍率	轴向应力	剪跨比	混凝土强度等级
1	0.4	0.20	20	2	C30
2	0.4	0.33	60	3	C30
3	0.4	0.50	100	4	C30
4	0.8	0.20	60	3	C30
5	0.8	0.33	100	4	C30
6	0.8	0.50	20	3	C30
7	1.2	0.20	100	3	C30
8	1.2	0.33	20	4	C30
9	1.2	0.50	60	2	C30

用 L 表示正交设计，其他数字的含义用下式表示：

$$L_{试验数}(水平数\ 1^{相应因子数} \times 水平数\ 2^{相应因子数})$$

$L_{16}(4^2 \times 2^9)$ 的含义，是某试验对象有 11 个影响因素，其中 4 个水平数的因素有两个，两个水平数的因素有 9 个，其试验数为 16。即试验数等于最大水平数的平方。

试件数量设计，是一个多因素问题。在实践中我们应该使整个试验的数目少而精。要使所设计的试件尽可能做到一件多用，即用最少的试件、最小的人力物力、最少的经费，得到最多的数据，要使通过设计所决定的试件数量、经试验得到的结果能反映试验研究的规律性，满足研究目的的要求。

④ 均匀设计法。均匀设计法，是我国著名数学家方开泰、王元于 20 世纪 90 年代合作创建的以数理学和统计学为理论基础，以"分散均匀"为设计原则的原创性的全新设计方法。其最大的优势是能以最少的试件数量，获得最理想的试验结果。

利用均匀法进行设计时，一般不论设计因子数有多少，试验数与设计因子的最大水平数相等。即

试验数=因子数

设计表用 $U_n(q^s)$ 表示。其中，U 表示均匀设计法，n 为试验次数，q 为因子的水平数，s 为表格的列数，也是设计表中能够容纳的因子数。

根据均匀设计表 $U_6(6^4)$，试件主要因子组合如表 3-4 和表 3-5 所示。

表 3-4　$U_6(6^4)$ 使用表

s	列号				D
2	1	3	—	—	0.1875
3	1	2	3	—	0.2656
4	1	2	3	4	0.2990

注：D 值表示刻画均匀度的偏差，偏差值越小，表示均匀度越好。

表 3-5　$U_6(6^4)$ 设计表

列号	1	2	3	4
水平数 1	1	2	3	6
2	2	4	6	5
3	3	6	2	4
4	4	1	5	3
5	5	3	1	2
6	6	5	4	1

表 3-4 中，s 可以是 2 或 3 或 4，即因子数可以是 2 或 3 或 4，但最多只能是 4。

前述钢筋混凝土柱剪切强度基本性能研究问题，若应用均匀设计法进行设计，原来需要 9 个试件，可以综合为 4 个试件，且水平数由原来 3 个增加至 6 个。

每个设计表都附有一个使用表。试验数据采用回归分析法处理。

（4）试件设计构造要求

试件设计必须同时考虑必要的构造措施以满足试验安装、加载及量测的要求。例如，在砖石或砌块的砌体试件中，为了使施加在试件上的垂直荷载能均匀传递，一般在砌体试件的上下均预先浇捣混凝土垫块，如图 3-2(a)，下面的垫梁可以模拟基础梁，使之与试验台座固定；上面的垫梁模拟过梁传递竖向荷载。在做钢筋混凝土偏心受压构件试验时，将试件两端做成牛腿以增大端部承压面，便于施加偏心荷载，并在上下端加设分布钢筋网，如图 3-2(b)。这些构造是根据不同加载方法而设计的，但在验算这些附加构造的强度时，必须保证其强度储备大于结构本身的强度安全储备，这不仅考虑到计算中可能产生的误差，而且还必须保证它不产生过大的变形以致改变加荷点的位置或影响试验精度。当然，更不允许因附加构造的先期破坏而妨碍试验的继续进行。

在科研性试验时，为了保证结构或构件在某一预定的部位破坏，以期得到必要的测试数据，就需要对其他部位事先进行局部加固。为了保证试验量测的可靠性和安装仪表的方便，在试件特定的部位必须预设埋件或预留孔洞。对于为测量混凝土内部应力的预埋元件或专门

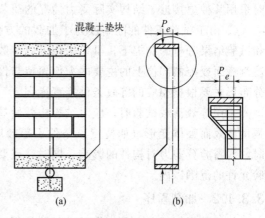

图 3-2　试件设计时考虑的构造措施

的混凝土应变计、钢筋应变计等，应在浇捣混凝土前，按相应的技术要求用专门的方法固定埋设在混凝土试件内部。

3.2.2　结构试验模型设计

结构模型试验所采用的模型，是仿照实际结构按一定相似关系制作而成的代表物，具有实际结构的全部或部分特征。只要设计的模型满足相似的条件，则通过模型试验所获得的结果，可以直接推算到相似的原型结构上去。关于试验模型设计，本书将会在第 6 章展开详细介绍。

3.3　结构试验的荷载设计

3.3.1　结构试验加载制度

国家标准《建筑结构可靠性设计统一标准》（GB 50068—2018）和各种结构设计规范规定，结构的极限状态分承载力极限状态和正常使用极限状态，还规定结构构件应按不同的荷载效应组合设计值进行承载力计算以及稳定、变形、抗裂和裂缝宽度验算。因此，在进行结构试验前，首先应确定相应于各种受力状态的试验荷载。当进行承载力极限状态试验时，应确定承载力的试验荷载值。对构件的刚度、裂缝宽度进行试验时，应确定正常使用极限状态的试验荷载值。当试验混凝土的抗裂性时，应确定构件的开裂荷载试验值。

试验加载制度，是指结构试验进行期间控制荷载与加载时间的关系。它包括：加载速度的快慢，加载时间间歇的长短，分级荷载的大小以及加载、卸载循环的次数等。结构构件的承载能力和变形性质，与其所受荷载作用的时间特征有关。对于不同性质的试验，必须根据试验的要求制订不同的加载制度，这方面本书将在后面的章节中详细论述，下面仅介绍几个相关概念。

3.3.1.1　荷载的加载图式

结构试验时的荷载作用，应使结构处于某一种实际可能的最不利工作状态。试验时荷载的加载图式要与结构设计计算的荷载图式一样，这时结构的工作和其实际情况最为接近。但是有时，也由于下列原因而采用不同于设计计算所规定的荷载图式。

① 对设计计算时采用的荷载图式的合理性有所怀疑或实际情况有所改变，因而在试验时采用某种更接近于结构实际受力情况的荷载布置方式。

② 由于试验条件的限制或为了加载的方便和减少荷载量的需要，在不影响结构的工作和试验结果分析的前提下，可以采用等效荷载的方式改变原来的加载图式。这时，结构构件控制截面或控制部位上的主要内力值保持与设计值相等。也就是说，等效荷载的数值大小和分布形式要根据相应的等效条件换算得到。

采用等效荷载试验时，应对结构构件做局部加强，或对某些参数进行修正。当构件满足强度等效而整体变形（如挠度）条件不等效时，则需对所测变形进行修正。当取弯矩等效时，尚需验算剪力对构件的影响。同时，还要将等效荷载试验结果所产生的误差，控制在试验允许的范围以内。

3.3.1.2　加载程序

加载程序可以有多种，据试验目的的不同而选择，一般结构静载试验的加载程序，均分为预载、标准荷载（正常使用荷载）、破坏荷载三个阶段。有的试验只加载至标准荷载阶段，试验后试件还可使用，现场结构或构件试验常用此法进行。有的试验在加载到标准荷载阶段后，不进行卸载就直接进入破坏阶段试验。

加载的每个阶段都要进行荷载分级。分级加（卸）载的目的，主要是为了方便控制加（卸）载速度和观测变形与荷载的关系，也为了统一各点加载的步调和为读取各种数据提供所必需的时间。分级方法要考虑到能够得到比较准确的承载力试验荷载值、开裂荷载值和正常使用状态的试验荷载值及其相应的变形。因此，荷载分级时，应分别在这些荷载值的上、下将原荷载等级减小 1/2 或更小些。

（1）预载

预载的目的是演习，主要有以下几点：①使试件各部位接触良好，进入正常工作状态，使荷载与变形关系趋于稳定；②检验全部试验装置的可靠性；③检查全部观测仪表工作是否正常；④检查现场组织工作和人员的工作情况。

预载一般分级进行，每级荷载取标准荷载的 20%，共加三级。卸载也分级进行，分 2～3 级卸完。加（卸）一级，停歇 10min。对混凝土结构等，预载值宜小于计算开裂荷载值的 70%。

（2）荷载分级

一般的结构试验，荷载分级为：①达到标准荷载之前，每级加载值不应大于标准值的 20%，一般分五级加至标准荷载。②标准荷载之后，每级不宜大于标准荷载的 10%。③当加载至计算破坏荷载的 90% 后，为了求得精确的破坏荷载值，每级应取不大于标准荷载的 5% 逐级加荷至结构破坏。④对于钢筋混凝土或预应力构件，加载到开裂荷载的 90% 后，也应改为不大于标准值的 5% 施加，直至第一条裂缝出现，开裂后再恢复到正常加载程序。对于检验性试验，加载至承载力检验荷载的 90% 时，每级加荷不宜大于 5% 的承载力检验荷载值。

同一试件上各加载点（或区段），每一级荷载都应保持同步，按同一比例增加。当要求按一定比例施加垂直和水平荷载时，由于搁置在构件上的试验设备重量及试件自重已作为第一级荷载的一部分，此时应先施加相应比例的水平荷载，然后才开始以后的各级加载。

（3）加荷持续时间

为了使结构在荷载作用下的变形得到充分发挥和达到稳定，试验加载、卸载过程中，主要涉及以下几个时间。

① 级间间歇时间。包括开始加载至加载完毕的时间 t_0 和荷载停留时间 t_1，即总时间为 t_0+t_1。荷载停留时间 t_1，主要取决于结构变形是否已得到充分发展。尤其是混凝土结构，由于材料的塑性性能和裂缝开裂，需要一定滞延时间才能完成开裂，若时间不够将得到偏小的变形值并导致偏高的极限荷载值，影响试验的准确性。根据以往经验和有关规定，混凝土结构的级间间歇时间不得少于 10～15min，钢结构取 10min，砌体和木结构也可参照执行。

② 满载时间 t_2。结构的变形和裂缝是结构刚度的重要指标。进行变形和裂缝宽度试验时，其正常使用极限状态标准荷载作用下的持续时间：钢筋混凝土结构不应少于 30min；钢结构也不宜少于 30min；砌体为 30h；木结构不少于 24h；拱式砖石结构或混凝土结构不少于 72h。

对于预应力混凝土构件，在开裂荷载下应持续 30min（检验性构件不受此限制）。如果试验荷载达到开裂荷载计算值时，试验结构已经出现裂缝，则开裂试验荷载不必持续作用。

对于采用新材料、新工艺、新结构形式的结构构件或跨度较大（大于 12m）的屋架、桁架等结构构件，为了确保使用期间的安全，要求在正常使用极限状态短期试验荷载作用下的持续时间不宜少于 12h。在这段时间内如变形继续增长而无稳定趋势，还应延长持续时间直至变形发展稳定为止。

③ 空载时间 t_3。受载结构卸载后到下一次重新开始受载之间的间歇时间，称为空载时间。空载，对于研究性试验是完全必要的；因为要使残余变形得到充分发展需要有足够的空载时间。同时，观测结构经受荷载作用后的残余变形和变形的恢复情况，有利于掌握和了解结构的工作性能。有关的试验标准规定：对于一般的钢筋混凝土结构空载时间取 45min；对于重要的结构构件和跨度大于 12m 的结构取 18h（即满载时间的 1.5 倍）；对于钢结构不应少于 30min。空载时间也必须定时观察和记录变形值。

需要注意，当试验结构同时施加竖向和水平荷载时，如前所述，为保证每级荷载下竖向荷载和水平荷载的比例不变和保持同步，试验开始时应首先施加与试件自重成比例的水平荷载，然后再按规定的比例同步施加竖向和水平向荷载。

④ 卸载。凡间断性加载试验，或仅做刚度、抗裂和裂缝宽度检验的结构构件，或测定残余变形的结构构件，或进行预载等，其后均须卸载，让结构、构件有恢复弹性的时间。

卸载，一般可按加载分级进行，也可放大 1 倍或分两次卸完。测残余变形，应在第一次逐级加载到标准荷载后分级全部卸载期间完成。

3.3.2　试验加载装置的设计

为了保证试验工作的正常进行，对于试验加载用的设备装置也必须进行专门的设计。在使用实验室内现有的设备装置时，也要按每项试验的要求对装置的强度和刚度进行复核计算。

加载装置的强度首先要满足试验最大荷载量的要求，保证有足够的安全储备。同时要考虑结构受载后有可能产生的局部构件负荷增大的情况。试件的最大强度常比预计的要大，在做试验设计时，应将加载装置的承载能力提高 70% 左右。试验加载装置在满足上述强度要求的同时，还必须考虑刚度的要求。在结构试验时，如果加载装置刚度不足，将难以获得试件极限荷载下的性能。

试验加载装置设计要符合结构构件的受力条件，能模拟结构构件的边界条件和变形条件，否则就失去了受力的真实性。在加载装置中还必须注意试件的支承方式，如在轴力和水平力共同作用下柱的试验，两个方向加载设备的约束会引起较为复杂的应力状态；在梁的弯剪试验中，加载点和支承点的摩擦力均会产生次应力，使梁受到的弯矩减小，当支承反力增大时，滚轴可能产生变形甚至接近塑性，会有非常大的摩擦力，使试验结果产生误差。试验加载装置除了在设计上要满足一系列要求外，应尽可能使其构造简单、组装花费时间少，特别是当要做同类型试件的连续试验时，还应考虑能方便试件的安装，并缩短安装与调整的时间。

按照结构试验时构件在空间就位形式的不同，可以有正位、异位和原位试验等几种加载装置方案。

（1）结构正位试验

正位试验加载装置是结构试验中最常见的形式。由于它的试验结构构件是在与实际工作状态相一致的情况下进行的，因此是加载装置优先考虑的方案。对于梁、板和屋架等简支的静定构件，正位试验时结构构件的受压区在上、受拉区在下，结构自重和它所承受的外荷载作用在同一垂直平面内。

（2）结构异位试验

异位试验是在结构构件安装位置与实际工作状态不一致的情况下进行的。按照构件空间位置的不同，又可分为反位试验和卧位试验。

① 结构反位试验。反位试验正好与正位试验在空间位置上相差 180°，构件的受拉区在上部，受压区在下部。当采用钢筋混凝土梁在液压加载器作用下的反位试验时，可便于观测受拉区的裂缝；在实验室内用液压加载器对结构做多点加载时，加载器活塞向上对构件施加荷载，而反作用力直接由试验台座平衡，因此可以简化和减少加载装置。由于外荷载首先要抵消构件自重，对于自重较大的钢筋混凝土构件，在反位试验安装时，要特别注意自重反位作用可能引起的受压区开裂。

② 结构卧位试验。卧位试验与正位试验在空间位置上相差 90°。试验时构件平卧，平行于地面。这特别适合大跨度、大矢高的屋架和高大柱子的试验。现场卧位试验较多采用成对构件试验的方法（如图 3-3 所示），即利用局部加强后的另一同类试件作为平衡机构。在采用卧位试验时，为减少构件变形及支承面间的摩擦阻力和自重弯矩，应将试件平卧在滚轴上或平台车上，使其保持水平状态。

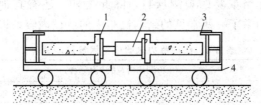

图 3-3　吊车梁成对卧位试验加载示意图
1—试件；2—千斤顶；3—支承反力架；4—滑动平车

（3）结构原位试验

原位试验是对已建结构进行现场荷载试验的唯一方法。试验结构构件在生产或施工现场处于实际工作位置，它的支撑情况、边界条件与实际工作状态完全一致。这时，构件支撑不是理想的支座，与计算简图有所差别，更由于结构间的邻近构件对试验会产生部分卸载作用，因此在荷载图式、加载方案的选择与设计时应特别注意。

3.4　结构试验的观测设计

观测方案一般是根据受力结构的变形特征和控制截面上的变形参数来制订的，因此要在试验前预先估算出结构在试验荷载作用下的受力性能和可能发生的破坏形状。观测方案的内容主要包括：确定观察和测量的项目；选定观测区域及布置测点；按量测项目选择合适的仪表和确定试验观测方法。

3.4.1　观测项目的确定

结构在荷载作用下的各种变形可以分为两类：一类反映结构的整体工作状况（如梁的挠度、转角、支座偏移等），叫作整体变形；另一类反映结构的局部工作状况（如应变、裂缝、钢筋滑移等），叫作局部变形。

在确定试验的观测项目时，试验者首先应该考虑整体变形。因为整体变形最能够概括结构工作的全貌，结构任何部位的异常变形或局部破坏都能在整体变形中得到反映。比如，对梁来说首先就是挠度，通过对挠度曲线的测量，不仅能知道结构的刚度、弹性和非弹性工作性质，而且通过挠度的不正常发展还能反映出结构中某些特殊的局部现象。因此，在缺乏量测仪器情况下，对于一般的生产鉴定性试验，只测定最大挠度一项也能做出基本的定性分析。但对易于产生脆断破坏的结构构件，挠度的不正常发展与破坏会同时发生，变形曲线上没有十分明显的预告，量测中的安全工作要引起足够的重视。

其次是局部变形的量测。如钢筋混凝土结构裂缝的出现，能直接说明其抗裂性能；而控制截面上的应力大小和方向则可推断截面应力状态，并验证设计与计算方法是否合理正确。再如，在做非破坏性试验应力分析时，实测应变又是推断结构应力状态和极限强度的主要指标；在结构处于弹塑性阶段时，应变、曲率、转角或位移的量测和描绘，又是判定结构工作状态和抗震性能的主要依据。

总的说来，对于破坏性试验，其本身已能较充分地说明问题，因此观测项目和测点可以相对少些；而对于非破坏性试验，其观测项目和测点布置，则必须满足分析和推断结构工作状况的最低需要。

变形是结构试验中相当重要的观测项目，除此之外，还有其他一些重要的观测项目。表 3-6、表 3-7、表 3-8 列举了一些常见的结构试验中的测试内容，以供参考。

表 3-6　结构静力试验中常用参量汇总表

结构名称	检测内容（按结构分类）	
	混凝土等非金属结构	金属结构
梁	1. 荷载、支座反力； 2. 支座位移、最大位移、位移曲线、曲率、转角、裂缝； 3. 混凝土应变、钢筋应变、箍筋应变、梁截面应力分布； 4. 破坏特征	1. 荷载、支座反力； 2. 支座位移、最大位移、位移曲线、曲率、转角、裂缝； 3. 跨中及支座截面应力分布； 4. 破坏特征
板	（参考梁）	—
柱	1. 荷载； 2. 支座位移、水平弯曲位移、裂缝； 3. 混凝土应变、钢筋应变、箍筋应变、柱截面应力分布； 4. 破坏特征	1. 荷载； 2. 支座位移、水平弯曲位移、裂缝； 3. 跨中及柱头截面应力分布； 4. 破坏特征
墙	1. 荷载； 2. 支座位移、平面外位移曲线、曲率、转角、裂缝； 3. 混凝土应变、纵横钢筋应变、纵横截面应力分布、剪切应变； 4. 破坏特征	—
屋架	1. 荷载、支座反力； 2. 支座位移、整体最大位移、裂缝； 3. 上下弦杆以及腹杆混凝土应变、钢筋应变、箍筋应变、屋架端头以及节点混凝土剪切应力分布； 4. 破坏特征	1. 荷载、支座反力； 2. 支座位移、整体最大位移、裂缝； 3. 上下弦杆以及腹杆金属应变、屋架墙头以及节点处剪切应力分布； 4. 破坏特征
排架	1. 荷载； 2. 支座位移、最大位移、位移曲线、曲率、转角、裂缝； 3. 混凝土应变、钢筋应变、箍筋应变、梁截面应力分布； 4. 破坏特征	1. 荷载； 2. 支座位移、最大位移、位移曲线、曲率、转角、裂缝； 3. 杆件截面应力分布； 4. 破坏特征
桥	1. 荷载； 2. 支座位移、最大位移、曲率、位移曲线、裂缝； 3. 根据测试目的确定测试构件及其应力（应变）的分布点； 4. 破坏特征	1. 荷载； 2. 支座位移、最大位移、位移曲线、曲率、裂缝； 3. 根据测试目的确定测试构件及其应力（应变）的分布点； 4. 破坏特征

表 3-7　结构伪静力试验中常用参量汇总表

分类	检测内容
杆件	1. 荷载、支座反力； 2. 支座位移、最大位移、曲率、转角、裂缝； 3. 杆件截面应力分布； 4. 滞回曲线，破坏特征
节点	1. 荷载； 2. 支座位移、转角、裂缝； 3. 根据测试目的确定节点应力（应变）的分布点； 4. 滞回曲线，破坏特征
结构	1. 荷载、支座反力； 2. 支座位移、最大位移、曲率、转角、裂缝； 3. 根据测试目的确定结构的测试部位及其应力（应变）的分布点； 4. 滞回曲线，裂缝开展状况，破坏特征

表 3-8　结构拟动力试验、振动台试验中常用参量汇总表

分类	检测内容
杆件	1. 输入的加速度（速度、位移）时程曲线； 2. 输出的加速度（力、速度、位移、应变）时程曲线； 3. 结构滞回曲线，裂缝开展状况，结构破坏特征

3.4.2　测点的选择与布置

用仪器对结构或构件进行内力和变形等参数的量测时，测点的选择与布置有以下几条原则：

① 测点宜少不宜多。从结构试验目的出发，量测的点位愈多愈能了解结构物的应力和变形情况，但从节约的观点出发，在满足试验目的的前提下，测点还是宜少不宜多。因此，在测量之前应利用已知的力学和结构理论对结构进行初步估算，并据此合理地布置测量点位，力求用较少的试验工作量而获得尽可能多的必要的数据资料。

对于新型结构或新课题，可采用逐步逼近、由粗到细的办法，先测定较少点位的力学数据，经过初步分析后再补充适量的测点，再分析再补充，直到能足够了解结构性能为止。有时也可以做一些简单的试验，进行定性后再决定测量点位。

② 测点的位置必须要有代表性，以便于分析和计算。根据结构物的最大挠度和最大应力数据，可直接了解结构的工作性能和强度储备。因此在这些最大值出现的部位上必须布置测量点位。例如，挠度的测点位置，可以从比较直观的弹性曲线（或曲面）来估计，经常是布置在结构跨中的最大挠度处。应变的测点就应该布置在最不利截面的最大受力处。最大应力的位置一般出现在最大弯矩截面及最大剪力截面上，或者弯矩、剪力都不是最大而是二者同时出现较大数值的截面上，以及产生应力集中的孔穴边缘处或者截面剧烈改变的区域上。如果目的不是要说明局部缺陷的影响，那么就不应该在有显著缺陷的截面上布置测点，这样才能便于计算分析。

③ 为了保证测量数据的可靠性，还应该布置一定数量的校核性测点。这是因为在试验量测过程中，部分量测仪器的工作不正常或故障，以及其他偶然因素等，会影响量测数据的可靠性。因此不仅要求在需要知道应力和变形的位置上布置测点，也要求在已知应力和变形

的位置上布点。这样就可以获得两组测量数据，前者称为测量数据，后者称为控制数据或校核数据。如果控制数据在量测过程中是正常的，可以相信测量数据是比较可靠的；反之，则测量数据的可靠性就差了。这些控制数据的校核测点，可以布置在结构物的边缘凸角上。这种地方没有外力作用，它的应变为零；有时结构物上没有凸角可找时，校核测点可以放在理论计算比较有把握的区域上；还可利用结构本身和荷载作用的对称性，在控制测点相对称的位置上布置一定数量的校核测点（正常情况下，相互对应的测点数据应该相等）。这样校核性测点一方面能验证观测结果的可靠程度，另一方面在必要时也可将对称测点的数据作为正式数据，供分析时采用。

④ 测点的布置应有利于试验时的操作和测读，不便于观测读数的测点，往往不能提供可靠的结果。为了测读方便，减少观测人员，测点的布置宜适当集中，以便于一人管理若干个仪器。不便于测读和不便于安装仪器的部位最好不设或少设测点，否则也要妥善考虑安全措施，或者选择特殊的仪器或测定方法来满足测量的要求。

3.4.3　量测仪表的选用与测读原则

3.4.3.1　仪器的选择

试验用的量测仪表，应符合现行规范中精度等级的规定，并应有主管计量部门定期检验的合格证书，在选用量测仪表时，应考虑下列要求：

① 符合量测所需的量程及精度要求。在选用仪表前，应先对被测值进行估算，目的是防止被测值超仪表量程，从而造成仪表损坏。一般应使最大被测值控制在仪表的2/3量程范围附近。同时，为保证量测精度，应使仪表的最小刻度值不大于最大被测值的5%。

② 动态试验量测仪表，其线性范围、频响特性以及相移特性等都应满足试验要求。

③ 对于安装在结构上的仪表或传感器，要求自重轻、体积小、稳定性好，不影响结构的工作。特别要注意夹具安装设计是否合理正确，不正确的夹具安装将使试验结果带有很大的误差。

④ 选用仪表时应考虑试验的环境条件。例如在野外试验时仪器常受到风吹日晒，周围的温、湿度变化较大，宜选用机械式仪表。此外，应从试验实际需求出发选择仪表的精度。一般来说，仪表的精度越高、灵敏度越高，在实际量测时则更容易受到环境的干扰，从而难以得到准确的量测数值。所以，测定结果的最大相对误差不大于5%即可。

⑤ 同一试验中选用的仪表种类应尽可能少，目的是便于统一数据的精度，简化量测数据的整理工作以及避免差错。

3.4.3.2　仪器的测读

仪器仪表的测读，应按一定的程序进行，具体的测定方法与试验方案、加载程序有密切的关系，应当注意如下事项：

① 在进行测读时，基本的原则是全部仪器的读数必须同时进行，至少也要基本上同时。结构的变形与时间有关，只有将同时得到的读数联合起来才能说明结构在当时的实际状况。因此，如果仪器数量较多，应分区同时由几个人测读，每个观测人员测读的仪器数量不能太多。如用静态电阻应变仪做多点测量，当测点数量较多时，就应该考虑用多台预调平衡箱并分组用几台应变仪来控制测读。如能使用多点自动记录应变仪进行自动巡回检测，则对于进入弹塑性阶段的试件跟踪记录尤为合适。

② 观测时间一般是选在加荷过程中的加载间歇时间内。最好在每次加载完毕后的某一时间（如 5min）开始按程序测读一次，到加下一级荷载前，再观测一次读数。根据试验的需要，也可以在加载后立即记取个别重要测点仪器的数据。对一些因荷载分级很细、某些仪器的读数变化过小，或对于一些次要的测点等情况，可以每隔二级或更多级的荷载才测读一次。如每级荷载作用下结构徐变变形不大时，或者为了缩短试验时间，往往只在每一级荷载下测读一次数据。

③ 当荷载维持较长时间不变时（如在标准荷载下恒载 12h 或更多），应该按规定时间（如加载后的 5min、10min、30min、1h，以后每隔 3～6h）记录读数一次，同样当结构卸载完毕空载时，也应按规定时间记录变形的恢复情况。

④ 每次记录仪器读数时，应该同时记录周围环境的温度、湿度等。

⑤ 对重要的数据应边做记录、边做初步整理，同时算出每级荷载下的读数差，与预计的理论值进行比较，以便发现问题及时纠正。

3.5　结构试验的误差控制

从某种意义上看，结构试验是一种特殊的计量工作。在试件制作、材料选用、安装就位、加载测量和数据采集等各个阶段，都可能存在或产生各种误差。为此在试验设计工作中，必须对各个环节可能产生的误差加以控制，以提高测试精度，保证试验质量。

3.5.1　试件制作误差

结构试验大量的对象是混凝土结构构件。在试件制作过程中，由于材料膨胀收缩与模板变形等因素，经常使混凝土构件外形尺寸产生误差。另外，由于钢筋骨架绑扎的初始误差和施工振捣移动等原因，会使钢筋骨架变形、主筋错位和保护层厚度改变，对试件的强度和承载力都会产生较大的影响。为减少混凝土试件制作误差产生的影响，试验前必须测量试件主要受力区的实际外形尺寸；试验后，需打开混凝土实测主筋位置和保护层厚度。采用试件的实测尺寸进行理论计算，可以大幅度减少误差。

砌体结构主要由块材（砖、砌块）和砂浆两种材料复合而成，砌体结构具有取材便利、耐火和耐久性好以及良好的保温性和隔热性等特点，但是由于砌体构件本身材料强度低、抗震能力较差、材质的离散以及施工砌筑技术的影响，致使试件的平整度、垂直度与实际尺寸误差较大。因此除在砌体结构试件制作过程中应采取有效措施减小制作误差，试验前也必须测量试件实际外形尺寸，以此来减少试件制作误差对试验结果的影响。

钢结构试验构件制作过程中也会产生很多误差：构件连接处螺栓孔加工误差；焊接钢构件制作过程产生的误差，如 H 型钢板腹板中心偏移、翼缘板垂直度（见图 3-4）等。其次，钢结构外形尺寸本身存在的误差，如单层钢柱的外形尺寸偏差：柱身扭曲、柱脚螺栓孔中心对柱轴线的偏离等，对整个试验会造成较大的影响。因此，在试验过程中需要对试件进行多次检查测量，采用试件的实测尺寸进行理论计算，从而减小试验误差。

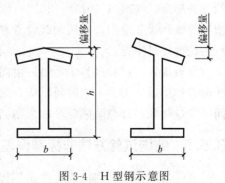

图 3-4　H 型钢示意图

3.5.2　材料性能误差

在结构试验中，结构构件的受力和变形特点除受荷载作用等外界因素影响外，还取决于组成构件的材料抵抗外力的性能。因此，建筑材料的力学性能直接影响结构构件的质量。试验中由相应材料的试块来确定材料强度，并据此计算构件的变形和承载力。

为了减少材料强度的误差，对混凝土构件而言，即要求有相同强度等级的混凝土、相同的模板成型、相同的振捣和养护条件、相同的时间拆模同时进行试验。此外，对于缩尺比例较大的钢筋混凝土强度模型，还应仔细选择模型用钢筋。因为在钢筋混凝土强度模型试验中，获取破坏荷载和破坏形态往往是试验的主要目的之一，而模型钢筋的特性在一定程度上对结构非弹性性能的模拟有着决定性影响。所以，应充分注意模型钢筋力学性能的相似要求，主要包括弹性模量、屈服强度和极限强度等。必要时，可以使钢筋产生一定程度的锈蚀或用机械方法在模型钢筋表面压痕，以便模拟真实的钢筋和混凝土之间的黏结情况。对于钢材而言，由于材料的均质性较好，一般可以同级、同批、同直径取样作为代表，如果能按构件主筋逐根取样，则减小误差的效果更为显著。

总之，材料试验必须按标准方法进行，并注意试块尺寸效应、试验加载速率对材料强度的影响和可能产生的误差。

3.5.3　试件安装误差

① 试件安装就位前，要正确仔细地定出支座反力作用线的位置，注意试件安装就位的正确性，防止受弯构件的计算跨度和柱或压杆的计算长度与计算简图不一致。支座约束条件要严格与计算假定一致，防止因支座变形而增大摩擦力、产生次弯矩或局部应力集中，防止因支承面不平整引起试件扭转或超出平面的变形倾覆。

② 要正确定出荷载作用点的位置，确定压杆截面中心线或偏心荷载作用的偏心距，避免引起构件截面内力的差异。

③ 模型安装和加载部位的连接应满足试验要求。为防止模型结构试验过程中发生局部破坏，通常对模型制作以及加载部位进行局部加强处理，这些加强部位的几何关系也应考虑相似要求。制作部位不但要满足强度要求，还应考虑刚度要求。局部加强部位和支座等均应保证其之间或其与构件之间有可靠的连接。

3.5.4　荷载量测设备误差

结构试验需要在荷载作用下量测结构的反应。在试验设计时，应严格按《混凝土结构试验方法标准》（GB/T 50152—2012）和《建筑抗震试验规程》（JGJ/T 101—2015）等规定的精度等级和误差范围，选用加载设备和测量仪表进行试验。为控制试验的误差，必要时需进行系统的计量率定。

仪器仪表在试验过程中，最好由同一人员测读，以降低读数误差。此外，由于结构构件受荷载作用后，需要一定时间反应，此时仪表的数据仍然随时间在小幅变化，因此，测读时间一般应选取在加载间隔阶段的末期，采集的数据会更为准确。

3.5.5　结构试验方法非标准误差

通常情况下，结构试验应严格按照《混凝土结构试验方法标准》（GB/T 50152—2012）

等相关规范的规定进行试验，但是有些试验没有试验标准或规程，所以应在充分论证的基础上选择合适的试验方法。其中较为重要的方面就是尺寸效应和加载速率对试件强度产生的影响，应控制其对试验产生的非标准误差。

在材料力学性能试验时，混凝土和砌体试块的尺寸形状和加载速率等，按试验设计与试验准备阶段确定的加载制度进行正式加载试验。对试验对象施加外荷载是整个试验工作的中心环节，应按规定的加载顺序和量测顺序进行。其次在进行混凝土和砌体等构件试验时，尺寸效应对强度同样会产生影响，所以试件尺寸同样不能太小。

另外，这类构件在临近破坏时，强度随时间变化的非线性关系非常突出，加载时间越长，强度越低。为此，对同批、同类试件的试验方法、加载时间历程等均应加以统一，防止产生差异，以致无法对比。

所以在试验过程中要求我们除认真读数记录外，必须仔细观察结构的变形，例如砌体结构和混凝土结构的开裂和裂缝的出现，裂缝的走向及宽度，破坏的特征等。重要的测量数据应在试验过程中随时整理分析并与事先计算的数值比较，发现有反常情况时应查明原因或故障，把问题弄清楚后才能继续加载。试件破坏后要绘制破坏特征图，有条件的可拍照或录像，作为原始资料保存，以便今后研究分析时使用。

思考题

1. 结构试验设计的基本原则有哪些？
2. 试件设计的内容有哪些？
3. 什么是结构的正位试验和异位试验？二者有何区别？
4. 在结构试验的测试方案设计中，主要应考虑哪些内容？
5. 建筑结构模型试验有哪些优点？适用于哪些范围？

第4章
试验量测技术与仪器

土木工程结构试验不仅需了解结构性能的外观状态，更需正确应用试验量测技术与仪器，以获取足以进行评定结构性能的定量数据，这样才能对结构性能的优劣做出正确的判断，从而为理论计算提供足够的依据。

4.1 概述

4.1.1 土木工程试验量测技术

土木工程是一门实践性极强的学科，从地基的强度设计选用，到基础选型和构件强度的检验，乃至上部结构中各构件的强度和整体结构稳定性的判断，这一切都离不开土木工程试验测试技术。而土木工程试验测试技术是一门综合性很强的技术，它以材料力学、土力学、混凝土结构设计原理、土木工程设计理论和方法等学科作为理论基础，并结合传感器、信号处理器、计算机等学科技术研发出的各种量测仪表，测得各种材料性能和力学性能，评定结构性能的优劣。

量测技术、仪器设备、测试元件是试验与检测重要技术保障的三大部分，而量测技术是否具有足够的科学性和准确性，将直接关系到试验与检测最终能否达到预期，甚至建筑整体安全性能否有足够的保障也与此息息相关。量测技术一般包括量测方法、量测仪表、量测误差分析三部分。在土木工程试验检测技术中，量测的内容一般包含以下几个方面。

（1）结构试件的微观量测

即使是同造型和用途的构件，在不同材料、不同制作和养护条件下，其内部微观结构的差别是极大的。而构件的稳定性、耐久性等性能表现，除与达到临界荷载或是受外部自然条件侵蚀等宏观层面条件相关，还和自身内部微观结构构成息息相关。因为微观结构的变化将会对构件的物理性能造成显著影响，如强度、韧性、延展性、硬度、耐腐蚀性、高（低）温行为或耐磨性。这些特性将会反过来决定这些构件在工业实践中的应用。

（2）结构试件的应变量测

结构在外力作用下会产生应力，如果能具体了解构件的应力分布情况，尤其是结构构件的危险截面处的应力分布及最大应力值，对于建立强度计算理论是否合理、计算方法是否正确具有十分重要的意义。但直接量测应力是比较困难的，所以目前大多是借助于量测应变值，然后通过材料的 $\sigma\text{-}\varepsilon$ 关系曲线或方程换算为应力值。而由于应力通常由应变间接测定得出，所以在试验前测定试件材料的应变情况，进而推断出 $\sigma\text{-}\varepsilon$ 关系曲线是材料基本性能试验的主要内容之一。

（3）结构试件的位移量测

结构的位移反映了结构的整体变形，是工程结构承受荷载作用后最直观的反应。通过位移量测，不仅可以了解结构的刚度及其变化，还能区分结构的弹性和非弹性性质。同时结构任何部位的异常变化或局部损坏都能在位移上得到反映。

（4）结构试件的力值量测

荷载和超静定结构的支座反力是结构试验中经常需要测定的外力。因为只有知道外力作用大小才能判断试件是否达到临界使用荷载，同时在对外力作用有清楚了解的基础上，方可进一步对整体结构进行详细的内力分析。对于较为脆性的结构试件，力值量测尤为重要。

（5）结构试件的裂缝量测

对于混凝土结构和砌体结构，裂缝的发生和发展是结构受力的重要特征。对于钢结构，常见的断裂发生在应力集中的部位和焊缝部位。准确地量测裂缝尺寸和描绘形状，是后续确定开裂荷载、研究结构破坏过程的重要指标。

（6）结构试件的温度量测

温度是一个基本的物理量。温度是建筑结构实际使用时所面临的一个重要外界影响因素。因为实际结构的应力分布、变形性能和承载能力都可能与温度存在密切关系。在常温作用下，温度应力常常使混凝土结构出现裂缝。且由于在实际施工或使用时，常有大体积混凝土入模后产生大量水化热、热加工厂房常年的高温环境等各种产生温度应力的情况出现，使得温度成为结构设计中必须考虑的因素之一。因此在结构试验中，有时也有温度测量的要求，通常通过实测方法确定。

（7）结构热工性能的量测

建筑材料的热工性能是指与热有关的性质，是研究结构高温（抗火）性能的基础。通常我们用热工参数来表达和描述热工性能。

而热工参数主要包括：

导热系数 λ：材料传导热量的能力；

热扩散系数 α：物体中某一点温度的扰动传递到另一点的速率的量度；

传热系数 K：墙体在稳定传热条件下单位时间通过单位面积传递的热量；

比热容 c：单位质量物体改变单位温度时吸收或放出的热量；

热阻 R：墙体本身或其中某层材料阻抗传热能力的物理量。

（8）结构抗爆冲击的量测

爆炸荷载作用下建筑结构抗爆性能是研究的重点方向之一。对于某些重要建筑，如化学实验室、发电厂等，一旦失控爆炸，造成的人员伤亡更加难以控制。所以，进行怎样减轻爆炸对建筑物造成损害的详细研究量测和分析是必要的。尤其是对于存放重要设备、人流量复杂等的重要建筑，其结构的抗爆冲击量测研究显得尤为重要。

（9）结构抗火性能的量测

火的使用是人类最伟大的发明之一，随着对火的使用和开发，也会有火灾事故发生，火灾事故成为影响人类社会安全和发展的最大灾害之一。据统计，世界上发达的国家每年的火灾损失额多达几亿甚至十几亿美元，占国民经济总产值的 $0.2\%\sim1.0\%$。

在火灾的作用下，火灾高温使得结构材料的性能发生严重劣化，结构构件将会发生剧烈的内力重分布，结构变形显著加剧，从而造成结构的承载性能受到极大的削弱，危及建筑结构的安全，甚至会导致结构发生局部或整体倒塌和破坏。所以对建筑结构的抗火性能进行一定的量测和分析是学术界和工程界的重要关注点。

（10）结构振动参数的量测

建筑结构在实际使用中将有可能受到地震、风、爆炸等各种偶然荷载所导致的振动，从而对结构的稳定、构件的损坏造成不利影响。故需要在必要时刻进行相应的动力试验，从而获取振型、自振频率、位移、速度和加速度等振动参量。而振幅、频率、相位及阻尼是为获得振动参量所量测的基本参数。

4.1.2　量测仪表的基本组成

不管是一个简单的量具，或是一套高度自动化的量测系统，可能在外形、内部结构、量测原理及量测精度等方面有很大差别，但作为量测仪表，都应具备三个基本部分：感受部分、放大部分、显示记录部分。其中感受部分将直接与被测对象相连，感受各种被测参数（应变、位移、力等）的变化，并将被测参数转换成电信号（或其他易处理的信号），从而传递给放大部分。放大部分将感受部分传来的被测参数通过各种方式（如机械式的齿轮、杠杆、电子放大线路或光学放大等）进行放大，使信号可以被显示和记录。显示记录部分是将放大部分传来的量测结果，通过指针、电子数码器、屏幕等仪器把信号用可见的形式显示出来，或通过各种记录设备将试验数据或曲线记录下来。

一般来说，机械式仪器的感受、放大和显示记录三部分都在同一个仪器内。而电测仪器三部分常常是分开的，分别为传感器、放大器和记录仪器。

4.1.3　量测仪表的分类

量测仪表的分类方法很多，而较为常见的分类方法有以下几种：

① 按量测仪表的工作原理分：机械式仪器、电测仪器、光学测量仪器、复合式仪器、伺服式仪器（带有控制功能的仪器）等。

② 按量测仪表的用途分：测力传感器、位移传感器、应变计、倾角传感器、频率计、测振传感器等。

③ 按量测仪表与结构的相对关系分：附着式与手持式、接触式与非接触式等。

④ 按量测仪表的显示记录方式分：直读式、自动记录式、模拟式、数字式等。

4.1.4　量测仪表的基本量测方法

土木工程结构试验所用量测仪表，一般采用偏位测定法和零位测定法两种量测方法。偏位测定法是根据量测仪表产生的偏转或位移定出被测值，如百分表、双杠杆应变仪及动态电阻应变仪等。零位测定法则是用已知的标准量去抵消未知物理量引起的偏转，使被测量和标准量对仪器指示装置的效应经常保持相等，指示装置指零时的标准量即为被测物理量，如大家所熟悉的称重天平就是典型的零位测定法，常用的静态电阻应变仪也属于零位测定法。

通常来说，零位测定法比偏位测定法更精确，因为用偏位法测量时，指针式仪表内没有标准量具，只有经过标准量具率定过的刻度尺，而刻度尺相对来说精确度不会很高，因此该方法相对没那么精确。

4.1.5　量测仪表的主要性能指标

（1）量程

量程也称测量范围，即仪器所能测量的最大输入量与最小输入量的范围。如 50mm 的百分表，其量程即为 0~50mm。

（2）刻度值

即仪表指示装置的每一最小刻度所指示的测量数值。如百分表的刻度值为 0.01mm。

（3）分辨率

仪表测量被测物理量最小变化值的能力。

（4）灵敏度

即被测参数（输入量）的单位增加量所引起的仪表指示值（输出量）的变化。反映仪表对被测参数变化的灵敏程度，是在稳态下，输出变化增量与输入变化增量的比值。对于不同用途的仪器，灵敏度的单位也各不相同，如百分表的灵敏度单位是 mm/μm，电测位移计的灵敏度单位是电压值与位移值的比值。不同仪器使用时应查阅其说明书。

（5）精确度/精度

即仪表指示值与被测值真值的符合程度。精确度高的仪表意味着随机误差和系统误差都很小。结构试验中，常以最大量程时的相对误差来表示精度，并以此来确定仪器的精度等级。例如，一台精度为 0.2 级的仪表，意思是测定值的误差不超过最大量程的 $\pm 0.2\%$。但也有不少仪器的测量精度和最小刻度值用相同的数值来表示。例如，百分表的量测精度与最小刻度值均为 0.01mm。

（6）滞后

仪器的输入量从起始值增至最大值的测量过程称为正行程；输入量由最大值减至起始值的测量过程称为反行程。同一输入量正反两个行程输出值间的偏差即称为滞后，通常以满量程中的最大滞后值与满量程输出值之比表示。偏差的最大值称为滞后量，滞后量越小越好。

（7）零点温漂和满量程热漂移

零点温漂是指当仪表的工作环境温度不为 20℃时零点输出随温度的变化率；满量程热漂移是指当仪表的工作环境温度不为 20℃时满量程输出随温度的变化率。它们都是温度变化的函数，一般由仪表的高低温试验得出其温漂曲线并在试验值中加以修正。

除去上述性能外，对于动态试验量测仪器的传感器、放大器及显示记录仪器等各类仪器还需考虑下述特性。

（8）线性范围

指在保持仪器的输入量和输出信号为线性关系的基础上，输入量所允许的变化范围。在动态量测中，对仪器的线性范围应有严格要求，否则量测结果将产生较大的误差。

（9）频率响应特性

指仪器在不同频率下灵敏度的变化特性。常以频响曲线（一般以对数频率值为横坐标，以相对灵敏度为纵坐标）表示。在进行高频动态量测时，应将使用频率限制在频响曲线的平坦部分以免引起过大的量测误差。对于传感器，提高其自振频率将有助于增加使用频率范围。

（10）相移特性

振动参量经传感器转换成电信号或经放大、记录后在时间上产生的延迟叫相移。如果相移特性随频率而变化，则对于具有不同频率成分的复合振动将会引起输出电量的相位失真。常以仪器的相频特性曲线来表示其相移特性。在使用频率范围内，输出信号相对于信号的相位差应不随频率改变而变化。

此外，由传感器、放大器、记录器组成的整套量测系统，还需注意仪器相互之间的阻抗匹配及频率范围的配合等问题。

4.1.6　仪表的率定

为了确定仪表的精确度或换算系数及其误差，需将仪表指示值和标准量进行比较，这一工作称为仪表的率定。率定后的仪表按国家规定的精确度划分等级。

用来率定仪表的标准量应是经国家计量机构确认，具有一定精确度等级的专用率定设备产生的。率定设备的精确度等级应比被率定的仪表高。常用来率定液压试验机荷载度盘示值的标准测力计就是一种专用率定器。当没有专用率定设备时，可以用和被率定仪器具有同级精确度的"标准"仪器相比较进行率定。此外，还可以利用标准试件来进行率定，即把尺寸加工非常精确的试件放在经过率定的试验机上加载，根据此标准试件及加载后产生的变化求出安装在标准试件上的被率定仪器的刻度值。虽然此法的准确度不高，但较简便，容易做到，所以常被采用。

为了保证量测的精确度，仪表的率定是一项十分重要的工作。所有新生产或出厂的仪表都必须经过率定，正在使用的仪表也必须定期进行率定，因为仪表经长期使用，其零件总有不同程度的磨损，或者损坏后经检修的仪表，零件的位置会有变动，难免引起示值的改变。因此在试验前或试验后均应对仪表设备进行率定校准。率定通常分为两种：①对仪表进行单件率定；②对仪表系统进行系统率定。

图 4-1　拉力传感器率定

例如，拉力传感器的率定过程（图 4-1）包括将传感器安装在专用夹具上，通过施加预定的力值，记录相应的传感器输出，并利用拟合函数建立传感器输出与实际力之间的关系。通过零点校准、频率计核对等步骤，验证传感器在不同力值下的准确性。重复率定过程以确保一致性，并定期进行校准以纠正潜在的漂移。整个过程需要详细记录，包括使用的设备、力值、输出数据和拟合函数，以便进行维护和验证。

4.2　微观量测

4.2.1　扫描电镜技术

由电子枪发射出来的电子束，在加速电压的作用下，经过磁透镜系统汇聚，形成直径为 5nm 的电子束，经过二至三个电磁透镜组成电子光学系统。经过该系统，电子束会聚成一个细的电子束聚焦在样品表面。在末级透镜上边装有扫描线圈，在它的作用下使电子束在样品表面扫描。发射电子种类如二次电子，背散射电子，俄歇电子，吸收电子，透射电子，特征 X 射线，阴极荧光等，如图 4-2 所示。不同的信号携带有样品不同方面的信息，通过不同的信号收集器将信号收集并对信号进行处理、分析，便可得到样品形貌、成分、结构和元素组成等相关信息。在扫描电镜当中，常用的信号有背散射电子、二次电子和特征 X 射线，三种电子信号的产生机理如图 4-3 所示。下面对这三种信号的特征逐一进行简要介绍。

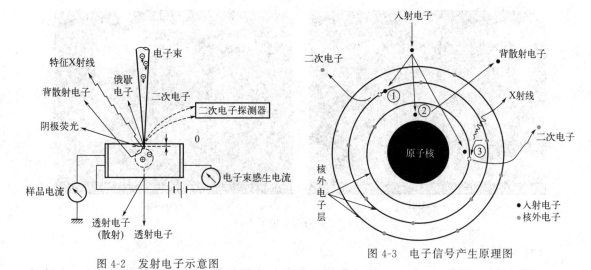

图 4-2 发射电子示意图

图 4-3 电子信号产生原理图

(1) 背散射电子

背散射电子是入射电子束与样品相互作用后被反射回来的一部分电子,包括弹性背散射电子和非弹性背散射电子。弹性背散射电子是被原子核弹性散射的入射电子,能量与入射电子接近;非弹性背散射电子则是入射电子与核外电子非弹性碰撞后能量和方向发生改变的电子。背散射电子通常来自样品表面下 100~1000nm 的深度范围,其发射系数随样品微区平均原子序数的增加而增加。利用背散射电子可以获得样品表面的形貌特征,分辨率在 50~200nm;同时背散射电子对平均原子序数敏感,因此也可用于样品成分的定性分析和不同物质相的区分。背散射电子成像是扫描电子显微镜中重要的成像和分析手段之一。

(2) 二次电子

二次电子是入射电子与样品表面浅层(约 10nm)相互作用,使样品核外电子获得能量逃逸出表面的电子。二次电子主要特点包括:
①来自表面浅层,成像分辨率高,可达 1~
2nm;②发射系数主要取决于样品表面局部斜率,所成像主要反映表面形貌。在二次电子图像中,凸起、尖角处二次电子数量多而亮,平整面、凹坑处二次电子少而暗,明暗程度反映表面起伏。

图 4-4 显示了混凝土水化界面的二次电子图像,清晰展现了水化产物的形态、大小和起伏状态。这为高分辨率观察混凝土微观结构提供了有效方法,有助于分析表面粗糙度、裂纹发展,动态观察水化过程微观结构变化,评估

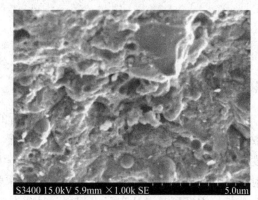

图 4-4 混凝土水化界面二次电子图像

微观缺陷和化学成分分布,对理解和改进混凝土性能具有重要意义。

图 4-5 给出了水泥主要水化产物之一氢氧化钙与碳纳米管改性水泥浆体的二次电子图像,可用于分析水化产物的形态特征和颗粒大小等。二次电子成像在水泥科学、医学、材料学等领域有广泛应用。

(a) 氢氧化钙   (b) 微珠

图 4-5 材料二次电子图像

（3）特征 X 射线

特征 X 射线是原子内层电子受高能粒子激发跃迁到外层，外层电子填补内层空位时释放的具有特征能量和波长的电磁辐射。特征 X 射线源自样品表面下 $500nm \sim 5\mu m$ 的深度范围，分辨率低于背散射电子。样品表面逸出的 X 射线包括特征 X 射线和连续 X 射线，其中特征 X 射线的能量和波长与样品元素种类一一对应。通过 X 射线能量色散谱仪和波长色散谱仪收集并分析这些特征 X 射线的能量和波长，可以实现样品微区的元素分析。图 4-6 给出了特征 X 射线的示意图，直观展示了特征 X 射线的产生和发射过程。特征 X 射线是扫描电子显微镜中进行元素分析的重要信号之一。

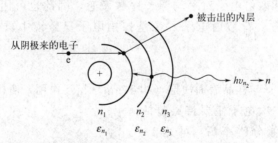

图 4-6 特征 X 射线示意图

4.2.2 X 射线衍射分析

X 射线衍射仪是进行材料晶体结构分析的重要设备，用于物相定性、定量分析，晶胞参数测定，晶粒大小、结晶度、残余应力分析，择优取向分析，薄膜厚度的测定和物相纵向深度分析等。X 射线衍射分析技术是混凝土学科内运用非常广泛的一种结构研究手段，将 X 射线衍射分析（XRD）得到的水泥水化粉末样品晶体结构信息与扫描电镜得到图像进行结合分析，水泥研究者认识了水泥中各种复杂的水化产物形态并解决了大量工程与科学问题。

X 射线衍射仪主要由 X 射线发生器、测角仪、记录仪和水冷却系统组成，新型的衍射仪还带有条件输入和数据处理系统。

X 射线的波长和晶体内部原子面之间的间距相近，晶体可以作为 X 射线的空间衍射光栅，即一束 X 射线照射到物体上时，受到物体中原子的散射，每个原子都产生散射波，这些波互相干涉，结果就产生衍射。衍射波叠加的结果使射线的强度在某些方向上加强，在其他方向上减弱。分析衍射结果，便可获得晶体结构。以上是 1912 年德国物理学家劳厄（M. von Laue）提出的一个重要科学预见，随即被试验所证实。1913 年，英国物理学家布拉格父子（W. H. Bragg，W. L. Bragg）在劳厄发现的基础上，不仅成功地测定了 NaCl、KCl 等晶体的晶体结构，还提出了作为晶体衍射基础的著名公式——布拉格方程：$2dsin\theta = n\lambda$。

对于晶体材料，当待测晶体与入射束呈不同角度时，那些满足布拉格衍射的晶面就会被检测出来，体现在 XRD 图谱上就是具有不同衍射强度的衍射峰。对于非晶体材料，由于其结构不存在晶体结构中原子排列的长程有序，只是在几个原子范围内存在着短程有序，故非晶体材料的 XRD 图谱为一些漫散射馒头峰。

X 射线衍射仪是利用衍射原理，精确测定物质的晶体结构、织构及应力，精确地进行物相分析、定性分析、定量分析的设备，广泛应用于冶金、石油、化工、科研、航空航天、教学、材料生产等领域。X 射线衍射分析仪如图 4-7(a) 所示，其原理图如图 4-7(b) 所示。

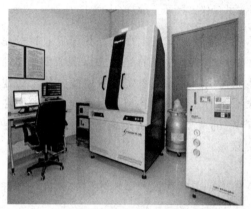
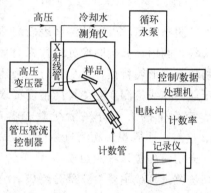

(a) X射线衍射分析仪实物图　　　　(b) X射线衍射分析仪原理图

图 4-7　X 射线衍射分析仪实物图和原理图

4.2.3　固体核磁共振技术

核磁共振（NMR）现象由哈佛大学的伯塞尔教授（Edward Mills Purcell）和斯坦福大学的布洛赫教授（Felix Bloch）于 1945 年发现，他们二人也因此获得 1952 年的诺贝尔物理学奖。核磁共振技术自发现后，逐渐被运用于物理、化学、材料、医学等领域。固体核磁共振技术是一种针对固体样品的分析手段。与需要被测物质表现长程有序（即必须为晶体）的 X 射线衍射技术不同，固体核磁共振既能测定有序的晶体结构又可以测定无序的凝胶或者熔融物，还可用于分析矿物在加热或者机械研磨等状态下相的变化。这极大地拓展了固体NMR 技术在无机非金属材料研究中的应用，因为无机非金属材料中含有大量的非晶物质与结构。固体核磁共振技术可以深入了解固体物质的结构动力学行为和相互作用机制，对材料、化学等领域具有重要的应用价值，固体 NMR 技术在微观结构量测中应用越来越广泛。

核磁共振仪实物图如图 4-8 所示。

4.2.4　多光束光切法

（1）光切法测量表面三维微观形貌的原理

传统的光切法三维形貌测量系统通过选取适当的一字线激光器作为投射光源，将线结构

(a) 500MHz核磁共振波谱仪　　　　　　(b) 600MHz核磁共振波谱仪

图 4-8　核磁共振仪实物图

光投射到被测物表面，由于被测物表面的不规则导致光条发生形变，利用工业相机完成形变光条的采集，利用计算机图像处理技术对采集到的发生形变的光条进行多个步骤的处理，得到被测物的微观形貌特征，最后进行三维还原完成测量。该系统十分便捷并易于搭建，比较适用于工业的在线检测，对测量的精度要求不是十分苛刻。其精度不高的主要原因在于激光投射器，市面上的大部分一字线激光器产生的光线在传播距离为 1m 时的光线宽度为 0.5mm，这对表面微观形貌测量会产生较大误差。

（2）光切法测量系统的组成

光切法测量系统主要由三部分组成，分别为光源系统，测量系统以及软件处理部分。其构造图如图 4-9 所示。

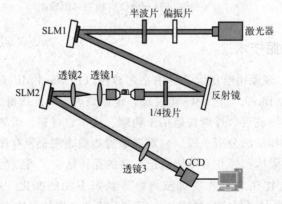

图 4-9　多光束光切法构造

注：Selective Laser Melting（SLM），即选择性激光熔融，是一种金属增材制造技术。CCD 为电荷耦合器件，是数字和机器视觉相机中用于捕捉静止和移动物体的一种传感器，以百万像素为单位，其本质是一种感光半导体芯片，用于捕捉图形，被广泛运用于扫描仪、复印机以及无胶片相机等设备。

① 光源系统。光源系统由激光器、扩束系统、空间光调制器以及 $4f$ 滤波系统构成，通过 He-Ne 激光器产生的光源经过开普勒扩束系统，生成的平面光波通过空间光调制器输出的合适的一维光栅，生成高密度线结构光。为了提高图像的质量，将多光线经过经典的 $4f$ 空间滤波系统后投射到被测物表面，经过光线系统后的光线得到细化，解决线宽问题。

② 测量系统。测量系统中的图像采集系统由显微系统与工业相机组成，这部分主要完成光条图像采集并存储至计算机的工作。显微系统直接选用实验室里的设备。而工业相机的选取则极为重要，它是测量系统中一个关键组成元件，能够将光学影像目标转换为数字信号，相机获取到的畸变图像的差异直接影响整个测量系统的效果。工业相机与传统的摄像机相比，其图像稳定性更高，传输能力与抗干扰能力更强。目前主流的工业相机根据传感器的不同有 CCD 与 CMOS 两种，需要对它们进行多方面对比，选取适宜的工业相机。

③ 软件处理部分。软件处理部分的功能是利用软件对获得的图像进行处理，主要用于图像处理、相机标定以及三维形貌还原等环节，MATLAB 软件可以很出色地完成这些环节的处理。MATLAB 是一款高效数学软件，被广泛应用于图像处理与计算机视觉等领域。MATLAB 具有非常完备的图像处理功能，可以对结果与编程实现可视化，同时用户可以利用其中种类丰富的工具箱，如信号处理工具箱，相机标定工具箱等，能够极大地提高工作效率。

4.2.5　白光相移干涉法

(1) 白光相移干涉法的工作原理

白光干涉仪有 Michelson 干涉仪、Mach-Zehnder 干涉仪、Sagnac 干涉仪等，均是以分振幅型双光束干涉仪为基础构建的。图 4-10 是 Michelson 干涉仪的原理图。光源发出的光经分光镜分成两束光，即参考光和测量光。参考光经参考镜反射后进入接收器，测量光经测量镜反射进入接收器，两路光束在分光镜上进行干涉。当两干涉光束的光程差接近相等时，可观察到干涉条纹，随着光程差逐渐增大，条纹的对比度下降，直到条纹消失。

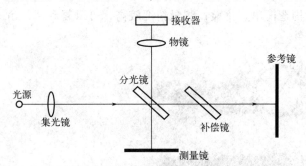

图 4-10　Michelson 干涉仪的原理图

(2) 白光相移干涉法测量系统的组成

白光相移干涉法测量系统是由干涉显微镜改造而成的。采用白光为干涉光源，由 Michelson 干涉测量系统、相移微位移驱动系统、CCD 摄像头、图像采集卡、计算机等组成。利用白光干涉技术进行表面三维形貌测量时，从参考镜和被测工件表面反射回的光束在分光镜上相互叠加产生干涉条纹，利用 CCD 摄像机接收干涉条纹图像，送至计算机进行数据处理。

4.3　应变量测

应变量测一般是用应变计测出试件在一定长度范围 L（称为标距）内的长度变化 ΔL，再计算出应变值 $\varepsilon = \Delta L / L$。测出的应变值实际是标距范围 L 内的平均应变。因此，对于应力梯度较大的结构或混凝土等非均质材料，都应注意应变计标距 L 的选择。结构的应力梯度较大时，应变计标距应尽可能小；但对混凝土结构，应变计的标距应大于 $2 \sim 3$ 倍最大骨料粒径；对砖石结构，应变计的标距应大于 4 皮砖；在做木结构试验时，一般要求应变计标距不小于 20cm；对于钢材等均质材料，应变计标距可取小一些。

应变量测方法和仪器很多，主要有电测与机测两类，其中电测法不仅具有精度高、灵敏度高、可远距离量测和多点量测、采集数据快速、自动化程度高等特点，而且便于将量测数据信号和计算机或微处理机连接，为采用计算机控制和用计算机分析处理试验数据创造了有利条件；机测法的优点有试验操作简单、数据可靠、不受电磁等因素干扰。

4.3.1 机测引伸仪

常用机测引伸仪有以下几种：

（1）手持式应变仪

图 4-11 为手持式应变仪，主要由两片弹簧钢片连接两个刚性骨架组成，两个骨架可做无摩擦的相对运动。骨架两端带有锥形插脚，测量时将插脚插入结构表面上预置的脚座中，结构表面上的两个预置脚座之间的距离为测量标距。试件的应变由装在骨架上的千分表读出。

（2）千分表测应变装置

图 4-12 是一个自制的千分表应变测量装置，它有两个粘贴在试件上的脚座，分别固定千分表和刚性杆，测量标距可通过调节刚性杆任意确定。构件伸长（缩短）量由千分表读出，除以标距即算得应变。

它的特点是装置构造简单，价廉；测量精度较高；可重复利用；由于脚座较长，不适合测量有弯曲变形的构件。

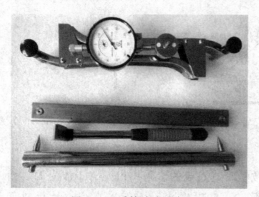

图 4-11　手持式应变仪

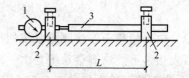

图 4-12　千分表应变测量装置
1—千分表；2—脚座；3—刚性杆

4.3.2 电阻应变计

电阻应变计，又称电阻应变片，是电阻应变量测系统的感受元件。电阻应变片的种类很多，按栅极分有丝绕式、箔式、半导体等；按基底材料分有纸基、胶基等；按使用极限温度分有低温、常温、高温等。箔式应变计是在薄胶膜基底上镀合金薄膜（0.002~0.0055mm），然后通过光刻技术制成，具有绝缘度高、耐疲劳性能好、横向效应小等特点，但价格偏高。丝绕式应变片多为纸基，具有防潮、价格低、易粘贴等优点，但耐疲劳性稍差，横向效应较大，一般适用于静载试验。常见的电阻应变片形式见图 4-13 所示。

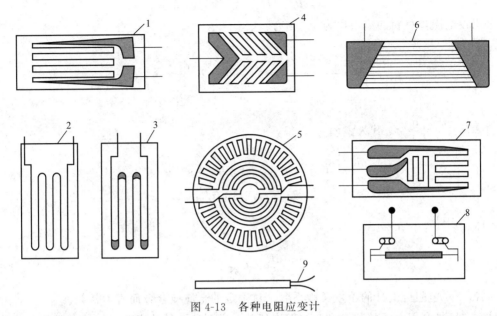

图 4-13 各种电阻应变计

1,4~7—箔式电阻应变计；2—丝绕式电阻应变计；3—短接式电阻应变计；8—半导体应变计；9—焊接电阻应变计

纸基丝绕式电阻应变片构造如图 4-14 所示，在拷贝纸或胶薄膜等基底与覆盖层之间粘贴合金敏感栅（电阻栅），端部加引出线。

由物理学可知，金属电阻丝的电阻 R 与长度 l 和截面面积 A 有如下关系：

$$R = \rho \frac{l}{A} \tag{4-1}$$

式中　ρ——电阻率，Ω；

　　　l——电阻丝长度，m；

　　　A——电阻丝截面面积，mm^2。

当电阻丝受到拉伸或压缩后，如图 4-15 所示，相应的电阻变化可由式(4-1)两边进行微分后得：

$$dR = \frac{\partial R}{\partial l}dl + \frac{\partial R}{\partial A}dA + \frac{\partial R}{\partial \rho}d\rho = \frac{\rho}{A}dl - \frac{\rho l}{A^2}dA + \frac{l}{A}d\rho \tag{4-2}$$

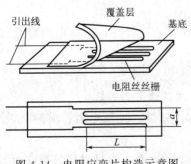

图 4-14 电阻应变片构造示意图

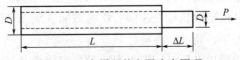

图 4-15 金属丝的电阻应变原理

上式两端同除以 R，有：

$$\frac{\mathrm{d}R}{R}=\frac{\mathrm{d}l}{l}-\frac{\mathrm{d}A}{A}+\frac{\mathrm{d}\rho}{\rho} \tag{4-3}$$

如果设电阻丝材料的泊松比为 ν，则有：

$$\frac{\mathrm{d}A}{A}=\frac{\frac{\pi}{4}\times 2D\,\mathrm{d}D}{\frac{\pi D^{2}}{4}}=2\,\frac{\mathrm{d}D}{D}=-2\nu\,\frac{\mathrm{d}l}{l}=-2\nu\varepsilon \tag{4-4}$$

将式 (4-4) 和 $\dfrac{\mathrm{d}l}{l}=\varepsilon$ 代入式 (4-3)，得：

$$\frac{\mathrm{d}R}{R}=\frac{\mathrm{d}\rho}{\rho}+(1+2\nu)\varepsilon=\left[\frac{\frac{\mathrm{d}\rho}{\rho}}{\varepsilon}+(1+2\nu)\right]\varepsilon \tag{4-5}$$

令 $K_0=\dfrac{\mathrm{d}\rho}{\rho}/\varepsilon+(1+2\nu)$，则：

$$\frac{\mathrm{d}R}{R}=K_0\varepsilon \tag{4-6}$$

式中　K_0——电阻应变计的单丝灵敏系数，对确定的金属或合金而言为常数。

式 (4-6) 是利用电阻丝测量应变的理论基础，说明电阻丝的应变和它的电阻相对变化量呈线性关系，当金属电阻丝用胶贴在构件上并与构件共同变形时，可由式 (4-6) 测得试件的应变，ε 即代表构件的应变。

式 (4-6) 也可以用电阻应变片的灵敏系数 K 来表示：

$$\frac{\mathrm{d}R}{R}=K\varepsilon \tag{4-7}$$

这里需要指出的是：金属单丝的灵敏系数 K_0 与相同材料做成的应变片的灵敏系数 K 稍有不同。由于应变片的丝栅形状对灵敏度的影响，电阻应变片的灵敏系数值一般比单根电阻丝的灵敏系数 K_0 小，K 由试验求得。

式 (4-7) 的意义不仅在于揭示了电阻变化率与机械应变之间确定的线性关系，更重要的是它建立了机械量与电量之间的相互转换关系。

电阻应变片主要有下列几项性能指标：

（1）标距 L

电阻丝栅在纵轴方向的有效长度。

（2）电阻值 R

通常，电阻应变片的电阻值为 120Ω。当使用非 120Ω 应变计时，应按电阻应变仪的说明进行修正。

（3）灵敏系数 K

电阻应变片的灵敏系数 K 取值范围在 $1.9\sim 2.3$ 之间，通常 $K=2.0$。

其他还包括应变极限、机械滞后、疲劳寿命、零漂、蠕变、绝缘电阻、横向灵敏系数、温度特性、频响特性等性能。

应变片出厂时，应根据每批电阻应变片的电阻值、灵敏系数、机械滞后等指标对其名义值的偏差程度分成若干等级；使用时，根据试验量测的精度要求选定所需电阻应变片的等级。

4.3.3 电阻应变仪

(1) 电阻应变仪的组成

电阻应变仪是把电阻应变量测系统中放大与指示（记录、显示）部分组合在一起的量测仪器，主要由振荡器、量测电路、放大器、相敏检波器和电源等部分组成，用于把应变计输出的信号进行转换、放大、检波以及指示或记录。其中量测电路涉及电阻应变计和电阻应变仪之间的连接方法，试验研究人员应对其电学原理有透彻的了解才能达到预期的测量目的。放大器、相敏检波器等电路结构，对于应变仪的使用人员仅需了解即可。

(2) 电阻应变仪的原理

电阻应变片可以把试件的应变量转换成电阻变化。但一般情况下试件的应变量较小，由此引起的电阻变化也非常微弱，难以直接进行测量。电阻应变仪的测量原理是通过惠斯通电桥（wheatstone bridge），将微小电阻变化转变为电压或电流变化，同时还可以解决测量值的温度补偿问题。惠斯通电桥是由 4 个电阻 R_1、R_2、R_3 和 R_4 组成，如图 4-16 所示，4 个电阻构成电桥的 4 个桥臂。根据电工学原理，在电桥的 B、D 端输出电压 U_{BD} 与电桥的 A、C 端的输入电压 U_{AC} 的关系为：

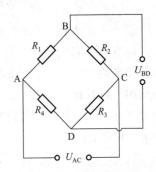

图 4-16 惠斯通电桥

$$U_{BD}=U_{AC}\frac{R_1R_3-R_2R_4}{(R_1+R_3)(R_2+R_4)} \qquad (4\text{-}8)$$

当 4 个电桥的电阻满足式(4-9)时，电桥的输出电压为零。这种状态称为平衡状态。

$$\frac{R_1}{R_2}=\frac{R_4}{R_3} \qquad (4\text{-}9)$$

假设初始状态为平衡状态，受力后桥臂电阻分别有微小的电阻增量 ΔR_1、ΔR_2、ΔR_3 和 ΔR_4，这时电桥输出电压的增量 ΔU_{BD} 为

$$\Delta U_{BD}=\left[\frac{R_1R_2}{(R_1+R_2)^2}\left(\frac{\Delta R_1}{R_1}-\frac{\Delta R_2}{R_2}\right)+\frac{R_3R_4}{(R_3+R_4)^2}\left(\frac{\Delta R_3}{R_3}-\frac{\Delta R_4}{R_4}\right)\right]U_{AC} \qquad (4\text{-}10)$$

(3) 测量电路

根据桥臂上受试验对象的应变变化而改变的电阻应变片（工作应变片）的数量，测量方式主要有：全桥电路、半桥电路和 1/4 桥电路。电路种类见图 4-17。

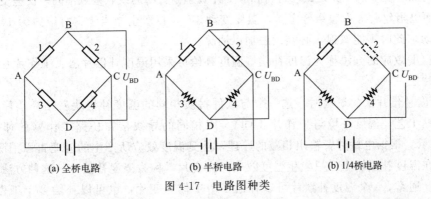

(a) 全桥电路　　　　(b) 半桥电路　　　　(b) 1/4桥电路

图 4-17 电路图种类

① 全桥电路。全桥电路就是在量测桥的四个桥臂上全部接入工作应变片，其中相邻臂

上的工作片兼作温度补偿片，将处于拉、压应变状态的电阻应变计恰当地接入桥臂，可提高测量的灵敏度。现假定选取的四个桥臂应变片的阻值都相等（全等臂电桥），即 $R_1 = R_2 = R_3 = R_4 = R$，且每个应变片的灵敏系数 K 也相同，则式(4-10) 变为：

$$\Delta U_{BD} = \frac{U_{AC}}{4}\left(\frac{\Delta R_1}{R_1} - \frac{\Delta R_2}{R_2} + \frac{\Delta R_3}{R_3} - \frac{\Delta R_4}{R_4}\right) = \frac{KU_{AC}}{4}(\varepsilon_1 - \varepsilon_2 + \varepsilon_3 - \varepsilon_4) \qquad (4\text{-}11)$$

② 半桥电路。半桥电路由两个工作片和两个固定电阻组成，工作片接在 AB 和 BC 桥臂上，另一半桥上的固定电阻设在应变仪内部，不另设温度补偿片，则

$$\Delta U_{BD} = \frac{U_{AC}}{4}\left(\frac{\Delta R_1}{R_1} - \frac{\Delta R_2}{R_2}\right) = \frac{KU_{AC}}{4}(\varepsilon_1 - \varepsilon_2) \qquad (4\text{-}12)$$

③ 1/4 桥电路。1/4 桥电路为了消除因电阻应变计的温度特性而引起的热输出，将测量试件应变的电阻应变计（称工作片）接入 AB 桥臂，将另一片性能相同的电阻应变计贴在和试件相同的材料上，置于相同的温度环境中且不承受荷载，其阻值变化只反映电阻应变计的热输出，将其接入 BC 桥臂。这种接桥方法称为 1/4 桥测量，接入 BC 桥臂的电阻应变计称为温度补偿片。1/4 桥电路常用于量测应力场里的单个应变，即只有 R_1 变化，而 R_2、R_3 和 R_4 不变化，则

$$\Delta U_{BD} = \frac{U_{AC}}{4}\frac{\Delta R_1}{R_1} = \frac{KU_{AC}}{4}\varepsilon_1 \qquad (4\text{-}13)$$

④ 等臂桥路。等臂桥路就是指四个桥臂电阻值相等的电桥桥路。这时电桥平衡，输出电压为零，即当 $R_1 R_3 = R_2 R_4$ 时，$\varepsilon_r = 0$。单臂电桥测量电阻应变片阻值的工作原理就是电桥的平衡原理。

（4）多点测量线路

进行实际测量时，大多数是多点测量情况，因而要求应变仪具有多个测量桥，这样就可以进行多测点的测量工作。多点测量线路主要有工作肢转换法和中线转换法。工作肢转换法每次只切换工作片，温度补偿片为公用片；中线转换法每次同时切换工作片和补偿片，通过转换开关自动切换测点而形成测量桥。

（5）温度补偿

由于环境温度的变化，引起电阻应变仪指示部分的示值变动，这种变动称为温度效应。温度导致的附加应变一般可分为两类，一类是温度变化引起电阻应变计敏感栅电阻的变化，因而产生附加应变；另一类是试件材料和应变计敏感栅材料的线联系数不同，使应变计产生附加应变。而电阻丝通常为镍铬合金丝，温度变动 1℃，将产生相当于钢材应力为 14.7N/mm^2 的示值变动，此时不能忽视，必须设法加以消除。

消除温度效应的方法称为温度补偿。温度补偿可采用温度补偿片法、工作片互补法和温度自补偿片法三种。

① 温度补偿片法。试验时，选一个与试件材质相同的温度补偿块粘贴补偿片（应变片规格、粘贴工艺，温度环境与工作片相同），用相同的导线接在桥路工作臂的邻臂上，如图 4-18 所示。根据电桥邻臂输出相减的原理，达到温度效应所产生的应变得以消除的目的。这个粘贴在温度补偿块上，只发生温度效应的应变片，称为温度补偿片，这种方法称为温度补偿片法。通常，1 个温度补偿片可以补偿 1 个工作应变片，也可以补偿多个工作应变片，分别称为单点补偿和多点补偿。对导热性较好的材料，应变片通电后散热较快，可以采用 1 个补偿片补偿 10 个工作应变片，如钢材；而混凝土等材料散热性能差，1 个补偿片连续补

偿的工作应变片不宜超过 5 个，最好使用单点补偿。

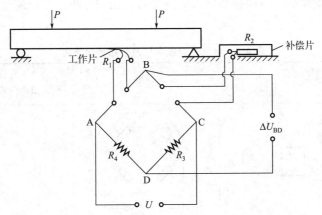

图 4-18　温度补偿应变片法桥路连接示意图

② 工作片互补法。某些被测结构或构件存在着应变符号相反、比例关系已知和温度条件相同的 2 个或 4 个测点时，可以将这些应变片按照符号不同，分别接在相应的邻臂上，这样，在等臂的条件下，这些工作应变片互为温度补偿片，可消除温度效应的影响，如图 4-19 所示。但工作片互补法不适用于混凝土等非均质材料。

以上两种方法都是通过桥路连接方法实现温度补偿的，又统称为桥路补偿法。

(6) 温度自补偿应变片法

温度自补偿（self temperature compensating）片，简称 STC 片，当温度变化时，附加应变在应变片内相互抵消为零。现有的 STC 片的基本形式分为两单元片、一单元片和通用型温度补偿片三种。

两单元温度自补偿片由两组金属丝栅串联组成。其中一组有负的电阻温度系数，另一组有正的电阻温度系数。调整两组丝栅的长度，使其净电阻温度系数能抵消由于应变片贴在特定材料上因膨胀系数不一致而引起的电阻变化。这种应变片是为具有相应膨胀系数的材料专门设计的。

一单元温度自补偿片中电阻丝栅的制作，要求其使特定电阻所引起的电阻变化，恰好与因应变片与试件的线胀系数不同而引起的阻值变化大小相等，符号相反。

通用型温度自补偿片是一种单元片，两个单元的相对效应可以通过改变外电路来调整。图 4-20 为这种应变片的电路，其中 R_G 和 R_T 互为工作片和补偿片，R_{LG} 和 R_{LT} 为各自的导线电阻，R_B 为可变电阻，加以调节可给出预定的最小应变。

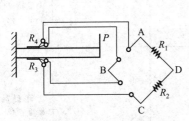

图 4-19　工作应变片温度
互补偿法桥路示意图

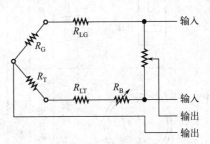

图 4-20　通用型温度自补偿片电路图
R_T—补偿电阻；R_G—工作电阻；R_{LT}—补偿臂导线电阻；
R_{LG}—工作臂导线电阻；R_B—镇流电阻器

根据不同的受力的情况，与其相应的应变量测操作也有所不同，以下便对不同的受力应变情况、补偿片布置情况、桥路接法布置分别进行讨论和分析。电阻应变仪布置及桥路连接方法见下表 4-1。

表 4-1 电阻应变仪布置及桥路连接方法

序号	受力状态及贴片方法	测试项目	补偿技术	桥路接法	读数值与测试值的关系	桥路的特点
1	轴向力	轴力应变	外设补偿片	半桥	$\varepsilon_r = \varepsilon_1 = \varepsilon$	用片较少,不能消除偏心影响,不能提高测量精度
2	轴向力	轴力应变	互为补偿片	半桥 同序号1	$\varepsilon_r = (1+\mu)\varepsilon_1$ $= (1+\mu)\varepsilon$	用片较少,不能消除偏心影响,能提高测量精度$(1+\mu)^{0.5}$倍
3	轴向力	轴力应变	外设补偿片	半桥	$\varepsilon_r = \dfrac{\varepsilon_1' + \varepsilon_2''}{2} = \varepsilon$	用片较序号1和2多,能消除偏心影响,能提高测量精度$\sqrt{2}$倍
4	轴向力	轴力应变	外设补偿片	全桥	$\varepsilon_r = \varepsilon_1 + \varepsilon_3 = 2\varepsilon$	用片的数量较序号1和2多,能消除偏心的影响,能提高测量精度的$\sqrt{2}$倍
5	轴向力	拉压应变	互为补偿片	全桥 同序号4	$\varepsilon_r = 2(1+\mu)\varepsilon_1$ $= 2(1+\mu)\varepsilon$	用片的数量最多,能消除偏心影响,能提高测量精度$[2(1+\mu)]^{0.5}$倍
6	环行径向力	拉压应变	互为补偿片	全桥 同序号4	$\varepsilon_r = 4\varepsilon$	能提高测量精度2倍

序号	受力状态及贴片方法		测试项目	补偿技术	桥路接法	读数值与测试值的关系	桥路的特点
7	弯曲		弯曲应变	外设补偿片	半桥	$\varepsilon_r = \varepsilon_1$	用片较少，只能测量一侧弯曲应变，不能提高测量精度
8	弯曲		弯曲应变	互为补偿片	半桥 同序号7	$\varepsilon_r = \varepsilon_1 + \varepsilon_2 = 2\varepsilon$	用片较少，能测量两侧弯曲应变，能够消除轴力影响，提高测量精度 $\sqrt{2}$ 倍
9	悬臂弯曲		弯曲应变	互为补偿片	半桥 同序号7	$\varepsilon_r = \varepsilon_1 + \varepsilon_2 = 2\varepsilon$	用片较少，能测量两侧弯曲应变，能够消除轴力影响，提高测量精度 $\sqrt{2}$ 倍
10	悬臂弯曲		弯曲应变	互为补偿片	全桥	$\varepsilon_r = 4\varepsilon$	用片较多，能测量两侧四点弯曲应变，能够较好地消除轴力影响，提高测量精度2倍
11	轴力与弯曲		拉压应变	互为补偿片	半桥 同序号7	$\varepsilon_r = \varepsilon_1 + \varepsilon_2 = 2\varepsilon$	用片较少，能够有效地消除轴力影响、测量两侧的纯弯曲应变，提高测量精度 $\sqrt{2}$ 倍
12	轴力与弯曲		拉压应变	外设补偿片	半桥 同序号3（应变片串联）	$\varepsilon_r = \dfrac{\varepsilon_1' + \varepsilon_2''}{2} = \varepsilon$	用片较多，能够有效地消除两侧的纯弯曲影响，测量轴力应变，能提高测量精度 $\sqrt{2}$ 倍
13	悬臂弯曲		弯曲应变差	互为补偿片	半桥	两处弯曲应力差 $\varepsilon_r = \varepsilon_1 - \varepsilon_2$	测试剪力专用方法。用片量较少，只能测量一侧弯曲应变，不能提高测量精度

续表

序号	受力状态及贴片方法		测试项目	补偿技术		桥路接法	读数值与测试值的关系	桥路的特点
14	悬臂弯曲		弯曲应变差	互为补偿片	全桥		两处弯曲应力差 $\varepsilon_r=2(\varepsilon_1-\varepsilon_2)$ 或 $\varepsilon_r=-2(\varepsilon_3-\varepsilon_4)$	测试剪力专用方法。用片量较多,可测量两侧弯曲应变,提高测量精度 $\sqrt{2}$ 倍
15	扭转		扭转应变	互为补偿片	半桥	同序号13	$\varepsilon_r=\varepsilon_1+\varepsilon_2=2\varepsilon$	测剪切应力专用方法。用片量较少,提高测量精度 $\sqrt{2}$ 倍
16	轴力与扭转		轴力应变	外设补偿片	半桥	同序号3（应变片串联）	$\varepsilon_r=\dfrac{\varepsilon_1'+\varepsilon_1''}{2}=\varepsilon$	用片较多,能够消除扭矩和偏心的影响,测量轴力应变,能提高测量精度 $\sqrt{2}$ 倍
17	弯曲与扭转		弯曲应变	互为补偿片	半桥	同序号13	$\varepsilon_r=\varepsilon_1+\varepsilon_2=2\varepsilon$	用片较少,能够消除扭矩和偏心的影响,测量纯弯曲应变,能够提高测量精度 $\sqrt{2}$ 倍
18	弯曲与扭转		扭转应变	互为补偿片	半桥	同序号13	$\varepsilon_r=\varepsilon_1+\varepsilon_2=2\varepsilon$	用片较少,能够消除弯曲的影响,测量纯扭转应变,能提高测量精度 $\sqrt{2}$ 倍

4.4　位移量测

应变的定义是单位长度上的变形（拉伸、压缩和剪切），在结构试验中，可以用两点之间的相对位移来近似地表示两点之间的平均应变。设两点之间的距离（称为标距）为 l，被测物体产生变形后，两点之间有相对位移 Δl，则在标距内的平均应变为：

$$\varepsilon=\Delta l/l$$

式中，Δl 以增加为正，表示得到拉应变，以减少为负，表示得到压应变。常用测量应变的位移方法有两种，一种是用手持应变仪测量，另一种是用百分表测量。

手持应变仪测量应变时，因其标距是定值，故选择性差。百分表测量应变时，因其标距的选择性好，常用于实际结构、足尺试件的应变测量，读数既可用百分表，也可用千分表或其他电测位移传感器。

4.4.1　线位移传感器

线位移量测仪器很多，常用的有百分表、千分表、电子百分表、电阻式位移传感器、线性差动电感式位移传感器等。

(1) 机械式百分表和千分表

机械式百分表外观如图 4-21 所示。当滑动的测杆跟随被测物体运动时，带动百分表内部的精密齿轮转动，精密齿轮机构将微小的直线运动放大为齿轮的转动，从百分表的表盘就可读出线位移量。百分表的表盘按 0.01mm 刻度，读数精度可以达到 0.005mm。百分表的量程一般为 10mm、30mm 和 50mm。百分表通过百分表座安装，安装时应注意保证百分表测杆与运动方向平行，被测物体表面一般应与百分表测杆垂直。千分表的构造与百分表基本相同，但精密齿轮的放大倍数不同，其测量精密度可达到 0.001mm 或 0.002mm，量程一般不超过 2mm。

(2) 电阻应变式位移传感器

电阻应变式位移传感器的测杆通过弹簧与一固定在传感器内的悬臂梁相连（如图 4-22），在悬臂梁的根部粘贴电阻应变片。测杆移动时，带动弹簧使悬臂梁受力产生变形，通过电阻应变仪测量电阻应变片的应变变化，再转换为位移量。

图 4-21　机械式百分表

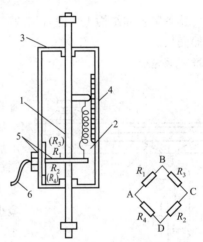

图 4-22　电阻应变式位移传感器
1—测杆；2—弹簧；3—外壳；4—刻度；
5—电阻应变计；6—电缆

(3) 滑动电阻式位移传感器

滑动电阻式位移传感器（见图 4-23）的基本原理是将线位移的变化转换为传感器输出电阻的变化。与被测物体相连的弹簧片在滑动电阻上移动，使电阻 R_1 输出电压值发生变化，通过与 R_2 的参考电压值比较，即可得到 R_1 输出电压的改变量。

(4) 线性差动电感式位移传感器

线性差动电感式位移传感器，简称为 LVDT，其构造如图 4-24 所示。LVDT 的工作原理是通过高频振荡器产生一参考电磁场，当与被测物体相连的铁芯在两组感应线圈之间移动时，由于铁芯切割磁力线，改变了电磁场强度，感应线圈的输出电压随即发生变化。通过率定，可确定感应电压变化与位移量变化的关系。

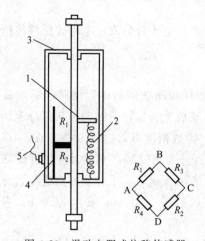 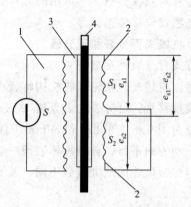

图 4-23 滑动电阻式位移传感器　　　图 4-24 线性差动电感式位移传感器
1—测杆；2—弹簧；3—外壳；4—电阻丝；5—电缆　　1—初级线圈；2—次级线圈；3—圆形筒；4—铁芯

4.4.2 角位移传感器

　　角位移传感器附着在结构上，随着结构一起发生位移。常用的角位移传感器有水准式倾角仪和电子倾角仪。

（1）水准式倾角仪

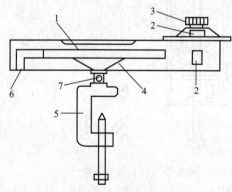

图 4-25 水准式倾角仪
1—水准管；2—刻度盘；3—微调螺丝；4—弹簧片；
5—夹具；6—基座；7—活动铰

　　图 4-25 为水准式倾角仪的构造。水准管 1 安置在弹簧片 4 上，一端铰接于基座 6 上，另一端被微调螺丝 3 顶住。当仪器用夹具 5 安装在测点上后，用微调螺丝使水准管的气泡居中，结构变形后气泡漂移，再扭动微调螺丝使气泡重新居中，度盘前后两次读数的差即为测点的转角。仪器的最小读数可达 $1''\sim2''$，量程为 3°。其优点为尺寸小、精度高；缺点是受湿度及振动影响大，在阳光下暴晒会引起水准管爆裂。

（2）电子倾角仪

　　电子倾角仪实际上是一种传感器。它通过电阻变化测定结构某部位的转动角度。仪器的构造原理如图 4-26 所示。其主要装置是一个盛有高稳定性的导电液体的玻璃器皿，在导电液体中插入三根电极 A、B、C 并加以固定。电极等距离设置并且垂直于器皿底面，当传感器处于水平位置时，导电液体的液面保持水平，三根电极浸入液内的长度相等，故 A、B 极之间的电阻值等于 B、C 极之间的电阻值，即 $R_1=R_2$。使用时将倾角仪固定在试件测点上，试件发生微小转动时倾角仪随之转动。因导电液面始终保持水平，因而插入导电液体内的电极深度必然发生变化，使 R_1 减小 ΔR，R_2 增大 ΔR。若将 AB、BC 视作惠斯通电桥的两个臂，则建立电阻改变量 ΔR 与转动角度 α 间的关系就可以用电桥原理测量和换算倾角 α，$\Delta R=K\alpha$。

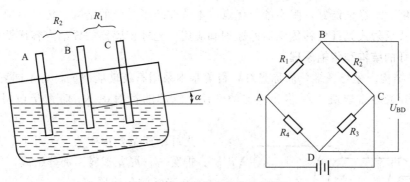

图 4-26　电子倾角仪构造原理

（3）时栅角位移传感器

该传感器结构分为激励和感应两部分，均采用了双层互补式结构，实现对磁场的约束和拾取能力的相互补偿。如图 4-27 所示，图 4-27(a) 为传感器整体模型；图 4-27(b) 为传感器感应线圈，线圈由四路正弦形状的线圈相互交错制成，相邻两线圈结构相位差为 180°以实现差分输出，并且在结构上采用了上层线圈与下层线圈分别对称的形式，使传感器对磁场两端的利用率尽可能相同，保证了感应线圈能够充分拾取有效磁场；图 4-27(c) 为传感器感应线圈与激励线圈的基体，线圈基体有利于对线圈、对磁场的约束，图 4-27(d) 为激励线圈，线圈交替绕制而成，每组正（余）弦对极数均为 20 并且错开 4/5 个空间节距，实现空间上正交、上下层分布且错开四分之一节距的正余弦结构，相同角度上的矩形激励线圈之间在传感器半径上呈对称分布，这种互补结构可以使同一半径上，线圈两端对磁场的约束能力相互补偿，让磁场分布更加均匀。

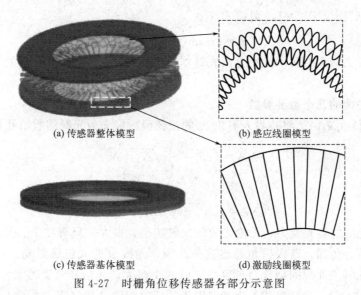

(a) 传感器整体模型　　　　　　　　(b) 感应线圈模型

(c) 传感器基体模型　　　　　　　　(d) 激励线圈模型

图 4-27　时栅角位移传感器各部分示意图

4.4.3　光纤位移传感器

光纤传感器技术是 20 世纪 70 年代中期发展起来的一门新技术，光纤最早用于通信，随着光纤技术的发展，光纤传感器得到进一步发展。与其他传感器相比较，光纤传感器有不受电磁干扰，防爆性能好，不会漏电打火，可根据需要做成各种形状，可以弯曲，可以用于高温、高压环境，绝缘性能好，耐腐蚀等优点。本节介绍了光纤的结构、传输原理、光纤传感器类型，以及反射式光纤位移传感器的原理和应用。光纤传感器的详细内容详见相关资料。

(1) 光纤的结构和传输原理

① 光纤结构。光导纤维，简称光纤，目前基本采用石英玻璃制成，有不同程度的掺杂。光导纤维的导光能力取决于纤芯和包层的性质，纤芯的折射率 N_1 略大于包层折射率 N_2（$N_1 > N_2$）。

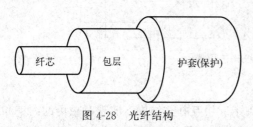

图 4-28　光纤结构

光纤结构主要由中心——纤芯、外层——包层、护套——尼龙塑料三部分组成，见图 4-28。

② 光纤的传输原理

光在空间中是沿直线传播的，在光纤中光被限制在光纤中，并能随光纤传递到很远的地方。当光线以不同角度入射到光纤端面时，在端面发生折射后进入光纤，进入光纤后入射到纤芯（光密介质）与包层（光疏介质）交界面，一部分透射到包层，一部分反射回纤芯。但是当光线在光纤端面中心的入射角 θ 减小到某一角度 θ_c 时，光线全部反射。光被全反射时的入射角 θ_c 称临界角，只要 $\theta > \theta_c$，光在纤芯和包层界面上，经若干次全反射向前传播，最后从另一端面射出。

为保证全反射，必须满足全反射条件 $\theta < \theta_c$。由斯乃尔折射定律可导出光线由折射率为 N_0 的介质射入纤芯时，实现全反射的临界入射角为：

$$\theta_c = \arcsin\left(\frac{1}{N_0}\sqrt{N_1^2 - N_2^2}\right) \tag{4-14}$$

外介质为空气时，$N_0 = 1$，则：

$$\theta_c = \arcsin(\sqrt{N_1^2 - N_2^2}) \tag{4-15}$$

可见，光纤临界入射角的大小是由光纤本身的性质（N_1、N_2）决定的，与光纤的几何尺寸无关。

(2) 光纤性能的几个重要参数

① 数值孔径（NA）。将临界入射角 θ_c 的正弦函数定义为光纤的数值孔径，即

$$NA = \sin\theta_c = \frac{1}{N_0}\sqrt{N_1^2 - N_2^2} \tag{4-16}$$

空气中：

$$NA = \sqrt{N_1^2 - N_2^2}\ (N_1 \geqslant N_2) \tag{4-17}$$

NA 表示光纤的集光能力，无论光源的发射功率有多大，只有在 $2\theta_c$ 张角之内的入射光才能被光纤接收、传播。若入射角超出这一范围，光线会进入包层漏光。一般 NA 越大集光能力越强，光纤与光源间耦合会更容易。但 NA 越大，光信号畸变越大，要选择适当。

② 光纤模式（V）。光纤模式是指光波沿光纤传播的途径和方式，不同入射角度光线在界面上反射的次数不同。光波之间的干涉产生的强度分布也不同，模式值定义为：

$$V = \frac{2\pi\alpha}{\lambda_0}NA \tag{4-18}$$

式中　α——纤芯半径；

λ_0——入射波长；

NA——光纤数值孔径。

模式值越大，允许传播的模式值越多。在信息传播中，希望模式数越少越好，若同一光信号采用多种模式会使光信号成为分不同时间到达的多个信号，导致合成信号畸变。模式值 V 小，就是 α 值小即纤芯直径小，只能传播一种模式，称单模光纤。单模光纤性能最好，畸变小、容量大、线性好、灵敏度高，但制造、连接困难。除单模光纤外，还有多模光纤（阶跃多模、梯度多模）。

③ 传播损耗（A）。光纤在传播时，由于材料的吸收、散射和弯曲处的辐射损耗影响，不可避免地要有损耗，用衰减率 A（dB/km）表示：

$$A = \frac{-10\lg(I_1/I_2)}{l} \tag{4-19}$$

式中　I_1——输入光功率；

　　　I_2——输出光功率；

　　　l——传输距离。

在一根衰减率为 10dB/km 的光纤中，当光信号传输 1km 后，光强下降到入射时的 1/10；3dB/km 的光纤表示光信号传输 1km 后，光强衰减到入射时的一半。目前光纤传播损耗可达 0.16dB/km。

（3）光纤传感器类型

光纤目前可以测量 70 多种物理量，光纤的类型较多，大致可分为功能型和非功能型两类。

① 功能型（function type fiber optic sensor）FF 又称传感型。功能型光纤传感是利用光纤本身对外界被测对象具有敏感能力和检测功能，光纤不仅起到传光作用，而且在被测对象作用下，如光强、相位、偏振态等光学特性得到调制，调制后的信号携带了被测信息。如果外界作用时光纤传播的光信号发生变化，使光的路程改变，相位改变，将这种信号接收处理后，可以得到被测信号的变化。

② 非功能型（non-function fiber-optic sensor）NFF 又称传光型。非功能型光纤传感的光纤只当作传播光的媒介，待测对象的调制功能是由其他光电转换元件实现的，光纤的状态是不连续的，光纤只起传光作用。

（4）反射式光纤位移传感器

我们常常将机械量转换成位移来检测，利用光纤可实现无接触位移测量。光纤位移测量原理见图 4-29(a)。光源经一束多股光纤将光信号传送至端部，并照射到被测物体上。另一束光纤接受反射的光信号，并通过光纤传送到光敏元件上，两束光纤在被测物体附近汇合。被测物体与光纤间距离发生变化，反射到接收光纤上光通量也随之发生变化，通过光电传感器就能检测出距离的变化。

反射式光纤位移传感器一般是将发射和接收光纤捆绑组合在一起，组合的形式不同，如：半分式、共轴式、混合式，混合式灵敏度高，半分式测量范围大，如图 4-29(b) 所示。

图 4-30 给出了反射式光纤位移传感器工作原理和位移输出曲线，由于光纤有一定的数值孔径，当光纤探头端紧贴被测物体时，发射光纤中的光信号不能反射到接收光纤中，接收光敏元件无光电信号；

当被测物体逐渐远离光纤时，距离 d 增大，发射光纤照亮被测物体的表面积 B1 越来越大，接收光纤照亮的区域 B2 越来越大；

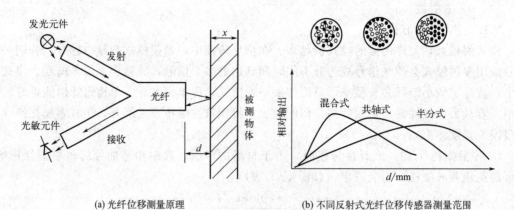

(a) 光纤位移测量原理　　　　　　(b) 不同反射式光纤位移传感器测量范围

图 4-29　反射式光纤位移传感器

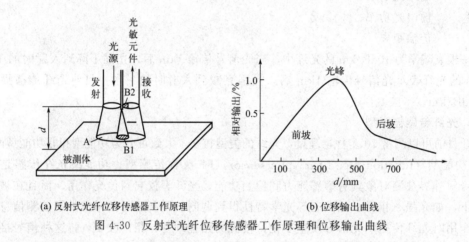

(a) 反射式光纤位移传感器工作原理　　　　(b) 位移输出曲线

图 4-30　反射式光纤位移传感器工作原理和位移输出曲线

当整个接收光纤被照亮时，输出达到最大，相对位移输出曲线达到光峰值；

被测体继续远离时，光强开始减弱，部分光线被反射，输出光信号减弱，曲线下降进入"后坡区"。

前坡区，输出信号的强度增加快，这一区域位移输出曲线有较好的线性关系，可进行小位移测量，如微米级测量；

后坡区，信号随探头和被测体之间的距离增加而减弱，该区域可用于距离较远，灵敏度、线性度要求不高的测量；

光峰区，信号有最大值，其大小取决于被测表面的状态，光峰区域可用于表面状态测量，如工件的光洁度或光滑度。

4.5　力值量测

结构静载试验需要测定的力主要有荷载与支座反力，其次有预应力施力过程中钢丝或钢绞线的张力，还有风压、油压、土压力等。力值量测仪器的基本原理都是用一弹性元件去感受力或液压，弹性元件在力或液压的作用下，发生与外力或液压呈对应关系的变形。常用的力传感器可分为机械式、电阻应变式、振动弦式等不同类型。

4.5.1　拉力和压力量测

测定拉力和压力的仪器一般采用机械式测力计。机械式测力计的种类很多，其基本原理是利用钢制弹簧、环箍或簧片在受力后产生弹性变形，通过机械装置将变形放大后，用指针刻度盘或借助位移计反映力的大小。图 4-31 为环箍式拉力计，它由两片弓形弹簧组成一个环箍。在拉力作用下，环箍产生变形，通过一套机械传动放大系统带动指针转动，指针在度盘上的示值即为外力值。图 4-32 是另一种环箍式拉压测力计。它用粗大的钢环作"弹簧"，钢环在拉压力作用下的变形，经过杠杆放大后推动位移计工作。位移计显示值与环箍变形关系应预先标定。这种测力计大多只用于测定压力。

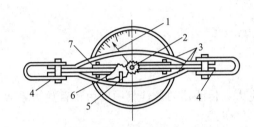

图 4-31　环箍式拉力计

1—指针；2—中央齿轮；3—弓形弹簧；4—耳环；
5—连杆；6—扇形齿轮；7—可动接板

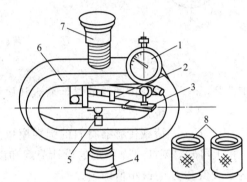

图 4-32　环箍式拉压测力计

1—位移计；2—弹簧；3—杠杆；4、7—上、下压头；
5—立柱；6—钢环；8—拉力夹头

4.5.2　荷载和反力量测

电阻应变式测力传感器是目前应用最广泛的一种测力仪器。它是利用安装在力传感器上的电阻应变片测量传感器弹性变形体的应变，再将弹性体的应变值转换为电信号输出，并用电子仪器显示的测力计，称为测力传感器，也称荷载传感器。荷载传感器可以测定荷载、反力和其他各种外力。根据荷载性质不同，荷载传感器的形式分为拉伸型、压缩型和拉压型三种。各种荷载传感器的外部形状基本相同，其核心部件是一个厚壁筒，如图 4-33 所示。壁筒的横断面取决于材料允许的最大应力。在筒壁上贴有电阻应变片以便将机械变形转换为电量变化。如图 4-34 所示，在筒壁的轴向和横向布置应变片，并按全桥接入电

图 4-33　荷载传感器

阻应变仪工作电桥，根据桥路输出特性可得 $U_{BD}=\dfrac{U_{AC}}{4}2K\varepsilon(1+\gamma)$，此时电桥输出放大系数 $A=2(1+\gamma)$，提高了其量测灵敏度。

荷载传感器的灵敏度可表达为每单位荷载下的应变，与设计的最大应力成正比，与最大负荷能力成反比。即灵敏度 K_0 为：

$$K_0=\frac{\varepsilon A}{P}=\frac{\sigma A}{PE}$$

(4-20)

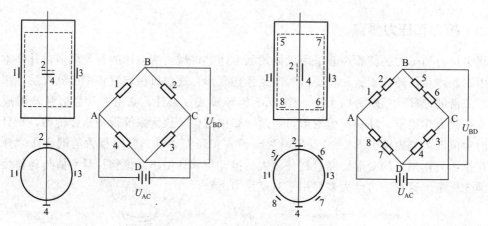

图 4-34   荷载传感器全桥接线

1～8—电阻应变片

式中 P、σ——荷载传感器的设计荷载和设计应力;

$\quad\quad\quad A$——桥臂放大系数;

$\quad\quad\quad E$——荷载传感器材料的弹性模量。

由上可知,对于一个给定的设计荷载和设计应力,传感器的最佳灵敏度由桥臂放大系数 A 的最大值和 E 的最小值确定。

荷载传感器构造很简单,用户也可根据实际需要自行设计和制作。根据制作的尺寸和所用材料不同,荷载传感器的负荷能力可以为 10～1000kN,甚至更高。但应注意,必须选用力学性能稳定的材料作筒壁,选择稳定性好的应变片及黏合剂。传感器投入使用后,应当定期率定以检查其荷载应变的线性性能和率定常数。

4.5.3   结构内部应力量测

当需要测定结构成型后的钢筋混凝土内部应力时,可采用埋入式测力装置。埋入式测力装置由混凝土或砂浆制成,其上粘贴电阻应变片,埋入试件后整体浇筑成型,如图 4-35 所示。

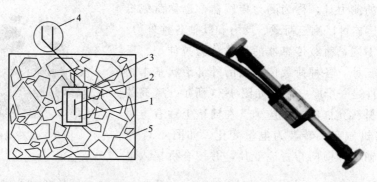

(a) 应力栓实际工作示意图   (b) 埋入式应力栓

图 4-35   埋入式测力装置

1—与试件同材料的应力栓;2—埋入式应变片;3—防水层;4—导线;5—试件

测量预应力混凝土结构内部应力时常采用振弦式力传感器。振弦式力传感器的测量原理与电阻应变式力传感器的测量原理相同,在振弦式力传感器中安装了一根张紧的钢弦,当传感器受力产生微小变形时,钢弦的张紧程度发生变化,使得其自振频率随之发生变化,测量钢弦的自振频率，就可以通过传感器的变形得到传感器所受到的力，如图 4-36 所示。

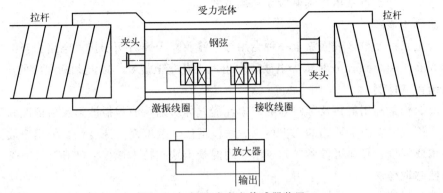

图 4-36　振弦式应变传感器装置

采用液压系统加载时，还可以采用间接测量测力方法，例如，采用压力传感器测量液压系统的工作压力，将测量的工作压力乘以加载油缸活塞的有效面积，就可以得到加载油缸对试体所施加的力。

4.6　裂缝量测

4.6.1　量测裂缝的内容

裂缝量测的主要内容有：裂缝的特征及分布（位置、形态、数量、走向等）、裂缝的量度（宽度、长度、深度）、裂缝的发展趋势（裂缝发生及开展的时间过程、是否稳定等）。

对裂缝的特征及分布进行量测，有助于初步判断结构、构件外表损坏程度，并对后续裂缝的发展趋势提供推断方向。

裂缝宽度是判断裂缝对结构、构件使用性能和承载能力影响程度的最主要参数，也是分析开裂原因、判断是否需要进行修补与加固、如何选择修补与加固方法的重要依据。量测裂缝宽度的变化情况，目的是判断该裂缝是否处于活动状态，从而对结构安全性做出判断。

裂缝长度的量测与分析开裂原因及判断是否修补与加固的关系不大，主要为了掌握修补规模和估算工程费用。

裂缝深度的量测，主要用于判断裂缝是否贯通、是否表里不一。裂缝深度也是判断结构损坏严重程度的重要指标。

裂缝发展趋势的量测将帮助推断结构、构件后续可能破坏的位置以及判断裂纹是否稳定，对重要构件和节点是否需要修补加固、如何修补加固起到重要作用。

4.6.2　量测裂缝的方法

(1) 肉眼观察

试验前在试件表面涂白石灰水并待其干燥，试件在受荷变形后，石灰涂层表面会开裂并脱落，然后借助刻度放大镜用肉眼对裂缝观察，这是最简单的方法。适用于小型试件的刻度放大镜最小分度不宜大于 0.05mm。

(2) 贴应变片

当需要精确地确定开裂荷载时，可在混凝土受拉区粘贴电阻应变片。当混凝土开裂时，如果裂缝贯穿电阻应变片，该应变片的读数会发生突变，从而可以判断开裂部位。为避免裂缝位置绕过应变片，可采用连续贴应变片的方式。

（3）涂导电漆膜

在混凝土试件受拉区表面涂上一种专用导电漆膜，干燥后两端接入电路。当混凝土裂缝宽度达到 0.001～0.005mm 时，导电漆膜会出现火花直至烧断，以此判断裂缝的出现。

（4）超声波检测

超声波探伤是利用材料及其缺陷的声学性能差异对超声波传播波形反射情况和穿透时的能量变化来检验材料内部缺陷的无损检测方法。该法灵敏度高、速度快，但超声波法要求裂缝内无积水或泥浆，具体可参考《超声法检测混凝土缺陷技术规程》（CECS 21—2000）。

（5）钻芯取样法

在已经开裂的混凝土裂缝部位，对其进行跨裂缝钻芯取样，判断裂缝的深度和走向。

4.6.3　裂缝的量测仪器

裂缝的位置、数量、走向一般采用照片和绘制裂缝展开图等形式记录。长度用直尺、卷尺进行测量，宽度可用裂缝宽度比对卡、裂缝测宽仪、塞尺进行检测。

裂缝的深度一般采用超声波法或局部凿开法进行检测，必要时可钻取芯样进行验证。对于发展的裂缝还应进行持续的监测、记录。以下介绍常见的量测仪器。

（1）读数显微镜

图 4-37 为读数显微镜的构造示意图，读数鼓轮上标有刻度，旋动读数鼓轮，使镜内长线分别处于裂缝量测边缘并读出两次刻度值。两次读数差即为裂缝宽度。

（2）裂缝读数卡

图 4-38 给出了印有许多宽度不同的线条的裂缝读数卡示意图，其宽度为标准宽度，将标准宽度线条与裂缝放在一起，用放大镜比照以量测裂缝宽度。

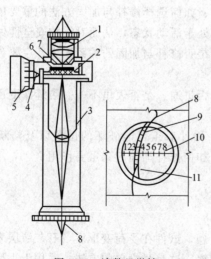

图 4-37　读数显微镜

图 4-38　裂缝读数卡示意图

1—目镜组；2—分滑板弹簧；3—物镜；4—微调螺丝；5—微调鼓轮；
6—可动下分划板；7—上分划板；8—裂缝；9—放大后的裂缝；
10—上下分划板刻度线；11—下分划板刻度长线

(3) 裂缝测宽仪

图 4-39 为裂缝测宽仪示意图。其采用了现代电子成像技术，将被测物体表面裂缝原貌实时显示在屏幕上；可对裂缝宽度进行自动判读、手动判读、电子标尺人工判读三种模式的量测，最高分辨率达 0.0025mm，从而确保微细裂缝判读的准确；拥有独特的自校准功能，也可用标准刻度板进行校准，操作方便、可靠；可存储多张裂缝原貌图像，并可将图像传输至 U 盘存储；还能结合专业的分析处理软件对裂缝进行更深入的分析，并生成检测报告。

图 4-39　裂缝测宽仪示意图

(4) 裂缝塞尺

裂缝塞尺是把金属材料制作成不同厚度的薄片，并标注其厚度，测量时先粗略估计裂缝的宽度，然后再选用相应厚度的薄片进行塞试，最后读出裂缝宽度。

(5) 裂缝深度测试仪

图 4-40 为裂缝深度测试仪示意图，其原理便是超声波检测法。利用振动能量在混凝土内传播，在穿过裂缝时，由于振动能量在裂缝端点产生衍射，而衍射角与裂缝深度又具有几何关系，从而推导出裂缝深度，其原理示意见图 4-41。

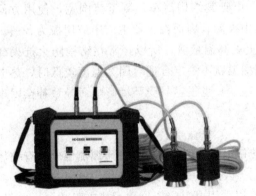

图 4-40　裂缝深度测试仪示意图

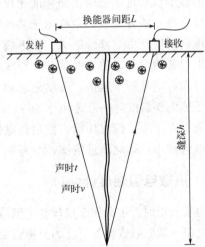

图 4-41　超声波法测量裂缝深度示意图

4.7　温度量测

测温的方法很多，从测试元件与被测材料是否接触来分，可以分为接触式测温和非接触式测温两大类。接触式测温是基于热平衡原理，测温元件与被测材料接触，两者处在同一热平衡状态，具有相同的温度，如水银温度计和热电偶温度计。非接触式测温是利用热辐射原理，测温元件不与被测材料接触，如红外温度计。以下主要介绍温度量测仪器中的热电偶温度计、热敏电阻温度计和光纤测温传感器。

4.7.1　热电偶温度计

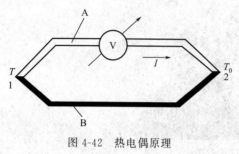

图 4-42　热电偶原理
A、B—导体；1、2—节点

热电偶温度计是以热电效应为基础的测温仪表。热电偶的基本原理如图 4-42 所示，它由两种不同材料的金属导体 A 和 B 组成一个闭合回路，当节点 1 的温度 T 和节点 2 的温度 T_0 不同时，闭合回路中将产生电流或电压，其大小可由图中的电压表测量。试验表明，测得的电压随温度 T 的升高而升高。由于回路中的电压与两节点的温度 T 和 T_0 有关，故将其称为热电势。一般说来，在任意两种不同材料导体首尾相接构成的回路中，当回路的两接触点温度不同时，在回路中就会产生热电势，这种现象称为热电效应。由于热电势是以两节点存在温差为前提，因而也称为温差电势，这两种不同导体的组合就称为热电偶，A 和 B 称为热电极。在混凝土结构内部进行温度测试时，常用直径较小的铠装热电偶。

热电偶的型号有主要有 S 型、R 型、B 型、N 型、K 型、E 型、J 型和 T 型几种。其中 S、R、B 属于贵金属热电偶（即铂铑热电偶），线径细；N、K、E、J、T 属于廉金属热电偶，线径粗。常用热电偶可分为标准热电偶和非标准热电偶两大类。所谓标准热电偶是指国家标准规定了其热电势与温度的关系、允许误差、并有统一的标准分度表的热电偶，它有与其配套的显示仪表可供选用。非标准化热电偶在使用范围或数量级上均不及标准化热电偶，一般也没有统一的分度表，主要用于某些特殊场合的测量。

热电偶温度计由三部分组成：热电偶（感温元件）、测量仪表（动圈仪表或电位差计）、连接热电偶和测量仪表的导线（补偿导线）。由于其结构简单，测量范围宽，使用方便，测温准确可靠，信号便于远传、自动记录和集中控制，因而在工业生产中应用极为普遍。

由于热电偶温度计一般适用于 500℃ 以上的高温量测，所以经常在结构防火抗火试验中有所应用。对于中、低温环境，使用热电偶测温就不一定合适，因为温度较低时，热电偶输出的热电势很小，影响测量精度，参考端（冷端）也很容易受环境影响而导致补偿困难。

4.7.2　热敏电阻温度计

当温度较低时，可采用金属丝热电阻或热敏电阻温度计。常用的金属测温电阻有铂热电阻和铜热电阻，其电阻值将随温度的变化而变化，因此温度的测量将转化为电阻的测量。类似于应变的测量转化为电阻应变片的电阻测量，可以采用电阻应变仪测量热电阻的微小电阻变化。热敏电阻的热敏材料一般可分为半导体类、金属类和合金类三类，与金属丝热电阻相同，其电阻值也随温度而变化。按照温度系数不同分为正温度系数热敏电阻（positive temperature coefficient thermistor）和负温度系数热敏电阻（Negative temperature coefficient thermistor）。正温度系数热敏电阻器的电阻值随温度的升高而增大，负温度系数热敏电阻器的电阻值随温度的升高而减小，一般热敏电阻的温度系数为负值。热敏电阻的灵敏度很高，可以测量 0.001～

0.0005℃的微小温度变化。此外，它还有体积小、动态响应速度快、常温下稳定性较好、价格便宜等优点。热敏电阻的主要缺点是电阻值较分散，测温的重复性较差，老化快。

4.7.3　光纤温度传感器

光纤温度传感器的工作原理如图 4-43 所示，利用的是半导体材料的能量隙随温度几乎呈线性变化的原理，其主要材料有光纤、光谱分析仪、透明晶体等，可分为分布式、光纤荧光温度传感器。光敏元件是一个半导体光吸收器，光纤用来传输信号。当光源的光以恒定的强度经光纤达到半导体薄片时，透过薄片的光强受温度的调制，透过光由光纤传送到探测器。温度升高，半导体能带宽度下降，材料吸收光波长向长波移动，半导体薄片透过的光强度变化。目前光纤温度传感器的潜在的优点是测量精度高、抗电磁干扰、安全防爆、可绕性好。而现有的温度传感器不宜用于易燃易爆场合。

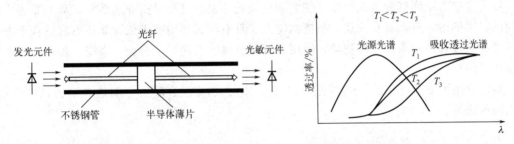

图 4-43　光纤温度传感器工作原理

4.8　热工性能的量测

4.8.1　建筑的两个重要热工参数

（1）材料的导热系数

材料的导热系数量测方法大致可以分为两类：

① 稳态法。稳态法是经典的保温材料的导热系数测定方法，至今仍应用广泛。其原理是利用稳定传热过程中，传热速率等于散热速率的平衡状态，根据傅里叶一维稳态热传导模型，由通过试样的热流密度、两侧温差和厚度，计算得到导热系数。稳态法原理简单清晰、精确度高，但测量时间较长，对样品和环境条件要求较高。稳态法又包含：热流计法（见图 4-44）、防护热板法（见图 4-45）、热箱法等。

② 非稳态法。非稳态法是最近几十年内开发的导热系数测量方法，用于研究中、高导热系数材料或在高温度条件下进行测量。非稳态法的特点是测量速度快、测量范围宽（最高能达到 2000℃）、样品制备简单。

其基本原理是对处于热平衡的试样施加热干扰，通过测试试样温度的变化，结合非稳态导热微分方程，计算出待测试样的热物性参数。通过非稳态测试，可测得材料的热扩散系数、比热和导热系数。热扩散系数又称导温系数，是表征材料内部热量扩散、温度趋于一致的能力的物理量，其与导热系数的关系为：$K = \lambda / \rho c$。式中，K 为热扩散系数；λ 为导热系数；ρ 为密度；c 为比热。

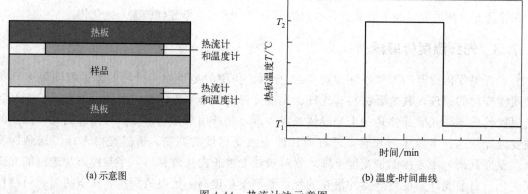

(a) 示意图   (b) 温度-时间曲线

图 4-44   热流计法示意图

可见非稳态法测试的是试样温度随时间的变化关系,进而求得导热系数,而不需要构建稳定的温度梯度,故而具有快速、便捷的特点,且对测试环境要求低。非稳态法适合于高导热系数材料或在高温条件下的测量,适用于测量金属、石墨烯、合金、陶瓷、粉末、纤维等同质均匀的材料。

目前常用的非稳态法有:热线法(见图 4-46)、热带法、瞬态平面热源法、热探针法、激光闪射法等。

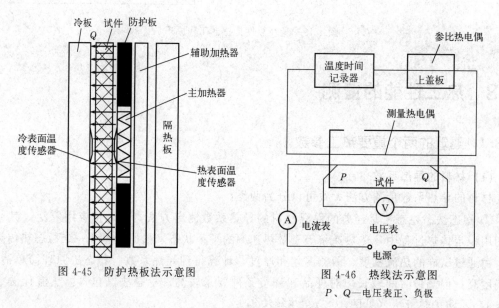

图 4-45   防护热板法示意图

图 4-46   热线法示意图

P、Q—电压表正、负极

(2) 围护结构的传热系数

围护结构指围合建筑空间四周的墙体、门、窗等。故围护结构的传热系数量测可以分为两类:门窗传热系数测试、非透明围护结构传热系数测试。

门窗传热系数的量测基于一维稳态传热原理,通过控制试件两侧的冷热箱进行测试。其试验室量测标准参见《建筑外门窗保温性能检测方法》(GB/T 8484—2020)。

非透明围护结构传热系数的量测采用防护热箱法或标定热箱法,原理图见图 4-47 和图 4-48。其实验室量测标准参见《绝热 稳态传热性质的测定 标定和防护热箱法》(GB/T 13475—2008)。

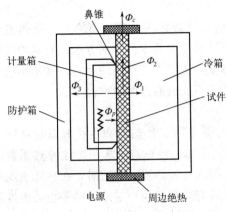

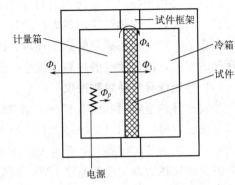

图 4-47　防护热箱法原理图　　　　图 4-48　标定热箱法原理图

4.8.2　热工参数的量测仪器

(1)　热流计导热系数测试仪

热流计法是一种基于一维稳态导热原理的比较法。将样品插入两个平板间，在其垂直方向通入一个恒定的单向的热流，使用校正过的热流传感器测量通过样品的热流，传感器在平板与样品之间和样品接触。在达到温度梯度稳定期后，测量样品的厚度、上下板间的温度梯度及通过样品的热流便可计算得到导热系数的绝对值。热流计法主要用于检测非金属材料导热系数，仪器见图 4-49。

热流计导热系数测试仪主要技术指标为，热电偶精度：$\pm 0.01℃$；可编程数据点：10；样品尺寸（$L \times W \times H$）：$305\text{mm} \times 305\text{mm} \times 100\text{mm}$（厚度 $0 \sim 100$ 可调）；热阻范围：$0.05 \sim 8.0\text{m}^2 \cdot \text{K/W}$；导热系数范围：$0.002 \sim 2.0\text{W/(m} \cdot \text{K)}$；重复性：$0.25\%$；精确度：$\pm(1\% \sim 3\%)$。

(2)　稳态传热性能测定系统

稳态传热性能测定系统的基本原理是防护热箱法和标定热箱法，主要用于建筑构件、工业类构件、墙体以及玻璃制品等的保温性能测试，仪器见图 4-50。其采用了 PC 控制，拥有数据自动采集，温度、风速自动测试，测试结果自动处理等功能。

图 4-49　热流计导热系数测试仪　　　　图 4-50　稳态传热性能测定系统

（3）温控箱

温控箱是用于冷、热箱热流计法的自动控制设备，仪器见图 4-51。而冷、热箱热流计法综合了热流计法和热箱法两种方法的特点。用热流计法作为基本的检测方法，同时用热箱人工制造了一个模拟采暖期的热工环境，既避免了热流计法受季节限制的问题，又不用校准热箱法的误差，因为此时的热箱仅仅是一个控温手段，不计量通过的功率。

（4）热线法导热系数测试仪

热线法导热系数测试仪主要是依据《耐火材料 导热系数、比热容和热扩散系数试验方法（热线法）》（GB/T 5990—2021）等国家标准所制作的一种标准的非稳态法导热系数测试设备。热线法是在样品（通常为大的块状样品）中插入一根热线，测试时，在热线上施加一个恒定的加热功率，使其温度上升，测量热线本身或与热线相隔一定距离的平板的温度随时间上升的关系。热线法导热系数测试方法及其仪器最显著特点就是仪器结构简单和测试温度高，可以轻松实现 1400℃下的高温测试，这也是过去常用的耐火隔热材料导热系数测试方法和仪器。其仪器见图 4-52。

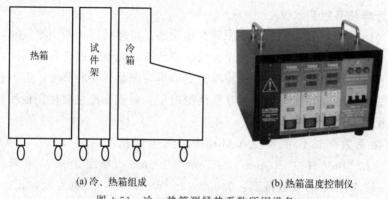

(a) 冷、热箱组成   (b) 热箱温度控制仪

图 4-51　冷、热箱测导热系数所用设备

图 4-52　热线法导热系数测试仪

4.9　抗爆冲击量测

4.9.1　结构抗爆冲击的试验方法

由于结构在爆炸、冲击作用下性能与静态、准静态荷载作用下的情况有很大甚至本质的

区别，因此，研究爆炸、冲击作用下结构或构件的性能就变得重要而具现实意义。结构抗爆冲击试验方法主要有实际试验研究、有限元模拟两种。

固体材料在冲击荷载作用下的试验研究内容分为动态本构关系、冲击韧性、动态撕裂、爆炸撕裂等。其中动态本构关系的研究经常采用膨胀环测试技术、Hopkinson 杆测试技术和 Taylor 圆柱测试技术等；冲击韧性、动态撕裂等常采用落锤测试技术。动态测试时需要的冲击波靠炸药、脉冲辐射等方法产生；测试信号的记录采用光学法（高速摄像、光学映像等）、电学法（探针接触器、电阻法、示波仪等）和闪光 X 射线。

但是由于实际爆炸试验研究（见图 4-53）对爆炸火药的使用量、试验场地的位置、试验人员的安全性等都有极其严格的要求，大部分情况下是难以实现的。所以多以有限元模拟进行计算，或用落锤冲击试验机的方法进行在冲击荷载作用下的构件性能分析。

(a) 钢管混凝土柱抗爆布置　　　　　　　(b) 炸药悬吊现场示意图

图 4-53　实际爆炸试验图

4.9.2　结构抗爆冲击的量测仪器

抗爆冲击试验的量测是一个综合性的量测，因为结构或构件受到冲击荷载时，其破坏程度需要以变形、位移、裂缝等多方面指标进行表达。其次，由于冲击荷载是一种在很短的时间内（作用时间小于受力机构的基波自由振动周期的一半）以很大的速度作用在构件上的荷载，所以有时要对结构或者构件在试验时遭受的应力进行一定的量测。

（1）压力传感器

压力传感器是能感受压力信号，并能按照一定的规律将压力信号转换成可用的输出电信号的器件或装置，通常由压力敏感元件和信号处理单元组成，仪器见图 4-54。其基本工作原理大多是压阻效应，即当半导体受到应力作用时，由于应力引起能带的变化，能谷（即半

(a) 压力敏感元件　　　　　　　　　　　(b) 压力数值显示器

图 4-54　压力传感器图

导体导带的极小值）的能量移动，使其电阻率发生变化的现象。按不同的压力测试类型，压力传感器可分为表压传感器、差压传感器和绝压传感器。通过压力传感器对试验中冲击波采集到的信号进行处理，便可得到试件受到的冲击波作用参数。

爆炸试验测试的是变化极快的瞬变信号，因此使用的传感器应具有很宽的响应频带，较高的固有频率和响应速度。在土木工程的抗爆试验中常用的是高频动态压力传感器，该类型的传感器具有工作温区宽，高频特性优良，长期稳定性好等一系列特点。

（2）应变计

应变率效应是爆炸作用下试件变形响应的重要影响指标，材料（钢、混凝土等）的屈服或破坏强度与材料应变率有着直接关系，随应变率的增大而提高。抗爆冲击量测中通常使用的应变计为电阻式应变计，试验前将其粘贴在试件上，在接受冲击荷载的同时便能获取试件的瞬时变化。

（3）位移计

位移计即为位移传感器，又称为线性传感器，属于金属感应的线性器件，作用是把被测物理量转换成电量。

结构位移包括线位移和角位移。线位移如受弯构件的挠度或竖向构件的侧移；角位移如节点的转动或扭转角等。线位移的测量仪器有机械式百分表、机械式千分表、机电两用式百（千）分表、电测位移传感器等。角位移的测量仪器有水准管式倾角仪、电子倾角仪。

（4）落锤冲击试验机

落锤冲击试验把落锤冲击试验机与数据采集系统两者相结合，并使锤头及试件表面测点应变片形成通路，通过锤头降落过程中发出的触发信号来捕捉试验过程中的各种电信号。

落锤冲击试验机主要由外围钢架、竖向导轨、锤体、提升装置及控制系统五部分组成，通过控制提升装置可控制锤头的升降过程，通过设置夹具状态可控制锤体的释放以实现冲击试验。高性能的落锤冲击试验机可达到的最大冲击高度为16m，通过增减砝码板可实现在198～978kg范围内调整落锤质量，所用仪器见图4-55。

数据采集系统　　上：砝码板　　下：冲击锤头　　防护栏

图 4-55　落锤冲击试验机

4.10　抗火性能量测

建筑结构的抗火性能可以大致分为两个方面：结构材料的燃烧性能、结构构件的耐火极限。以下将对这两方面的量测试验进行简要的介绍。

4.10.1　结构材料的燃烧性能及其测定

燃烧性能是指材料或制品在遇火燃烧时所发生的一切物理和化学变化，即对火反应特性。该特性反映了火灾初始阶段的情况，由材料的可燃性、火焰传播性、发热、发烟、炭化、失重以及毒性生成物的产生来衡量。

建筑结构材料可燃性可分为不燃性、难燃性、可燃性、易燃性四个级别，燃烧性能分级见表 4-2。

表 4-2　建筑材料燃烧性能分级

材料燃烧性能等级	举例
A(不燃材料)	钢材、混凝土、砖石等
B1(难燃材料)	水泥刨花板、自熄性塑料、纸面石膏板等
B2(可燃材料)	木材、竹子、塑料、胶合板等
B3(易燃材料)	聚乙烯、油漆等

以下将针对不燃性、难燃性、可燃性这三个级别的试验量测进行介绍。

（1）建筑材料的不燃性试验方法

《建筑材料不燃性试验方法》（GB/T 5464—2010）是判定建筑材料是否具有不燃性的一种试验方法，其采用的试验仪器主要是电加热试验炉（如图 4-56 所示）。它由耐火管、电热带、保温层、空气稳流器、通风罩及试件插入装置等部分组成。

试件要在（750±5）℃的电加热试验炉中持续加热 30min，如果炉内温度在 30min 时达到了最终温度平衡，即由热电偶测量的温度在 10min 内漂移（线性回归）不超过 2℃，则可停止试验。若 30min 内未能达到温度平衡，应继续进行试验，同时每隔 5min 检查是否达到最终温度平衡，当炉内温度达到最终温度平衡或试验时间达到 60min 时应结束试验。试件的最长持续燃烧时间达 20s 以上时，则可提前结束试验。

对材料不燃性的判定条件包括五个方面：炉内平均温升、试件表面平均温升、试件平均持续燃烧时间、试件平均失重率。

（2）建筑材料的难燃性试验方法

《建筑材料难燃性试验方法》（GB/T 8625—2005）是在规定试验条件下，判定建筑材料是否具有难燃性的一种试验方法，其采用的试验仪器主要是燃烧竖炉（如图 4-57 所示）和控制仪表。燃烧竖炉主要由燃烧室、燃烧器、试件支架、空气稳流器及烟道等部分组成。燃烧竖炉的控制仪表有热量计、热电偶、温度记录仪、温度显示仪等。试验时先点燃燃烧器在试件底部燃烧试件，然后持续燃烧 10min。

图 4-56　电加热试验炉

图 4-57　燃烧竖炉

试验结果判定条件如下：

① 按规定试验程序，符合以下条件可认定燃烧竖炉试验合格：试件燃烧的剩余长度平均值应≥150mm，且其中没有一个试件的燃烧剩余长度为零；每组试验由 5 支热电偶所测得的平均烟气温度均不超过 200℃。

② 凡是燃烧竖炉试验合格，并能符合《建筑材料及制品燃烧性能分级》（GB 8624—2012）和《建筑材料可燃性试验方法》（GB/T 8626—2007）、《建筑材料燃烧或分解的烟密度试验方法》（GB/T 8627—2007）等规范要求的材料，便可将其定为难燃性建筑材料。

(3) 建筑材料的可燃性试验方法

图 4-58　燃烧试验箱

《建筑材料可燃性试验方法》（GB/T 8626—2007）是在规定的条件下判定建筑材料是否具有可燃性的试验方法。其采用的试验仪器主要由燃烧试验箱（如图 4-58 所示）、燃烧器及试验支架组成。燃烧试验箱由试验部分和控制部分组成，采用分体设计，方便现场安装和调试。燃烧试验箱外壳及重要部件均采用不锈钢制造，因此耐烟气腐蚀。而控制系统自动化程度高，可显示时间数字，方便观察记录，能稳定可靠地使用。

在试验时，用燃烧器在试件下边缘（对边缘点火）或试件表面一定处（对表面点火）烧试件。试件点火 15s 后，移开燃烧器，计量从点火开始至火焰达到刻度线或试件表面燃烧熄灭的时间。

4.10.2　结构构件的耐火极限及其测定

在火灾中，为避免建筑失稳倒塌造成重大人员安全事故，一些建筑主要构件必须承担起能继续正常使用的作用。因此，它们的抗火性能直接决定着建筑物在火灾下失稳和倒塌的时间。由于无论构件本身是否可燃，都存在着在热应力作用下变热并由此发生化学和物理变化的问题，而承重构件耐火极限是结构在火灾中保持稳定而不倒塌的唯一保证，所以除去量测检验构件材料的燃烧性能，还需对构件的耐火极限（即抵抗火焰燃烧的时间）进行量测检验。

为了统一和横向比较，构件耐火强度等级的试验应按将火灾作用具体化了的标准加温程序来估计。在 1968 年，国际标准化组织决定采用法国人根据试验给出的一条标准曲线作为标准的火灾试验曲线，该曲线是指按特定的加温方法，在标准的试验条件下，所表达的火灾现场发展情况的一条理想化了的试验曲线，称之为 ISO834 标准升温曲线，见图 4-59。

由《建筑构件耐火试验方法》（GB/T 9978）可知，标准耐火试验必须遵循如下试验条件：升温条件、压力条件、加载条件、约束及边界条件、受火条件、试件要求。

耐火极限判定条件如下，非承重构件：从失去完整性、失去绝热性两方面判定；承重构件：按是否失去承载能力和抗变形能力判定，当承重构件同时起分隔作用时，还应满足非承重构件的判定条件。

耐火极限的试验装置包括五部分：耐火试验炉（图 4-60）（根据构件类型有墙炉、柱炉、梁板炉）、燃烧系统（根据需求选择不同燃料、喷嘴大小）、加载设备（模拟构件受到的荷载作用)、测温仪器(对炉内、试件本身进行温度测量,通常使用热电偶温度计)、压力变形测试系统(用于测试构件变形)。

耐火试验炉如图 4-60。

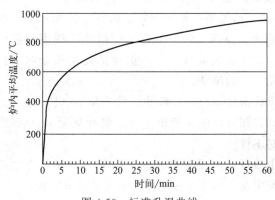

图 4-59 标准升温曲线

图 4-60 耐火试验炉

对于钢结构防火涂料性能的检测,尤其是其耐火性能的量测,热分析法是最重要的方法。热分析法有许多种,常用的有差热分析(DTA)、热重量分析法(TG)、导数热重量法(DTG)、差示扫描量热法(DSC)、热机械分析(TMA)和动态热机械分析(DMA)。

其中,TG、DTA、DSC 被广泛用于钢结构防火涂料的燃烧性能和阻燃性能量测工作。TG 是在程序控制温度下,测量物质质量与温度的关系的技术。它对被分析物质的降解过程加以记录,得出分析过程中的质量变化及失重速度,进而对其可燃性和燃烧过程中的稳定性做出评估。DTA 是指在程序升(降)温下,测量由于试样的吸(放)热效应,在试样和参比物之间形成的温度差的技术,这种热效应是由于试样在特定温度下转变或反应产生的。DSC 是在程序控温下,测量输入到物质和参比物的功率差与温度的关系的技术。

4.11 振动参数量测

振动参数可以通过不同的方法进行量测,如机械式振动测量仪、光学测量系统及电测法等。电测法将振动参量(位移、速度、加速度)转换成电量,而后用电子仪器进行放大、显示或记录。电测法灵敏度高,且便于遥控、遥测,是目前最常用的方法。

振动量测设备由感受、放大和显示记录三部分组成。感受部分常称为拾振器(亦称测振传感器),它和静力试验中的传感器有所不同,是将机械振动信号转换成电信号的敏感元件。振动量测中的放大器不仅能将信号放大,还可对信号进行积分、微分和滤波等处理,可分别量测出振动参量中的位移、速度及加速度。显示记录部分是振动测量系统中的重要部分。在动力问题的研究中,不但需要量测振动参数的大小量级,显示自振频率、振型、位移、速度和加速度等振动参量,还需要记录这些振动参数随时间历程变化的全部数据资料。

由于目前市面上有着各种规格的拾振器和与之配套的放大器、记录器可选用,故在进行仪器选用时应根据被测对象的具体情况,并结合各种拾振器的性能特点进行考虑。合理地选择拾振器是成功进行动力试验的关键。

4.11.1　拾振器的基本原理

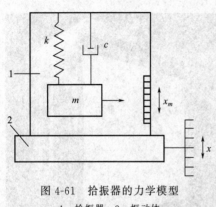

图 4-61　拾振器的力学模型
1—拾振器；2—振动体

由于振动具有传递作用，而做动力试验时很难在振动体附近找到一个静止点作为测振的基准点。因此，必须在测振仪器内部设置惯性质量弹簧系统，建立一个基准点。这样的拾振器称为"惯性式"拾振器，其力学模型如图 4-61 所示，主要由质量块、弹簧、阻尼器和外壳组成。使用时将仪器外壳紧固在振动体上。当振动体发生振动时，拾振器随之一起振动。

设计拾振器时，一般使惯性质量 m 只能沿 x 方向运动，同时应使弹簧质量相比惯性质量 m 小到可以忽略不计。

由质量块所受的惯性力、阻尼力和弹性力之间的平衡关系，可建立振动体系的运动微分方程：

$$m\frac{\mathrm{d}^2(x+x_m)}{\mathrm{d}t^2}+c\frac{\mathrm{d}x_m}{\mathrm{d}t}+kx_m=0 \tag{4-21}$$

式中　x——振动体相对于固定参考坐标的位移；

　　x_m——质量 m 相对于仪器外壳的位移；

　　c——阻尼系数；

　　k——弹簧刚度。

设振动体按式(4-22)的规律振动：

$$x=X_0\sin\omega t \tag{4-22}$$

式中　X_0——被测振动体的振幅；

　　ω——被测振动的圆频率。

则式(4-21)变为：

$$m\frac{\mathrm{d}^2x_m}{\mathrm{d}t^2}+c\frac{\mathrm{d}x_m}{\mathrm{d}t}+kx_m=mX_0\omega^2\sin\omega t \tag{4-23}$$

这是单自由度、有阻尼的强迫振动方程（强迫振动即振动系统在外来周期性力的持续作用下所发生的振动），其通解为：

$$x_m=Be^{-nt}\cos(\sqrt{\omega^2-n^2}\,t+\alpha)+X_m\sin(\omega t-\varphi) \tag{4-24}$$

式中，$n=\dfrac{c}{2m}$，φ 为相对角。式(4-24)中第一项为自由振动解，由于阻尼作用而很快衰减，第二项为强迫振动解，而

$$X_m=\frac{X_0\left(\dfrac{\omega}{\omega_0}\right)^2}{\sqrt{\left[1-\left(\dfrac{\omega}{\omega_0}\right)^2\right]^2+\left(2\zeta\dfrac{\omega}{\omega_0}\right)^2}} \tag{4-25}$$

$$\varphi=\arctan\frac{2\zeta\dfrac{\omega}{\omega_0}}{1-\left(\dfrac{\omega}{\omega_0}\right)^2} \tag{4-26}$$

式中　ζ——阻尼比，$\zeta=\dfrac{n}{\omega_0}$；

　　ω_0——质量弹簧系统的固有频率，$\omega_0=\sqrt{\dfrac{k}{m}}$。

　　将式（4-24）中的第二项与式（4-22）相比较，可以看出质量块 m 相对于仪器外壳的运动规律与振动体的运动规律一致，频率都等于 ω，但相位和振幅不同。其相位相差一个相位角 φ。质量块 m 的相对振幅 X_m 与振动体的振幅 X_0 之比为：

$$\frac{X_m}{X_0}=\frac{\left(\dfrac{\omega}{\omega_0}\right)^2}{\sqrt{\left[1-\left(\dfrac{\omega}{\omega_0}\right)^2\right]^2+\left(2\zeta\dfrac{\omega}{\omega_0}\right)^2}} \tag{4-27}$$

　　根据式（4-26）和式（4-27）以 $\dfrac{\omega}{\omega_0}$ 为横坐标，以 $\dfrac{X_m}{X_0}$ 和 φ 为纵坐标，并使用不同的阻尼比绘出的曲线见图 4-62 和图 4-63，分别称为测振仪器的幅频特性曲线和相频特性曲线。

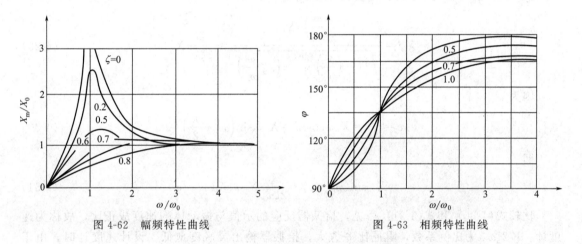

图 4-62　幅频特性曲线　　　　　　　　图 4-63　相频特性曲线

　　在试验过程中，ζ 可能随时发生变化。分析图 4-62 和图 4-63 中的曲线，为使 X_m/X_0 和 φ 角在试验期间保持常数，必须限制 ω/ω_0 值。当取不同频率比 ω/ω_0 和阻尼比 ζ 时，拾振器将输出不同的振动参数。

　　由图 4-62 和图 4-63 可以看出：

　　① 当 $\omega/\omega_0\gg1$，$\zeta<1$ 时，有 $X_m\approx X_0$，$\varphi\approx180°$ 代入式（4-24）得测振仪器强迫振动解

$$x_m=X_m\sin(\omega t-\varphi)\approx X_0\sin(\omega t-\pi) \tag{4-28}$$

　　将式（4-22）与式（4-28）比较，由于此时振动体振动频率较之仪器的固有频率大很多，不管阻尼比 ζ 大还是小，X_m/X_0 趋近于 1，而 φ 趋近于 180°。即质量块的相对振幅和振动体的振幅趋近于相等而相位相反，这是测振仪器理想的工作状态，满足此条件的测振仪称位移计。要保证达到理想状态，只要在试验过程中，使 X_m/X_0 和 φ 保持常数即可。但从图 4-62 和图 4-63 中可以看出，X_m/X_0 和 φ 都随阻尼比 ζ 和频率而变化。然而从幅频特性曲线中不难发现，当 $\omega/\omega_0\gg1$ 时，这种变化基本上与阻尼比 ζ 无关。这是由于仪器的阻尼取决于内部构造、连接和摩擦等不稳定因素。

实际使用中，若测定振幅的精度要求较高时，频率比可取其上限，即 $\omega/\omega_0 > 10$；对于精度要求一般的振幅测定，可取 $\omega/\omega_0 = 5 \sim 10$，此时仍可近似地认为 X_m/X_0 趋近于 1，但具有一定误差；幅频特性曲线平直部分的频率下限，与阻尼比有关，对无阻尼或小阻尼的频率下限可取 $\omega/\omega_0 = 4 \sim 5$，当 $\zeta = 0.6 \sim 0.7$ 时，频率比下限可放宽到 2.5 左右，此时幅频特性曲线有最宽的平直段，也就是有较宽的频率使用范围。但在被测振动体有阻尼的情况下，仪器对不同振动频率呈现出不同的相位差，如图 4-63 所示。如果振动体的运动不是简单的正弦波，而是两个频率 ω_1 和 ω_2 的叠加，则由于仪器对相位差的反应不同，测出的叠加波形将发生失真。所以应注意关于波形畸变的限制。

应该注意，一般厂房、民用建筑的第一自振频率为 $2 \sim 3\,\mathrm{Hz}$，高层建筑为 $1 \sim 2\,\mathrm{Hz}$，高耸结构物如塔架、电视塔等柔性结构的第一自振频率就更低。这就要求拾振器具有很低的自振频率。为降低 ω_0 必须加大惯性质量，因此，一般位移拾振器的体积较大也较重，使用时对被测系统有一定影响，特别对于一些质量较小的振动体就不太适用，必须寻求另外的解决办法。

② 当 $\omega/\omega_0 \approx 1$，$\zeta \gg 1$ 时，由式（4-25）可得：

$$X_m = \frac{\left(\dfrac{\omega}{\omega_0}\right)^2 X_0}{\sqrt{\left[1 - \left(\dfrac{\omega}{\omega_0}\right)^2\right]^2 + \left(2\zeta\dfrac{\omega}{\omega_0}\right)^2}} \approx \frac{\omega}{2\zeta\omega_0} X_0 \tag{4-29}$$

因为

$$v = \frac{\mathrm{d}x}{\mathrm{d}t} = X_0\omega\cos\omega t = X_0\omega\sin\left(\omega t + \frac{\pi}{2}\right) \tag{4-30}$$

而

$$x_m = X_m\sin(\omega t - \varphi) \approx \frac{1}{2\zeta\omega_0} X_0\omega\sin(\omega t - \varphi) \tag{4-31}$$

比较式（4-30）和式（4-31）可见，拾振器反应的示值与振动体的速度成正比，故称为速度计。$1/2\zeta\omega_0$ 为比例系数，阻尼比 ζ 愈大，拾振器输出灵敏度愈低。设计速度计时，由于要求的阻尼比 ζ 很大，相频特性曲线的线性度就很差，因而对含有多频率成分波形的测试失真也较大。速度拾振器的可用频率范围非常狭窄，因而在工程中很少使用。

③ 当 $\omega/\omega_0 \ll 1$，$\zeta < 1$ 时，由式（4-25）和式（4-26）可得：

$$X_m = \frac{\left(\dfrac{\omega}{\omega_0}\right)^2 X_0}{\sqrt{\left[1 - \left(\dfrac{\omega}{\omega_0}\right)^2\right]^2 + \left(2\zeta\dfrac{\omega}{\omega_0}\right)^2}} \approx \frac{\omega^2}{\omega_0^2} X_0, \varphi \approx 0$$

因为
$$a = \frac{\mathrm{d}^2 x}{\mathrm{d}t^2} = -X_0\omega^2\sin\omega t = A\sin(\omega t + \pi) \tag{4-32}$$

而
$$x_m = X_m\sin(\omega t - \varphi) \approx \frac{1}{\omega_0^2} X_0\omega^2\sin\omega t = \frac{1}{\omega_0^2} A\sin\omega t \tag{4-33}$$

比较式（4-33）和式（4-32）可知，拾振器反应的位移与振动体的加速度成正比，其中比例系数为 $1/\omega_0^2$。这种拾振器可以用来测量加速度，称为加速度计。加速度幅频特性曲线如图 4-64 所示。由于加速度计用于频率比 $\omega/\omega_0 \ll 1$ 的范围内，拾振器反应相位与振动体加速度的相位差接近于 π，基本上不随频率而变化。当加速度计的阻尼比 $\zeta = 0.6 \sim 0.7$ 时，由于相频曲线接近于直线，所以相频与频率比成正比，波形不会出现畸变。若阻尼比不符合要求，将出现与频率比呈非线性的相位差。

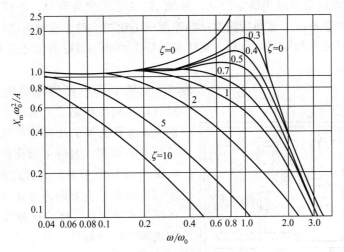

图 4-64 加速拾振器的幅频特性曲线

综上所述，使用惯性式拾振器时，必须特别注意振动体的工作频率与拾振器的自振频率之间的关系。当 $\omega/\omega_0 \gg 1$ 时，拾振器可以很好地量测振动体的振动位移；当 $\omega/\omega_0 \ll 1$ 时，拾振器可以准确地反映振动体的加速度特性，对加速度进行两次积分就可得到位移。

4.11.2 测振仪器

拾振器（亦称测振传感器）除了应正确反映被测物体的振动外，还应不失真地将位移、加速度等振动参数转换为电量，进而输入放大器。转换的方式有很多种，有磁电式、压电式、电阻应变式、电容式、光电式、热电式、电涡流式等。目前国内应用最多的拾振器，是在惯性式基本原理的基础上，采用磁电式和压电式这两种转换方式。

(1) 磁电式测振传感器

磁电式测振传感器基于磁电感应原理，能线性地感应振动速度，所以通常又称为感应式速度传感器。

磁电式测振传感器的主要技术指标有：固有频率、灵敏度、频率响应和阻尼系数等。

图 4-65 为一种典型的磁电式测振传感器，磁钢和壳体固接安装在所测振动体上，并与振动体一起振动，芯轴与线圈组成传感器的可动系统（惯性质量块），由簧片与壳体连接，测振时惯性质量块和仪器壳体相对移动，因而线圈和磁钢也相对移动，从而产生感应电动势，根据电磁感应定律，感应电动势 E 的大小为：

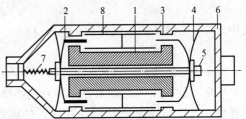

图 4-65 磁电式测振传感器

1—磁钢；2—线圈；3—阻尼环；4—弹簧片；
5—芯轴；6—外壳；7—输出线；8—铝架

$$E = BLnv \qquad (4-34)$$

式中 B——线圈在磁钢间隙的磁感应强度；

L——每匝线圈的平均长度；

n——线圈匝数；

v——线圈相对于磁钢的运动速度，亦即所测振动物体的振动速度。

从式（4-34）可以看出对于确定的仪器系统 B、L、n 均为常量，所以感应电动势 E 也就是测振传感器的输出电压是与所测振动的速度成正比的。对于这种类型的测振传感器，惯性质量块的位移反映所测振动的位移，而传感器输出的电压与振动速度成正比，所以也称为惯性式速度传感器。

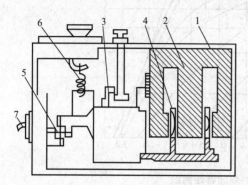

图 4-66　摆式测振传感器

1—外壳；2—磁钢；3—重锤；4—线圈；

5—十字簧片；6—弹簧；7—输出线

建筑工程中经常需要测 10Hz 以下甚至 1Hz 以下的低频振动，这时常采用摆式测振传感器，这种类型的传感器将质量弹簧系统设计成转动的形式，因而可以获得更低的仪器固有频率。图 4-66 是典型的摆式测振传感器。根据所测振动是垂直方向还是水平方向，摆式测振传感器有垂直摆、倒立摆和水平摆等几种形式，摆式测振传感器也是磁电式传感器，它与磁电式的分析方法是一样的，输出电压也与振动速度成正比。

磁电式测振传感器的特点是灵敏度高、性能稳定、输出阻抗低、频率响应范围有一定宽度。但其缺点是大而重，且磁电式振动速度传感器中存在机械运动部件，它与被测系统同频率振动，不但限制了传感器的测量上限，其疲劳极限也造成传感器的寿命比较短。通过对质量弹簧系统参数进行不同的调整和设计，磁电式测振传感器既能量测非常微弱的振动，也能量测比较强的振动，是多年来工程振动测量中常用的测振传感器。

（2）压电式加速度传感器

从物理学可知，当一些晶体（如石英晶体或极化陶瓷）受到外力并产生机械形变时，在它们的晶面或极化面上将会出现异号电荷，当外力去掉后，又重新回到不带电状态，这种现象称为"压电效应"。反之，若将晶体放于电场中，其几何尺寸将会发生改变，即发生变形，这种现象称之为"逆压电效应"。压电晶体受到外力产生的电荷 Q 由式（4-35）表示

$$Q = G\sigma A \tag{4-35}$$

式中　G——晶体的压电常数；

σ——晶体的压强；

A——晶体的工作面积。

压电式加速度传感器则是一种利用晶体的压电效应把振动加速度转换成电荷量的机电换能装置，其结构原理如图 4-67 所示。传感器的力学模型如图 4-68 所示，质量弹簧系统的弹簧刚度由硬弹簧的刚度 k_1 和晶体的刚度 k_2 组成，因此 $k = k_1 + k_2$。阻尼系数 $c = c_1 + c_2$。在压电式加速度传感器内，质量块的质量 m 较小，阻尼系数也较小，而刚度 k 很大，因而质量、弹簧系统的固有频率 $\omega_m = \sqrt{k/m}$ 很高，根据用途可达若干千赫，高的甚至可达 $100\sim 200$kHz。由前面的分析可知，当被测物体的频率 $\omega \ll \omega_0$ 时，质量块相对于仪器外壳的位移就反映所测振动的加速度值。

压电式加速度传感器根据使用的需求和结构类型，大致可分为以下三类，见图 4-69：

压缩型（纵向效果）：具有高机械强度，适用于冲击测试等各种测量要求；

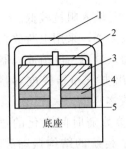

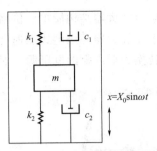

图 4-67　压电式加速度传感器的结构原理　　　　图 4-68　传感器的力学模型

1—外壳；2—硬弹簧；3—质量块；4—压电晶体；5—输出端

剪切型（厚度切变效果）：不易受到由于温度变化产生的热、电、气的影响；
挠曲型（横向效果）：具有低频高灵敏度的特点。

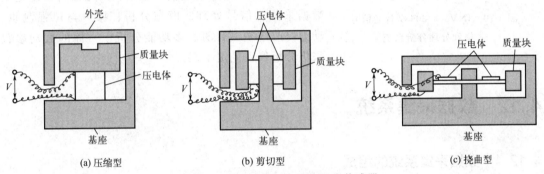

(a) 压缩型　　　　　　　　(b) 剪切型　　　　　　　　(c) 挠曲型

图 4-69　不同形式的压电式加速度传感器

压电式加速度传感器具有动态范围大（可达 $-100\sim100g$，g 为标准重力加速度）、频率范围广、灵敏度高、质量轻、体积小等特点，因此广泛应用于振动量测的各个领域，尤其是适用于模型试验、宽带随机振动和瞬态冲击等场合。其主要技术指标有：灵敏度、安装谐振频率、频率响应、横向灵敏度比和幅值范围（动态范围）等。

（3）放大器和记录仪器

不管是磁电式传感器还是压电式传感器，传感器本身的输出信号一般比较微弱，所以需要对输出信号加以放大。常用的测振放大器有电压放大器和电荷放大器两种。测振放大器是振动测试系统中的中间环节，它的输入特性须与拾振器的输出特性相匹配，而它的输出特性又必须满足记录及显示设备的要求，选用时还要注意其频率范围。

对于磁电式测振传感器而言，需要经过的电压放大器应与传感器有着很好的匹配性。首先放大器的输入阻抗要远大于传感器的输出阻抗，这样就可以把信号尽可能多地输入到放大器的输入端。放大器应有足够的电压放大倍数，同时信噪比也要较大。为了能够同时适用于微弱的振动测量和较大的振动测量，放大器通常设置多级衰减器。放大器的频率响应应能满足测试的要求，即要同时有好的低频响应和高频响应。完全满足上述要求有时是困难的，因此在选择或设计放大器时要综合考虑各项指标。

对于压电式加速度传感器而言，由于压电晶体的输出阻抗很高，一般的电压放大器的输入阻抗都比较低，二者连接后，压电片上的电荷就要通过低值输入阻抗释放掉。因此在目前的振动测试中，压电式加速度传感器常与前置电荷放大器配合使用。

前置电荷放大器结构简单、价格低廉、可靠性好，但是输入阻抗较低。

前置电荷放大器是压电式加速度传感器的专用前置放大器，采用电荷放大器能将高内阻的电荷源转换为低内阻的电压源，而且输出电压正比于输入电荷。电荷放大器的优点是低频响应好，且由于输出电压和导线电容量的变化无关，故传输距离远，但成本高。

若将被测振动参数随时间变化的过程记录下来，还需使用记录仪器。传统的结构振动测量记录仪器有 x-y 函数记录仪、磁带记录仪等。但随着计算机技术的发展，现在普遍将测振放大器的输出信号通过滤波器（亦称调制器）滤波后直接输入计算机进行采集记录，并配有数据分析软件进行实时处理。

INV303/306 型智能信号采集和处理分析系统是集数据采集、信号处理、模态分析、噪声与声强测量、动力修改与响应计算、多功能分析于一体的振动参数采集分析仪，见图 4-70。

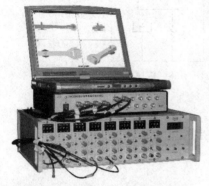

图 4-70　INV303/306 型智能信号
采集和处理分析系统

4.12　数据采集系统

4.12.1　数据采集系统的组成

数据采集系统可以进行数据采集、处理、分析、判断、报警、直读、绘图、储存、试验控制和人机对话等，它具有采样通道多、采样数据量大、采样自动化等特点。通常，数据采集系统的硬件由三个部分组成：传感器部分、数据采集仪部分和计算机（控制器）部分，如图 4-71 所示。

传感器部分的作用是感受各种物理量，如力、线位移、角位移、应变和温度等，并把这些物理量转变为电信号。一般情况下，传感器输出的电信号可以直接输入数据采集仪。但如果某些传感器的输出信号不能满足数据采集仪的输入要求，则还要加上放大器，如振动参数的量测，通常需要再经过放大器进行输出电信号的放大。

数据采集仪（见图 4-72 所示）部分则包括：

① 与各种传感器相对应的接线模块和多路开关，其作用是与传感器连接，并对所有的传感器通道进行扫描采集；

② A/D 转换器，其作用是对扫描得到的模拟量进行 A/D 转换，转换成数字量，再根据传感器的特性对数据进行传感器系数换算（如把电压数换算成应变或温度等）。A/D 转换一般要经过取样、保持、量化及编码 4 个过程。在实际电路中，有些过程是合并进行的，例如，取样和保持、量化和编码往往都是在转换过程中同时实现的；

③ 主机，其作用是按照预先设置好的指令，或通过计算机发出的指令来控制整个数据采集仪进行数据采集；

④ 储存器，其作用是储存指令和数据资料等；

⑤ 其他辅助部件，除以上基本构件外的其余部件。

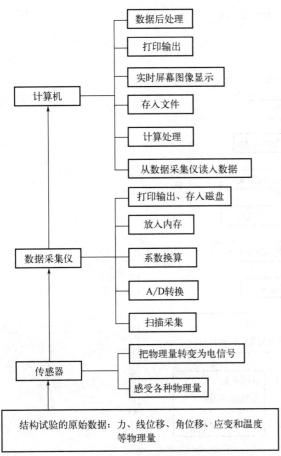

图 4-71　数据流通过程

图 4-72　数据采集仪

　　计算机包括主机、显示器、打印机、绘图仪、键盘等，其主要作用是作为整个数据采集系统的控制器，控制整个数据采集过程。在数据采集的过程中，通过数据采集程序的运行，计算机可以对数据采集仪进行控制，同时采集到的数据还可以通过计算机进行实时处理分析，最后打印输出或将图像显示及存入储存器。此外，计算机还可用于试验结束后的数据处理。

4.12.2　数据采集系统的分类

　　目前国内外数据采集系统的种类很多，按其系统组成的模式大致可分为以下几种：

　　（1）大型专用系统

　　将采集、分析和处理功能融为一体，具有专门化、多功能和高档次的特点。

　　（2）分散式系统

　　由智能化前端机、主控计算机或微机系统、数据通信及接口等组成，其特点是前端可靠近测点，消除了长导线引起的误差，并且稳定性好、传输距离长、通道多。

　　（3）小型专用系统

　　这种系统以单片机为核心，小型便携，用途单一，操作方便，价格低，适用于现场试验时的测量。

　　（4）组成式系统

　　这是一种以数据采集仪和微型计算机为中心，按试验要求进行配置组合成的系统，它适用性广，价格便宜，是一种比较容易普及的形式。

4.12.3　数据采集的过程

各类数据采集系统的数据采集过程基本相同，见图 4-73。

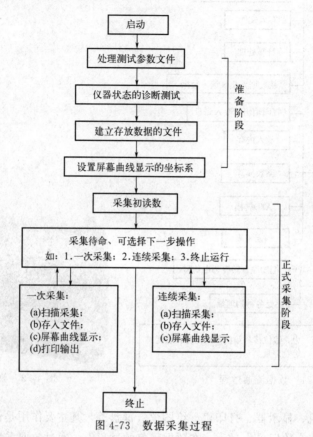

图 4-73　数据采集过程

一般都包括这样几个步骤：

① 用传感器感受各种物理量，并把它们转换成电信号；

② 通过 A/D 转换，模拟量的数据转变成数值量的数据；

③ 数据的处理和记录，打印输出或存入储存器。

思考题

1. 量测仪器通常由哪几部分组成？量测技术包括哪些内容？

2. 机测仪器与电测仪器分别有什么特点？

3. 量测仪器为什么要进行率定？其目的和意义是什么？

4. 何谓全桥测量和半桥测量？电桥的输出特性是什么？

5. 温度变化会给电阻应变测量带来什么影响？常用的消除办法有哪几种？

6. 热工参数主要有哪些？稳态法和非稳态法分别有哪些试验方法？

7. 耐火极限量测通常用什么曲线图进行对比参照？

8. 数据采集系统的硬件由什么组成？数据采集系统的分类有哪些？

第5章
试验加载方法与设备

在对结构进行试验时，除了少部分荷载需要通过实际荷载实测外，大部分是通过模拟荷载来完成试验。实现荷载模拟的方法和设备多种多样，例如重物、气压、液压等，这些装置构成了试验荷载系统。下面对常见的加载方法和设备进行介绍。

5.1 重物加载

重物加载是利用物体本身的重力作为模拟荷载作用在试验结构或构件上，在实验室内可以采用的重物有专门制作的标准铸铁砝码、混凝土试块、水箱等；在现场试验可以就地取材，如采用砖、砂、石、袋装水泥等建筑材料。由于重物可以通过直接或间接的方法将荷载加载到结构或构件上，所以重物加载又可以分为重物直接加载和杠杆加载两种。

5.1.1 重物直接加载

重物直接加载是将重物直接均匀地摆放在试验结构上形成均布荷载，如图 5-1 所示，或将重物放在荷载盘上利用吊索挂在结构上形成集中荷载，如图 5-2 所示，后者多用在现场屋架试验，同时吊索可以巧妙地与滑轮结合来达到改变荷载方向方便试验的目的。需要注意的是，在利用到荷载盘和吊索等装置的时候需将其重量计入。这类加载方法可以就地取材，利用一块一块重物分级加载，加载方便且荷载稳定，但是加载过程较为费力，占用空间，安全性差。

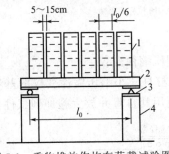

图 5-1　重物堆放作均布荷载试验图
1—重物；2—试验板；3—支座；4—支墩

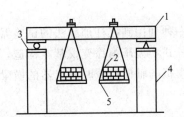

图 5-2　重物悬吊作集中荷载试验图
1—试件；2—重物；3—支座；4—支墩；5—吊篮

当采用块体材料作为重物时，需要注意每堆重物之间应该有 $5\sim15cm$ 间隔，重物的宽度不能超过 $l_0/6$，且当使用铁块时，为了安全和操作方便铁块的重量不要超过 25kg，如图 5-1 所示。当采用松散材料时，为了避免这些材料放在结构上时因材料本身摩擦而造成的卸载作用，须将其放在编织袋或木箱中。

当采用水作为加载材料时，可以通过水的相对密度为 1，测量其虹吸高度计算模拟荷载的大小，使用完毕，利用虹吸原理放水卸载。这个方法可以节省劳动，但是需要注意当荷载过大时结构变形对荷载分布的影响。该方法既可以将水灌在桶中模拟集中荷载，也可以在楼顶等大面积地方砌上水池模拟均布荷载，如图 5-3 所示。

5.1.2　杠杆加载方法

杠杆加载法是当加载条件受到限制，荷载量过大时，可以利用杠杆原理将荷载扩大然后作用在结构或构件上，如图 5-4 所示。杠杆需要有足够的平直度和刚度，可以通过支撑点、加载点和重物悬挂点三点的位置距离关系确定杠杆的放大比例，且这三点应尽量在同一条直线上，以避免结构变形而使原本设计的放大率发生改变。杠杆制作方便且荷载稳定，当结构变形时荷载值仍不变，适合做持久荷载试验。

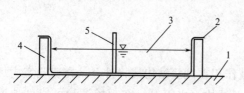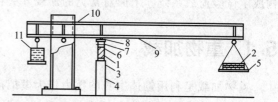

图 5-3　用水做均布荷载的试验装置　　　　　　图 5-4　杠杆加载法

1—平板试件；2—防水布；3—水；　　　　　1—试件；2—重物；3—支座；4—支墩；5—荷载盘；

4—水池壁；5—水位标尺　　　　　　　6—分配梁支座；7—分配梁；8—加载支点；

9—杠杆；10—荷载支架；11—杠杆配重

杠杆加载的装置根据平衡力的性质，分为承压平衡式和拉杆平衡式，如图 5-5 所示。

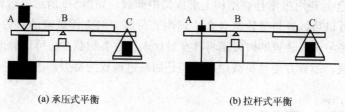

(a) 承压式平衡　　　　　　　　　　(b) 拉杆式平衡

图 5-5　杠杆加载装置

有一种利用到杠杆加载法的试验器具是杠杆式小型压缩徐变仪。

杠杆式小型压缩徐变仪基本构造，如图 5-6 所示。杠杆式小型压缩徐变仪的基本原理是当施加模拟的轴向荷载时将仪器的横梁端部加上砝码利用其自重并放大施加到试件上。

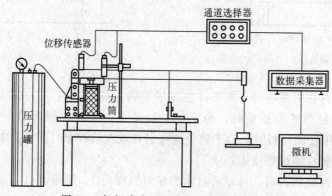

图 5-6　杠杆式小型压缩徐变仪基本构造图

5.2　气压加载

气压加载是利用空气压力对结构施加均布荷载的方法，常用于平板及壳体结构的荷载试验。气压加载包括正压加载及负压加载两种：

正压加载，通过压缩空气对结构施加压力，产生均布荷载；图 5-7（a）为正压加载示意图，加载过程中可直接通过压力表反映加载值，加卸载方便，加载强度大，最高可达 $180kN/m^2$，多用于结构模型。

负压加载，通过真空泵抽真空的方法，使结构内外产生压力差，利用负压作用对结构施加均布荷载，最大压力可达 $100kN/m^2$，该方法多用于结构模型。图 5-7（b）为负压加载示意图，加载过程中需根据真空表量测真空值，以此推算加载值，由连接密闭空间与外界的短管与控制阀门保持恒压。此方法优点为安全可靠，结构表面无加载装置。缺点为试验过程中，安装测量仪表限制较大，结构裂缝的观测可能受限。

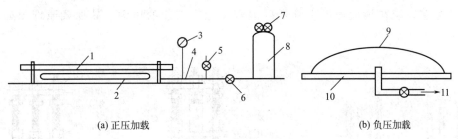

(a) 正压加载　　　　　　　　　　　　(b) 负压加载

图 5-7　气压加载示意图

1—板试件；2—气囊；3—压力表（或用 U 形管量测）；4—管道；5—泄气针阀；6—进气针阀；
7—减压阀；8—气瓶（高压）；9—试验壳体；10—支承板；11—接真空泵

5.3　机械机具加载

机械加载可以利用简单的设备施加模拟荷载，配合索具也可以改变荷载的方向。但是机械荷载也有一定的局限性，不能施加较大的荷载值，也会受到结构在荷载作用点变形的影响。

机械机具的加载通常有吊链、绞车、倒链葫芦、卷扬机、弹簧、螺旋千斤顶等，如图 5-8 所示。

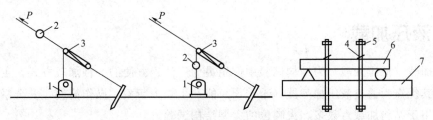

图 5-8　机械机具加载示意图

1—绞车或卷扬机；2—测力计；3—滑轮；4—弹簧；5—螺杆；6—试件；7—台座或反弯架

吊链、卷扬机等一般和钢丝吊索等一起使用来施加拉力。

　　螺旋千斤顶是通过摇动把手带动螺杆上升施加推力，其荷载值可以通过测力计测定。

　　弹簧加载法是利用加载器使弹簧变形，然后再用螺母拧紧，撤掉加载器后，弹簧仍处于压缩状态，利用此状态下弹簧的弹力施加荷载。弹簧变形值与压力的关系要在试验前确定清楚。

　　弹簧加载通常用于构件的持久荷载试验。弹簧式压缩徐变仪就是利用弹簧加载。

　　弹簧式压缩徐变仪有 3 根纵向承力丝杆，4 个横向承压板。承力丝杆和承压板，将徐变仪分为三个区段：荷载调节（千斤顶）区段、试件持荷徐变区段以及压缩弹簧区段，如图 5-9 所示。

　　徐变仪的加载流程是当加载时，将千斤顶放入荷载调节区段，螺母①固定，千斤顶开始加载，承压板①和承压板④之间处于持荷状态，承压板②和承压板③向下移动，千斤顶、试件和弹簧共同受力，弹簧开始压缩。加载完毕后，螺母③拧紧固定在承压板②上，承压板②和承压板④之间处于持荷状态，试件和弹簧共同受力，混凝土试件开始徐变。由于混凝土试件和弹簧一起受力，当混凝土试件发生了徐变，承压板②和承压板④之间的距离增大，但由于弹簧的存在，能在很大程度上降低因混凝土徐变引起的压力。其加载原理图如图 5-10 所示。

图 5-9　弹簧式压缩徐变仪

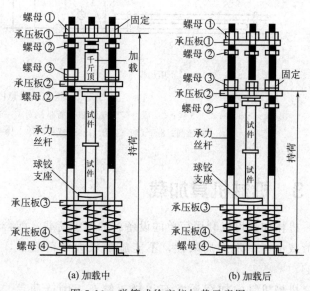

(a) 加载中　　　　　(b) 加载后

图 5-10　弹簧式徐变仪加载示意图

5.4　液压加载

　　液压加载（油压加载）为结构试验中使用最为广泛、方便的一种加载方式，主要施加集中荷载，其优点为通过液压加载器（千斤顶）能产生较大荷载，操作简便，安全系数高。液压加载适用于结构加载点数多、大吨位的大型结构试验。

　　液压加载系统主要包括：高压油泵、工作油缸、阀门、活塞、液压加载器、试验台座等，构造原理为高压油泵将液压油压入油缸，推动活塞运动，进而对结构产生集中荷载。

加载值可通过在液压加载器与承力架中间布置压力计获得，也可以通过油压表的显示值除以加载器活塞受压面积得到。在使用液压加载器系统在试验台座或现场进行试验时还须配备各种支承系统，以承受液压加载器对结构加载时产生的平衡力系。液压加载器主要分为手动液压加载器（液压千斤顶）、电动液压加载器。

5.4.1　手动液压加载器

手动液压加载器（液压千斤顶）由液压加载器与手动油泵两部分组成，图 5-11 是液压千斤顶的实物图，图 5-12 为手动液压加载器组成原理图。工作油缸与工作活塞组成液压加载器，手柄、油泵油缸、油泵活塞、单向阀组成手动液压泵。手柄上提，油泵活塞下方的油泵油缸容积变大，局部形成真空，油泵油缸单向阀打开，液压油从储油箱中被压入油泵油缸；下压手柄，油泵活塞下移，油泵活塞下腔压力增大，油泵油缸单向阀关闭，确保液压油不会回流，工作油缸单向阀打开，液压油被压入工作油缸，迫使工作活塞向上移动，顶起重物。再次上提手柄，工作油缸单向阀关闭，液压油不回流，保证了液压活塞不会自行下落。进而重复扳动手柄，就可以将液压油不断压入工作油缸，使得工作活塞不断上升，重物被不断顶起。打开泄油阀，工作油缸内的液压油通过管道流回储油箱，工作活塞下移，重物下降。这就是液压千斤顶的原理。手动油泵一般可产生 40N/mm^2 以上的液体压力，在千斤顶加载之前安装荷重传感器或油压表即可推算出荷载值。

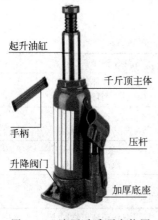

图 5-11　液压千斤顶实物图

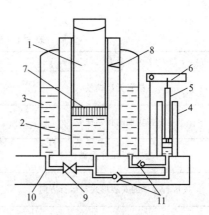

图 5-12　手动液压千斤顶示意图

1—工作活塞；2—工作油缸；3—储油箱；4—油泵油缸；
5—油泵活塞；6—手柄；7—油封；8—安全阀；
9—泄油阀；10—底座；11—单向阀

目前市面上主流的手动液压千斤顶的起重量在 5t 至 100t 之间，活塞行程在 16mm 至 337mm 之间。缺点是单台千斤顶只允许单人操作，在进行多点加载时难以同步，且油压力大，操作时需要禁止周围人员逗留，防止高压油喷出发生安全事故。

在液压加载器油泵处加装分油器，由一个储油箱供给多个加载器工作，可达到多点同步加载的目的（同步液压加载系统）。在此基础上，分油器接口处加装减压阀，即可满足多点同步异荷加载的目的（同步异荷加载系统）。原理如图 5-13 所示。

同步液压加载系统使用的单向加载千斤顶与普通手动千斤顶的区别：千斤顶部分只包含

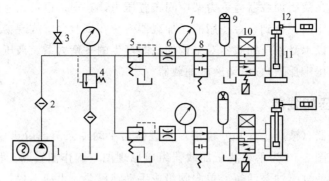

图 5-13　同步液压加载系统图

1—高压油泵；2—滤油器；3—截止阀；4—溢流阀；5—减压阀；6—节流阀；7—压力表；
8—电磁阀；9—蓄能器；10—电磁阀；11—加载器；12—测力器

工作活塞与工作油缸两部分，活塞行程大，顶端加装球铰，灵活倾角大，最大可达 15°。同步液压加载系统适用于挠度、吨位、跨度较大的结构试验，可满足对称及非对称加载的需求，且没有加载点数、距离的限制，具有结构方便、组成方便、易于控制、适宜大功率场合使用等特点。

　　目前，液压同步系统的实现形式很多，依据其使用目的，执行元件的数量、类型，安装形式，运行方向和控制元件的不同等可以分为很多类。液压同步系统分类如表 5-1 所示。

表 5-1　液压同步系统分类

分类方式	液压同步系统类型
按有无反馈量	开环同步 闭环同步
按实现的控制任务	速度同步 位置同步
按执行元件类型	液压缸同步 液压马达同步
按执行元件的安装形式与运行方向	卧式同步 立式同步
按液压缸的形式	双作用液压缸同步 单作用液压缸同步
按执行元件的数量	双执行机构液压同步 多执行机构液压同步
按液压控制元件	流量控制 容积控制 伺服（比例）控制
按液压控制方式	伺服阀控制 比例阀控制 数字阀控制 电控变量泵控制

　　在单向液压加载器的油缸两端各开一个进油孔，加装油管接头连接油泵，通过油泵与转向阀交替供油即可产生拉、压的双向作用，可在试验结构上施加往复循环荷载，也称低周反复荷载。

5.4.2　大型结构试验机

大型结构试验机本身为相对完善的液压加载系统，属于结构试验中大型专业设备，主要包括结构疲劳试验机，结构长柱试验机，万能材料试验机等。

大型结构试验机主要由主机与测力系统两部分组成，二者通过高压软管联结，可用于金属材料在静力作用下做拉伸、压缩、弯曲试验，亦可做混凝土、砖、橡胶、石、塑料等材料的试验及构件试验。

（1）万能材料试验机

万能材料试验机也被称为万能拉力机，万能材料试验机是一个比较广义的说法，目前，万能试验机的品种多达上百种，单纯以某一种分类方式进行界定的话，无法做到对试验机类型的有效覆盖，也不能完全地对万能试验机的性能做出有效的分离。下面从结构特点方面进行大致分类。

电子式的万能试验机结构特点：动力源是由伺服电机提供的，执行部件主要是丝杠和丝母，通过它们之间的配合，实现万能试验机横梁的运动，并且可以通过外部控制，操控横梁的移动速度。现在这种试验机的传动控制，主要通过同步带或减速机来实现。在我国，同步带这种传动方式主要集中在长春地区；红山出产的万能试验机，多采用减速机来传动。这两种传动方式都可以满足使用者的要求，具体的优缺点还有待探讨。同时这种试验机的传感方面，主要采用负荷传感器。

液压万能试验机的结构特点：液压万能试验机的动力是由高压液压源提供的，控制系统中，主要采用手动阀、伺服阀或者是比例阀这几种方式来进行控制。市场上普通的液压万能试验机只能够支持手动加载，控制系统比较粗糙，但是电液伺服类的万能材料试验机主要是采用伺服阀或者是比例阀这两种控制元件，在测力方面，有些技术含量高的厂家已经使用高精度的负荷传感器来实现力学测量。

液压式万能材料试验机分为加载、测力、自动绘图三个部分，其组成原理如图 5-14 所示。

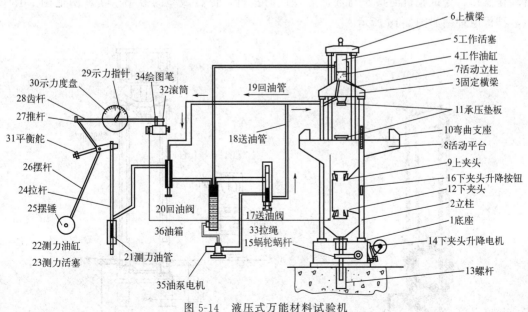

图 5-14　液压式万能材料试验机

① 加载部分。在底座上有两根固定立柱和固定横梁组成承载框架。工作油缸固定于框架

上。在工作油缸的活塞上，支撑着由上横梁、活动立柱和活动平台组成的活动框架。当油泵开动时，油液通过送油阀，经送油管进入工作油缸，把活塞连同活动平台一同顶起。这样，如把试件安装于上夹头和下夹头之间，由于下夹头固定，上夹头随活动平台上升，试件将受到拉伸；如把试件放置于两个承压垫板之间，或将受弯试件放置于两个弯曲支座上，则因固定横梁不动而活动平台上升，试件将分别受到压缩或弯曲。此外，试验开始前如欲调整上、下夹头之间的距离，则可开动电机，驱动螺杆，使下夹头上升或下降。但电机不能用来给试件施加拉力。

② 测力部分。加载时，开动油泵电机，打开送油阀，油泵把油液送入工作油缸，并顶起工作活塞给试件加载；同时，油液经回油管及测力油管（这时回油阀是关闭的，油液不能流回油箱），进入测力油缸，并压迫测力活塞，使它带动拉杆向下移动，从而迫使摆杆和摆锤连同推杆绕支点偏转。推杆偏转时，推动齿杆做水平运动，于是驱动示力度盘的指针齿轮，使示力指针绕示力度盘的中心旋转。示力指针旋转的角度与测力油缸的总压力（即拉杆所受拉力）成正比。因为测力油缸和工作油缸中的油压压强相同，两个油缸活塞上的总压力成正比（与活塞面积之比）。这样，示力指针的转角便与工作油缸活塞上的总压力，亦即试件所受荷载成正比。经过率定便可使示力指针在示力度盘上直接指示荷载的大小。

③ 自动绘图部分。在试验机示力度盘的右侧装有自动绘图器，由绘图笔、导轨架、滚筒和拉绳等组成。其工作原理是，活动平台上升时，绕过滑轮的拉绳带动滚筒绕轴线转动，在滚筒圆柱面上构成沿周线表示位移的坐标；同时，齿杆的移动构成沿滚筒轴线表示荷载的坐标。这样，试验时绘图笔在滚筒上就可以自动绘出荷载-位移曲线。

(2) 结构长柱试验机

结构长柱试验机构造与一般材料试验机结构相同，主要包括：试验机架、液压加载器（大吨位）、液压操作台。因大型结构试验的需要，其液压加载器部分的吨位比一般材料试验机要大，在 2000kN 以上，机架高度在 3m 甚至更高，试验机精度不小于 2 级。

结构长柱试验机可配备专门的数据处理设备，并通过接口与计算机连接，通过程序实现自动化操作，令试验机的操作与数据处理同时进行，提高试验的效率。实物图如图 5-15 所示，结构原理图如图 5-16 所示。

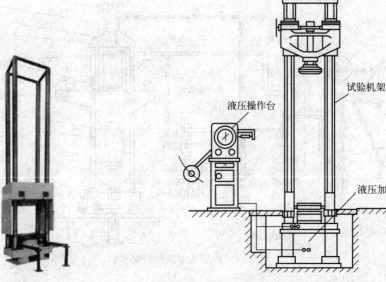

图 5-15 结构长柱试验机实物图　　　图 5-16 结构长柱试验机原理图

（3）结构疲劳试验机

结构疲劳试验机主要由脉冲发生系统、控制系统、千斤顶工作系统三部分组成；主要用于金属材料、复合材料及零部件、弹性体的疲劳力学性能试验，可实现拉伸、压缩、弯曲、拉压加载，实现高周疲劳、低周疲劳、断裂力学等试验；控制方式有荷载控制、应变控制、位移控制；有正弦波、三角波、梯形波等各种波形输出；可配置环境试验装置，如高温、低温、盐雾、腐蚀下的环境模拟试验。疲劳试验机按频率分为低频疲劳试验机（低于 30Hz）、中频疲劳试验机（30～100Hz）、高频疲劳试验机（100～300Hz）、超高频疲劳试验机（高于 300Hz）。机械与液压式一般为低频，机电驱动为中频和低频，电磁谐振式为高频，气动式和声学式为超高频。结构疲劳试验机如图 5-17 所示。

图 5-17　结构疲劳试验机

（4）电液伺服加载系统

电液伺服液压加载系统最早于 20 世纪 40 年代开始应用于材料试验机上，由控制系统、电液伺服作动器、液压源、液压管路等组成（图 5-18），电液伺服阀接收到命令（电信号）后，通过电液伺服作动器将电信号转换为活塞杆运动，完成对结构的加载。电液伺服系统因可以较为真实、准确地模拟出真实构件在使用过程中的受力状态，因此被应用到地震模拟振动台以及结构试验加载系统中，经过多年完善、改进，目前已是一种先进、理想的液压加载设备，尤其适用于进行结构抗震研究的拟静力试验与拟动力试验，且在结构试验中扮演着愈加重要的角色。

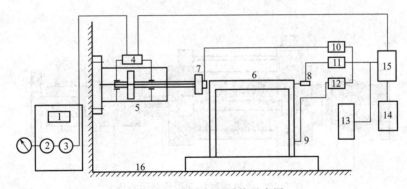

图 5-18　电液伺服系统示意图

1—冷却器；2—电动机；3—高压油泵；4—电液伺服阀；5—液压作动器；6—试验结构；7—荷载传感器；8—位移传感器；9—应变传感器；10—荷载调节器；11—位移调节器；12—应变调节器；13—记录及显示装置；14—指令发生器；15—伺服控制器；16—台座

电液伺服加载系统是电液伺服系统的一个重要组成部分，以系统输出力（或力矩）为控制目标，分为主动式加载系统和被动式加载系统。被动式加载系统在加载过程中，被加载对象主动运动。主动式电液伺服加载系统在加载过程中，被加载对象所受到的荷载与其自身的位置运动无关。

① 控制系统。控制系统由电液伺服阀和计算机联机组成。电液伺服阀则由滑阀、喷嘴、电动机、挡板、反馈杆等组成，按放大级数可分为单级阀、二级阀、三级阀，目前，大型振动台多采用三级阀。电液伺服阀的作用是实现电-液信号的转换和控制。当电信号传输至伺服线圈，电圈产生磁力使衔铁发生偏转，进而带动挡板偏移，挡板两边喷油嘴的流量平衡被破坏，在两个喷腔间产生压力差，导致滑阀产生位移，高压油被压入加载器的油箱，活塞开始工作，同时滑阀的位移推动反馈杆发生偏转，另一处挡板重复以上动作。如此反复运动，使加载器产生动荷载或者静荷载。而高压油的流量及方向因电信号的改变而改变，在闭环电路的控制下，共同组成了"电液伺服工作系统"，控制系统结构原理如图 5-19 所示。

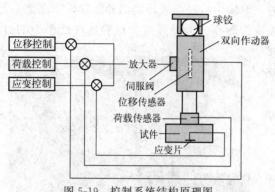

图 5-19　控制系统结构原理图

② 液压源。液压源由油泵输出高压油为整个电液伺服系统提供动力，因此也称泵站。液压源通过伺服阀来控制进出加载器第二个油腔的液压油流量大小及方向产生拉压双向荷载。电液伺服系统的液压源需要有安全保障部分及检测仪器以保证液压源的安全使用，另外电液伺服系统在使用过程中需保证液压油额定压力和流量的稳定，对所用的液压油的洁净程度要求更高，在供油、回油管路中都加装有过滤器保证作动器上的电液伺服阀能够可靠、安全地工作。且液压源在使用过程中需不断进行冷却降温以保证其工作温度在额定范围内，超过额定温度，将会导致设备的损坏或液压油的失效。因此液压源都配有冷却器及相应的冷却水供应系统。

③ 电液伺服作动器。电液伺服作动器是电液伺服试验系统的动作执行者，其构造如图 5-20 所示。

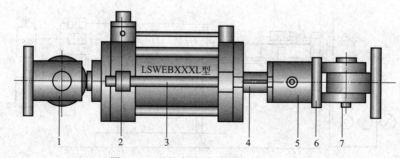

图 5-20　电液伺服作动器构造示意图

1—铰支基座；2—位移传感器；3—电液伺服阀；4—活塞杆；5—荷载传感器；6—螺旋垫圈；7—铰支接头

5.4.3　地震模拟振动台

地震模拟振动台是用于再现各类地震波对结构进行动力试验的重要大型设备，与静力加载试验、拟静力试验等方式相比，地震模拟振动台能够较完整地再现地震过程，具有惯性力加载、结构动力条件接近、可重复试验、能够研究结构的非线性动力行为等诸多优点，在模型结构甚至部分原型结构试验中得到了广泛应用和普遍认可，大量应用于结构动力特性、设备抗震性能、结构抗震措施检验、结构地震反应和破坏机理等研究领域。

地震模拟振动台的组成主要包括：振动台台体基础、液压驱动和动力系统、控制系统、测试和分析系统四部分。振动台系统原理图如图 5-21 所示。

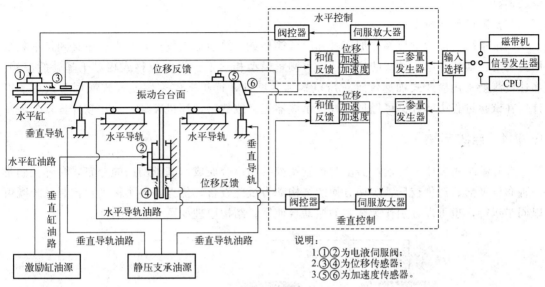

图 5-21　振动台系统原理图

（1）振动台台体基础

振动台台面是有一定尺寸的平板结构，需要有足够的刚度和承载力，台体结构主要有钢筋混凝土结构、钢结构、铝合金铸造结构三种类型。

振动台应安装在质量很大的基础上，基础的质量一般为可动部分质量或激振力的 10～20 倍以上，可以改善系统的高频特性，并减小对周围建筑和其他设备的影响。

（2）液压驱动和动力系统

液压驱动系统用于向振动台施加大规模推力，目前世界上已经建成的大中型地震模拟振动台，基本均采用电液伺服系统来驱动。它在低频时能产生大推力，故被广泛使用。液压加载器上的电液伺服阀可以根据信号（周期波或地震波）来控制进入加载器的液压油流量大小及方向，从而由加载器推动台面在垂直或水平方向上产生相位受控的正弦运动或随机运动。液压动力系统是一个巨大的液压功率源，能供给作动器所需要的高压油，满足巨大推力和台身运动速度的要求。目前建成的振动台中都配有大型蓄能器组，根据蓄能器容量的大小，瞬时流量可为平均流量的 1～8 倍，它能产生具有极大能量的作用力，更好地模拟地震作用。

（3）控制系统

模拟控制方法分为两种。一种是采用位移反馈控制的 PID 控制方法，同时利用压差反馈作为提高系统稳定的补偿，德国 SCHENCK 公司采用的就是这种控制方法；另一种方法是将位移、速度和加速度共同进行反馈的三参量反馈控制方法，美国 MTS 公司采用的就是这种控制方法。

目前采用计算机进行数字迭代的补偿技术进行数字控制，以实现台面地震波的再现。试验时，振动台台面输出的波形是期望再现的某个地震记录或是模拟设计的人工地震波。由于包括台面、试件在内的系统的非线性影响，在计算机给台面的输入信号激励下所得到的反应与输出的期望之间必然存在误差。这时，计算机由台面输出信号与系统本身的传递函数（频率响应）求得下一次驱动台面所需的补偿量和修正后的输入信号，经过多次迭代，直至台面输出反应信号与原始输入信号之间的误差小于预先给定的值，完成迭代补偿并得到满意的地震波形。

（4）测试和分析系统

测试系统一般测量位移、加速度和应变等参数，总通道数可达百余点。位移测量多数采用差动变压器式和电位计式的位移计，可测量模型相对于台面的位移或相对于基础的位移；加速度测量采用应变式加速度计、压电式加速度计，近年来也采用差容式或伺服式加速度计。在试验过程中，数据可经过直视式示波器记录或数字计算机存储，通过软件分析处理。

5.4.4 台阵系统

台阵系统由多个地震模拟振动台控制系统共同组合而成，基于网络的分布式台阵控制是一种布设灵活、造价较低、应用方便的结构动力试验设备，优点是各个振动台控制系统既可以同步运行，也可以分别作为独立的振动台使用。结构原理如图 5-22 所示。

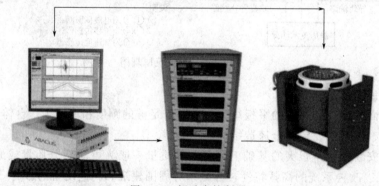

图 5-22 振动台控制器

相对于单台系统，地震模拟振动台台阵具有快速性（实时性）、强耦合性（多台之间存在机械耦合和控制耦合）、同步性要求严格和非线性（试件非线性和控制系统非线性）影响明显等特点，其建设难度较大。同时，由多个中型或者小型振动台组成多振动台共同工作的台阵系统具有明显的技术和经济优势：

① 台阵布置灵活，可以实现多维多点的地震波输入以考虑地震场效应；

② 台阵的单台规模相对较小，对能源的需求比较宽松；

③ 台阵的单台设计容易实现标准化，性价比较好；

④ 可靠性高，维护简单、使用方便；

⑤ 各振动台之间独立工作、互不影响，通过网络通信传送各种数据，可以满足远距离振动控制和远程监控；

⑥ 振动台台阵可以独立进行小型结构振动试验，也可以组成一个大型振动台进行大尺寸结构抗震性能试验。

因此地震模拟振动台的台阵建设和相关研究成为目前国内外振动台技术发展的主要趋势。

台阵控制本质上还是多振动台台振的控制。控制系统采用分布式控制方式，总体结构采用集中管理、分散控制的上、下位机控制基本模式。上位机为用户输入端,主要完成系统的调度管理、在线运动规划、运动学计算、参数设定、控制过程的实时显示、数据处理、存储打印、系统监控和安全保护、人机交互等功能;下位机由多个振动台控制系统组成,每个振动台是台阵控制系统的一部分。在上位机中,操作人员只需将命令信号导入控制软件即可,该命令信号可以是地震波、随机波、正弦波、三角波、方波等,同时可以设置命令信号的幅值及循环次数等。

　　台阵系统研究现状可追溯到 1979 年,日本建设省土木研究所建造了 4 台 3m×2m 的单向水平振动台台阵,成为了世界上第一个拥有振动台台阵系统并基于此设备开始研究结构抗震性能的国家。随后,美国 Buffalo 大学于 2003 年建成两台 3.6m×3.6m 的台阵系统;美国 Nevada. Reno 大学于 2003 年建成 3 台 4.3m×4.6m 的双水平向三自由度振动台台阵系统;重庆交通科学研究院于 2004 年建成两台三向六自由度 6m×3m 振动台台阵系统,并可进行 20m 跨桥梁模型试验;同济大学在建 4 台 6m×4m 双水平向台阵系统,可进行 70m 跨桥梁模型试验;福州大学已建成 3 子台台阵系统,其中一台(4m×4m)位置固定,其余两台(2.5m×2.5m)可以根据试验模型尺寸需要自由调节台面的位置;中南大学于 2021 年建成由一个 4m×4m 六自由度固定台和三个 4m×4m 六自由度移动台所组成的台阵系统,四个振动台均建在同一直线上,可独立使用,也可组成多种间距台阵,单个振动台具有三向六自由度、大行程、宽频带等特点;北京建筑大学于 2022 年建成载重均为 60t、台面尺寸 5m×5m 三向六自由度多功能地震模拟振动台四台,每台可单独控制,也可双台、三台或四台组成台阵系统联动,其实物图如图 5-23 所示。

图 5-23　台阵系统实物图

5.5　动力激振加载法

5.5.1　惯性力加载法

　　惯性力加载法是在结构动力试验中,利用物体质量在运动时产生的惯性力对结构施加动荷载。因此,按产生惯性力的方法通常将其分为冲击力加载法、离心力加载法和直线位移惯性力加载法。

(1) 冲击力加载法

　　冲击荷载就是使结构在瞬时的作用下自由振动。根据加载方法的不同可以分为初位移加载法和初速度加载法两种。

　　① 初位移加载法(张拉突卸法)。初位移加载法是用钢拉杆拉动结构,使结构有一定的初始变形,然后松开拉杆,使结构在静力平衡位置做自由振动。可以通过调整拉杆的截面,来控制钢拉杆在不同位置断裂,获得不同的初位移,具体情况如图 5-24(a)所示。

　　对于小模型则可采用图 5-24(b)的方法,使悬挂的重物通过钢丝对模型施加水平拉力,剪断钢丝造成突然卸荷。这种方法只能用于刚度不大的结构,虽然有了这个限制,但是可以减少结构的附加质量的影响。在释放和牵引时，需要保证结构在同一个平面内振动，防止因为其他平面的振动而对试验产生影响。

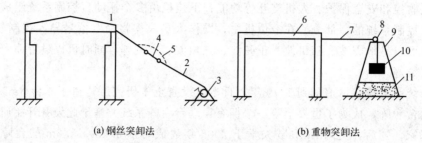

(a) 钢丝突卸法　　　　　　　　　(b) 重物突卸法

图 5-24　用张拉突卸法对结构施加冲击力荷载

1—结构物；2—钢丝绳；3—绞车；4—钢拉杆；5—保护索；6—模型；7—钢丝；
8—滑轮；9—支架；10—重物；11—减震垫层

② 初速度加载法（突加荷载法）。初速度加载法是利用摆锤或重物下落时瞬间的力量，使结构产生一个初速度，这时引起的是速度的函数，而不是力的函数。

用如图 5-25(a)，摆锤进行激振时，如果摆锤和建筑物有相同的自振周期，摆锤的运动就会使建筑物引起共振，产生自振振动。使用图 5-25(b) 的方法时，荷载将附着于结构一起振动，并且落重的跳动又会影响结构自振，同时有可能使结构受到局部损伤。这时冲击力的大小要按结构强度计算，不应使结构产生过大的应力和变形。

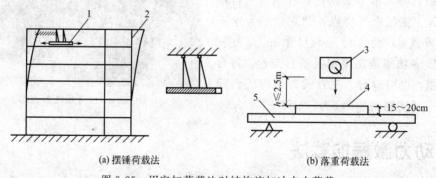

(a) 摆锤荷载法　　　　　　　　　(b) 落重荷载法

图 5-25　用突加荷载法对结构施加冲击力荷载

1—摆锤；2—结构；3—落重；4—砂垫层；5—试件

用垂直落重冲击时，落重取结构自重（指试验对象跨间）的 0.1%，落重高度≤2.5m，为防止重物回弹再次撞击和结构局部受损，应在落点处铺设 15~20cm 的砂垫层。

蓄能落锤式动静组合加载试验系统就是利用初速度加载法。蓄能落锤式动静组合加载试验系统可以进行不同动静组合条件下变形破坏特征方面的研究，探究在不同动静组合条件下的破坏机制。蓄能落锤式动静组合加载试验系统主要由五个部分构成：框架、冲击力加载系统、静荷载加载系统、荷载控制系统及高速数据信号采集系统，如图 5-26 所示。

a. 冲击力加载系统。冲击力加载系统由第三液压油缸、活塞杆、落锤释放装置、拉杆、套筒、弹簧及落锤等组成，系统的构成如图 5-27 所示。第三液压油缸固定在顶板梁中心，中心开有孔使液压油缸的活塞杆可以穿过。落锤释放装置如图 5-28 所示，由定位套、定位体、压盖、卡爪及复位弹簧组成，通过螺纹固定在第三液压油缸活塞杆末端，拉杆上端卡入落锤释放装置中。释放时只需按压定位体，定位体挤压复位弹簧，卡爪回缩，拉杆下落与释

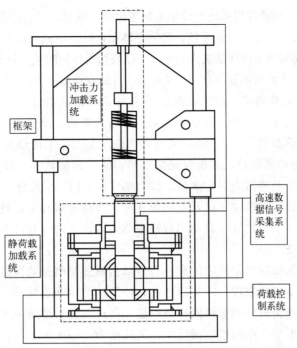

图 5-26　蓄能落锤式动静组合加载试验系统示意图

放装置分离。套筒固定在横梁的中心位置，与第三液压油缸的活塞杆呈一条直线。拉杆穿过弹簧，有螺纹的一端与落锤连接，另一端穿过套筒顶端小孔卡入释放装置。工作时第三液压油缸内油压推动活塞杆上升，同时活塞杆通过释放装置带动拉杆上升，此时由于落锤跟随拉杆一同上升，弹簧在套筒内被压缩储存弹性能。活塞杆上升到一定高度时，释放装置中的定位体被伸缩套筒压缩，使拉杆自动释放，套筒内弹簧推动落锤和拉杆快速向下运动打击冲击力传感器，应力波通过第四液压油缸的活塞杆传递给试样。落锤最大提升高度为 370mm，最大冲击载荷为 600kN，可以向试件施加最大约为 26MPa 的冲击荷载，通过改变落锤的提升高度或者更换不同线径弹簧可以改变冲击载荷的大小。

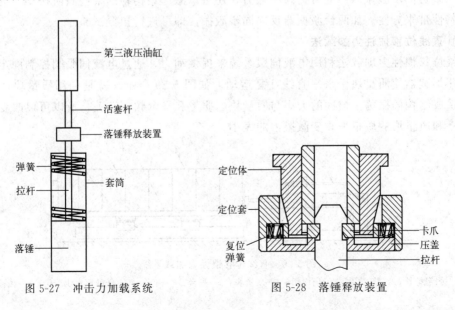

图 5-27　冲击力加载系统　　　　　　　图 5-28　落锤释放装置

　　b. 荷载控制系统。荷载控制系统由液压泵站等组成。该泵站通过高压油管与系统中的液压油缸连接，在泵站上安装有电气控制系统，每一个液压油缸由单独的加载和卸载两个按钮控制，并通过独立的压力表实时显示液压油缸内的压力。该泵站可以同时独立控制四个液压油缸，完成加压和卸载动作，每一个液压油缸配有一个压力表，并配有总压力表，实时显示系统总压力。

　　c. 高速数据信号采集系统。高速数据信号采集系统由冲击力测试系统和 DHDAS 动态信号采集分析系统等组成。冲击力测试系统由冲击力传感器、单通道高速数据采集仪及采集软件组成。冲击力传感器量程 $0\sim200t$，采样频率 $\leqslant50kHz$，单通道高速数据采集仪采样频率为 $128kHz$。冲击力传感器通过采集仪连接电脑，通过采集软件可以采集冲击过程中的力值大小和冲击时间，绘制冲击力时程曲线。DHDAS 动态信号采集分析系统由采集仪与采集分析软件组成，该系统通过粘贴于试样上的应变片采集冲击过程中试件应变，通过 DHDAS 软件进行显示和储存，实现连续、自动的数据采集，保证了数据的可靠性。

（2）离心力加载法

　　离心力加载是根据旋转质量产生的离心力对结构施加简谐振动荷载，其特点是运动具有周期性，作用力的大小和频率按一定规律变化，使结构产生强迫振动。离心力加载一般采用机械式激振器。激振器由机械和电控两部分组成：机械部分主要是由两个或多个偏心质量组成，一般的机械式激振器工作频率范围较窄，大致在 $50\sim60Hz$ 以下，由于激振力与转速的平方成正比，所以当工作频率很低时，激振力就较小；电气控制部分采用单相可控硅，速度电流双闭环电路系统，对直流电机进行无级调速控制，通过测速发电机做速度反馈，通过自整角机产生角差信号，送往速度调节器与给定信号综合，以保证两台或多台激振器不但速度相同且角度亦按一定关系运行。

　　使用时将激振器底座固定在被测结构物上，由底座把激振力传递给结构，使结构受到简谐变化激振力的作用。一般要求底座有足够的刚度，以保证激振力的传递效率。

　　激振器产生的激振力等于各旋转质量离心力的合力。改变质量或调整带动偏心质量运转电机的转速（即改变角速度 ω），即可调整激振力的大小。通过改变偏心块旋转半径 r，也可以改变离心力大小。

　　使用多台同步激振器不但可提高激振力，还可以激起结构物的某些高阶振型，为研究结构高频特性带来方便。如两台激振器反向同步激振，即可进行扭振试验。

（3）直线位移惯性力加载法

　　直线位移惯性力加载法利用电液伺服系统来提供动力，通过电液伺服阀控制固定在结构上的液压加载器使质量块做水平直线往复运动。如图 5-29 所示，就是利用质量块往复运动的惯性造成结构的振荡。惯性的大小与质量块的质量和平台频率有关，所以可以改变指令信号的频率和质量块的质量来改变激振力的大小。

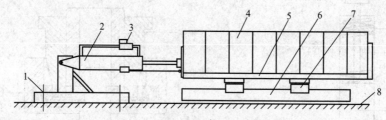

图 5-29　直线位移惯性力加载系统

1—固定螺栓；2—加载器；3—伺服阀；4—质量块；5—平台；6—钢轨；7—低摩擦直线滚轮；8—楼板

该加载方法适用于现场结构动力加载，在低频条件下各项性能较好，可产生较大的激振力，但频率较低，只适用于 1Hz 以下的激振。

5.5.2　电磁加载

利用在磁场中通电的导体将受到与磁场方向垂直的作用力的原理，在磁场（永久磁铁或激磁线圈中）放入动圈，通入交变电流即可产生交变激振力，促使台面（振动台）或固定于动圈上的顶杆（激振器）做往复运动，推动试件做强迫振动。若在动圈上通一定方向的直流电，则可产生静荷载。电磁加载设备由电磁式激振器和振动台组成，构造见图 5-30。

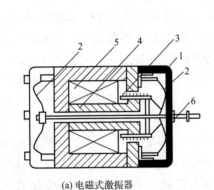 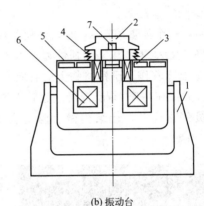

(a) 电磁式激振器
1—外壳，2—支撑弹簧，3—动圈，4—磁钢，
5—励磁线圈，6—顶杆，

(b) 振动台
1—机架，2—激振头，3—驱动线圈，4—支撑弹簧，
5—磁屏蔽，6—励磁线圈，7—传感器，

图 5-30　电磁加载设备

电磁激振器的工作原理是利用磁钢和外壳形成磁场，动圈与顶杆连在一起，在支撑弹簧的支撑下可以上下运动。动圈如果输入的是交流电，则会产生方向上下改变的交变力 F 为：

$$F = IBL \sin\omega t \qquad (5-1)$$

式中　B——磁场强度；

L——动圈绕线有效长度；

I——通过动圈的电流幅值；

ω——激振器激振圆频率；

t——时间。

通过顶杆将电磁力 F 传到试验物体上，施加的激振力与交流电的频率一样。可以通过信号发生器调节频率，其频率一般在 $0\sim200$Hz，推力可以施加到 $3\sim8$kN。电磁加载设备重量轻，操作方便，可以产生任意波形的振动力，但是激振力小，可以用于小型结构。

电磁式振动台实际上是利用电磁式激振器产生的激振力来推动一个活动台面。但由于振动台的激振器输入励磁线圈和活动线圈的电流都比较大，工作时间长时易发热，故附有冷却系统。激振力较小时一般用空气冷却，激振力较大时则用空心导线绕组，孔中通以蒸馏水循环冷却。为了获得良好的波形，用橡胶弹簧、空气弹簧或磁悬来悬挂活动系统，使振动台在负荷情况下动圈能回到最佳位置。动圈周围加有滚轮制导，以防止偏斜。电磁式振动台操作方便，振动波形好、频率范围广、激振力较小。

5.5.3　现场动力试验的激振方法

在结构动力试验的加载方法中，一般都需要比较复杂的设备，这些在实验室内尚可满足，而在现场试验时，往往受到各方面条件的限制，室内复杂的设备难以实现。因此人们设法寻求更简单的试验方法，既可以获得有关结构动力特性的资料和数据，而又无需复杂的设备。

（1）人体激振加载法

在试验中发现，人们可以利用自身在结构物上有规律地活动，即使人的身体做与结构自振同步的前后运动，亦可产生足够大的惯性力，形成共振振幅，该种方法称为人体激振加载法。

试验表明，一个体重约70kg的人，使其质量中心做频率为1Hz、双振幅为15cm的前后运动时，将产生大约0.2kN的惯性力。由于在1%临界阻尼的情况下，共振时的动力放大系数为50，这意味着作用于建筑物上的有效作用大约为10kN。

利用该种方法在一座15层混凝土建筑上取得了振动记录。经过3周运动就达到最大值，此时操作人员停止运动，让结构做有阻尼自由振动，从而获得了结构的自振周期和阻尼系数。

图5-31　共振致桥梁倒塌事故

1981年7月17日，美国堪萨斯城凯悦酒店天桥倒塌（图5-31）。建筑学家认为一个原因是人们跳舞有节奏的振动引发共振使结构断裂，另一个原因就是桥面人员过多，负荷过重。因此，共振对荷载的放大作用不容小觑。

（2）人工爆炸激振法

人工爆炸激振法是指在试验结构附近场地采用炸药进行人工爆炸，利用爆炸产生的冲击波对结构进行瞬时激振，使结构产生强迫振动。可按经验公式估算出人工爆炸产生场地地震的加速度 a 和速度 v。

$$a = 21.9\left(\frac{Q^m}{R}\right)^n \tag{5-2}$$

$$v = 118.6\left(\frac{Q^m}{R}\right)^q \tag{5-3}$$

式中　Q——炸药量，t；

$\qquad R$——试验结构距离爆炸源的距离，m；

m、n、q——与试验场地土质有关的系数。

（3）环境随机振动激振法

建筑物经常处于微小而不规则的脉动中，这种微小而不规则的脉动来源于微小的地震活动、机器运作、车辆行驶等，这些因素使地面存在着连续不断的运动，其运动的幅值极为微小，而它所包含的频谱却相当丰富，故称为建筑脉动。

利用建筑物的脉动（环境激励），采用高灵敏度的传感器、放大记录设备，量测建筑物的响应，借助于随机信号数据处理的技术，分析确定建筑物的动力特性的方法，俗称脉动法，也称环境随机振动激振法。

利用这种脉动现象来分析测定结构的动力特性，不需要任何激振设备，又不受结构形式和大小的限制，是一种有效而简便的方法。

5.5.4 反冲激振法

近年来在结构动力试验中研制成功了一种反冲激振器，也称火箭激振器。它适用于对结构实物进行现场试验，小冲量反冲激振器也可用于室内试验。反冲激振器的结构示意图如图 5-32 所示。

激振器的壳体是用合金钢制成的，它的结构主要由燃烧室壳体、底座、喷管、火药、点火装置五部分组成。

反冲激振器的基本工作原理是点火装置使火药燃烧，火药产生的高温高压气体便从喷管口以极高的速度喷出。如果气流每秒喷出的质量为 W，则按动量守恒定律可得到反冲力 P。

反冲激振器的输出特性曲线如图 5-33 所示，主要分为升压段、高峰段、平衡压力工作段及火药燃尽后燃气继续外泄的后效段。根据火药的性能、质量及激振器的结构，可设计出具有不同特性曲线的反冲激振器。

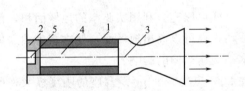

图 5-32　反冲激振器结构示意图
1—燃烧室壳体；2—底座；3—喷管；
4—火药；5—点火装置

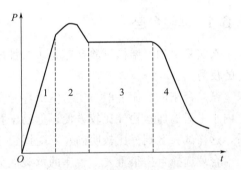

图 5-33　反冲激振器输出特性曲线
1—升压段；2—高峰段；3—平衡压力
工作段；4—后效段

采用单个反冲激振器激发时，一般是将激振器布置在建筑物顶部，并尽量置于建筑物质心的轴线上，这样效果较好。如果将单个激振器布置在离质心位置较远的地方或在结构平面的对角线上以相反方向布置两台相同的反冲激振器，可以进行建筑物的扭振试验。若将多个反冲激振器沿高耸结构不同高度布置，还可以进行高阶振型的测定。

5.5.5 直线振荡电动机交变加载

电液伺服式试验机具有荷载值大、位移行程较大，但是对能量的利用率较低，效率不到 10% 的特点。电磁谐振式试验机可以实现较高频疲劳试验，并且对能量的利用率高，但是其位移行程较短，使用容易受到限制，力值波形不好。吉林大学针对这两者出现的问题，提出将直线振荡电动机作为疲劳试验机中激振器的一种可行的想法。直线振荡电动机具有频率使用范围广、力值波形好、位移行程较大、可控性好等优点。动磁铁式直线振荡电动机由振荡动子元件、谐振弹簧、电机外壳、励磁绕组线圈组成，振荡动子元件由永磁体、动子铁芯、

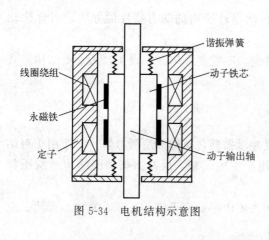

线圈绕组

永磁铁

定子

谐振弹簧

动子铁芯

动子输出轴

图 5-34　电机结构示意图

动子输出轴组成，电机外壳内部设置放置励磁绕组线圈的环形空间。振动元件通过上下位置设置的谐振弹簧，在励磁绕组线圈不通电的时候静止在定子壳体内，动子输出轴可以通过两端开口输出力值和位移。电机结构示意图如图 5-34 所示。

直线振荡电动机的工作原理是磁场由两部分叠加而成，一部分是永磁体发出的恒定磁场强度 B_1，另一部分是励磁绕组线圈中由于通入了电流而产生的交变磁场 B_2。根据磁阻的相关理论可知，磁感线会在磁阻最小的路径上闭合。

正是由于这两个磁场 B_1 和 B_2 之间的相互作用，进而产生了一个轴向的驱动力，驱动振荡动子元件做指定频率的直线振荡运动。

5.6　加载装置

5.6.1　试验台座

在实验室内，结构试验台座是永久性的固定设备，用以平衡施加在试验结构物上荷载产生的反力。

试验台座的台面一般与实验室地坪标高一致，这样可以充分利用实验室的地坪面积，使室内水平运输搬运物件比较方便，但易干扰试验活动，也可以高出地坪面，使之成为独立体系，这样试验区划分比较明确，不受周边活动及水平交通运输的影响。

合理选择台座很重要。台座的承载能力一般在 $200\sim1000\mathrm{kN/m^2}$。台座的刚度极大，所以受力后变形极小，这样就允许在台面上同时进行几个结构试验，而不考虑相互的影响，试验可沿台座的纵向或横向进行。

设计台座时，其纵向和横向均应按各种试验组合可能产生的最不利受力情况进行验算与配筋，以保证具有足够的强度和整体刚度。用于动力试验的台座还应有足够的质量和耐疲劳强度，防止引起共振和疲劳破坏，尤其应注意局部预埋件和焊缝的疲劳破坏。如果实验室内同时有静力和动力台座，则静力试验台座与动力试验台座应分离设置，避免动力试验对静力试验的干扰。按结构的不同，目前国内外常见的试验台座有以下几种，接下来将进行详细介绍。

（1）槽式试验台座

槽式试验台座是目前国内用得较多的、比较典型的静力试验台座。其构造特点是沿台座纵向全长布置几条槽轨。该槽轨是用型钢制成的纵向框架式结构，埋置在台座的混凝土内。槽轨的作用在于锚固加载支架，用以平衡结构物上荷载产生的反力。如果荷载架立柱用圆钢制成，可直接用两个螺母固定于槽内；如果荷载架立柱由型钢制成，则将其底部设计成钢结构柱脚的构造，用地脚螺栓固定在槽内。在试验加载时，立柱受向上拉力，故要求槽轨的构造应该和台座的混凝土部分有很好的连接，不至拔出。其横向剖面图如图 5-35 所示。

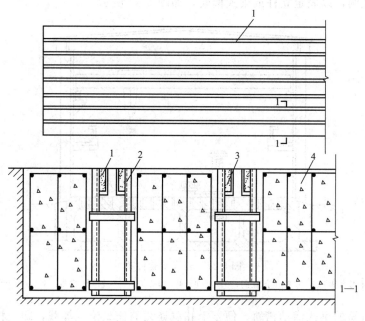

图 5-35　槽式试验台座横向剖面图

1—槽轨；2—型钢骨架；3—高强度混凝土；4—混凝土

（2）地锚式试验台座

这种台座在台面上每隔一定间距设置一个地脚螺栓，螺栓下端锚固在混凝土内，顶端伸出到台座表面特制的地槽内，并略低于台座表面标高，如图 5-36 所示。使用时，通过套筒螺母与荷载架立柱连接。平时用盖板将地槽盖住以保护螺栓端部，并防止杂物落入孔穴。这种台座的缺点是螺栓受损后修理困难。此外，由于螺栓位置是固定的，所以安装试件的位置受到限制，不如槽式台座方便。

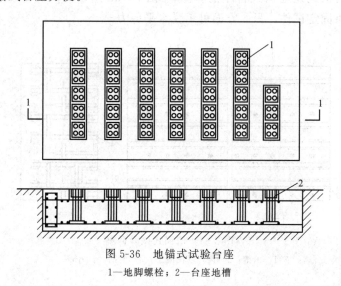

图 5-36　地锚式试验台座

1—地脚螺栓；2—台座地槽

（3）箱式试验台座

这种台座本身就是一个刚度很大的箱形结构，台座顶板沿纵、横两个方向按一定间距留有竖向贯穿的孔洞，以固定立柱或梁式槽轨，如图 5-37 所示。

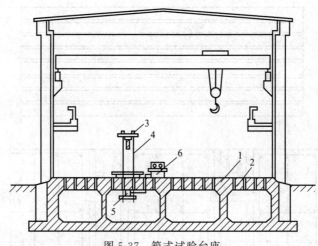

图 5-37　箱式试验台座

1—箱形台座；2—顶板上的孔洞；3—试件；4—加荷架；5—液压加载器；6—液压操纵台

　　台座配备有短的梁式活动槽轨，便于沿孔洞连线的任意位置加载，即先将槽轨固定在相邻的两孔间，然后将立柱（或拉杆）按加载的位置固定在槽轨中。试验量测与加载构造可在台座上面，也可在箱形结构内部进行，所以台座的结构本身也就是实验室的地下室，可供长期荷载试验或特种试验使用。这种台座的加载点位置可沿台座纵向任意变动。其缺点是型钢用量大，槽轨施工精度要求较高。由于地脚螺栓容易松动，故不适用于动力试验。更大型的箱式试验台座同时还可兼作实验室房屋的基础，因而场地的空间利用率高，加载器设备管路易布置，台面整洁不乱。它的主要缺点是安装和移动设备较困难。

（4）槽锚式试验台座

　　这种台座兼有槽式及地锚式台座的特点，如图 5-38 所示。同时由于抗震试验的需要，利用锚栓一方面可固定试件，另一方面可承受水平剪力。

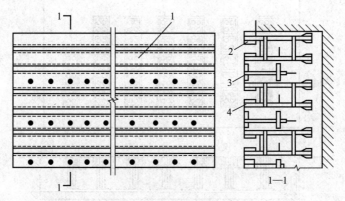

图 5-38　槽锚式试验台座

1—滑槽；2—高强度混凝土；3—槽钢；4—锚栓

（5）抗弯大梁式台座

　　在预制构件厂和小型结构实验室中，当缺少大型试验台座时，也可以采用抗弯大梁式或空间桁架式台座，以满足中小型构件试验或混凝土制品检验的要求。抗弯大梁式台座本身是一根刚度极大的钢梁或钢筋混凝土大梁，其构造如图 5-39 所示。当用液压加载器和分配梁加载时，产生的反作用力通过门形荷载架传至大梁，试验结构的支座反力也由台座大梁承受，使之保持平衡。抗弯大梁式台座由于受大梁本身抗弯强度与刚度的限制，一般用于试验跨度在 7m 以下、宽度在 1.2m 以下的板和梁，其实物如图 5-40 所示。可以用圆钢或者型钢制成的加荷架作为台座的荷载支撑及传动机构。

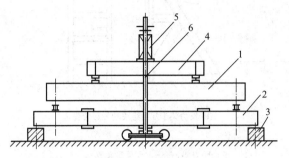

图 5-39　抗弯大梁台座的荷载试验装置
1—试件；2—抗弯大梁；3—支墩；4—分配梁；
5—液压加载器；6—荷载加载架

图 5-40　抗弯大梁式台座实物图

(6) 空间桁架式台座

空间桁架式台座是由型钢制成的专门试验架，一般用于进行中等跨度的桥架及屋面大梁的试验，如图 5-41 所示。它可施加为数不多的集中荷载，液压加载器的反作用力由空间桁架自身平衡。

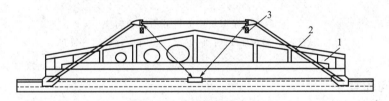

图 5-41　空间桁架式台座
1—试件（屋面大梁）；2—空间桁架式台座；3—液压加载器

5.6.2　水平反力墙或反力架

水平反力装置主要由反力墙（或反力架）及千斤顶水平连接件等组成。

反力墙一般为固定式，而反力架则有固定式和移动式两种。

对于固定式反力墙，国内外大多采用混凝土结构，并且和试验台座刚性连接以减少自身的变形。在混凝土反力墙上，按一定距离设有孔洞，以便用螺栓锚住加载器的底板。反力墙与千斤顶的连接方式大致分为三种，纵向滑轨式锚栓连接、螺孔式锚栓连接、横向滑轨式锚栓连接。利用反力墙组成的水平反复加载试验装置，见 5-42(a)。

移动式反力架一般采用钢结构，通过螺栓与试验台座的槽轨锚固。利用反力架和千斤顶滚轴装置组成的水平反复加载试验装置，见图 5-42(b)。

有的实验室为了提高反力墙的承载能力，将试验台座建在低于地面一定深度的深坑内，利用坑壁作为抗侧力墙体，这样在坑壁四周任意面上的任意部位均可对结构施加水平推力，如图 5-43 所示。

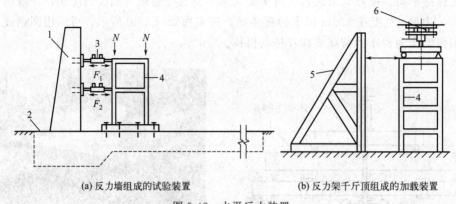

(a) 反力墙组成的试验装置   (b) 反力架千斤顶组成的加载装置

图 5-42　水平反力装置

1—反力墙；2—试验台座；3—推拉加载器；4—试件；5—反力架；6—千斤顶滚轴连接

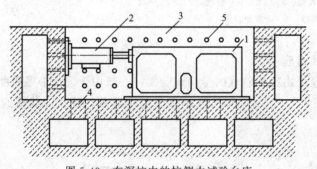

图 5-43　在深坑中的抗侧力试验台座

1—试件；2—液压加载器；3—坑壁；4—深坑台座；5—锚孔

5.6.3　竖向荷载架

（1）荷载架

在实验室内荷载架一般由横梁、立柱组成的反力架和试验台座等组成，也可利用适宜于试验中小型构件的抗弯大梁式或空间桁架式台座。在现场试验时则通过反力架用平衡重块、锚固桩头或专门为试验浇筑的钢筋混凝土地梁平衡试件的荷载。

荷载架主要由立柱和横梁组成。它可以用型钢制成，特点是制作简单，取材方便，可按钢结构的柱与横梁设计，横梁与柱的连接采用精制螺栓或圆销。对荷载架的强度、刚度要求较高，能满足大型结构试验的要求。荷载架的高度和承载力可按试验需要设计，可成为实验室内固定的大型试验台座上的荷载支撑设备。

（2）加载器（千斤顶）与荷载架连接件

在一般静力试验时，只要使千斤顶与试件保持稳定即可。但在抗震试验时，由于水平地震反复作用，试件会发生侧移。

此时垂直千斤顶要求对试件的荷载点保持不变，即必须同试件一起移动。这时需要依靠千斤顶与横梁之间的滚轴来实现。见图 5-44(b) 中的千斤顶滚轴连接图所示。

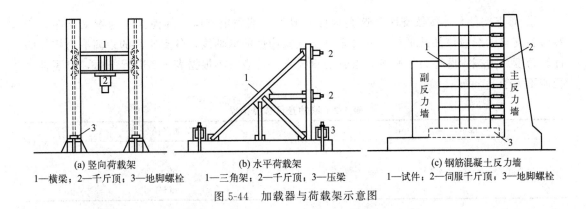

(a) 竖向荷载架　　　　　　　(b) 水平荷载架　　　　　　　(c) 钢筋混凝土反力墙
1—横梁；2—千斤顶；3—地脚螺栓　　1—三角架；2—千斤顶；3—压梁　　1—试件；2—伺服千斤顶；3—地脚螺栓

图 5-44　加载器与荷载架示意图

5.6.4　分配梁

分配梁的作用是将集中荷载转变为多点荷载作用于试件上，制作分配梁的材料必须达到一定的刚度（多采用型钢），分配梁应设置为静定简支梁，避免影响结构的变形。分配梁的配置一般不宜超过两层。分配梁加载示意图如图 5-45 所示。

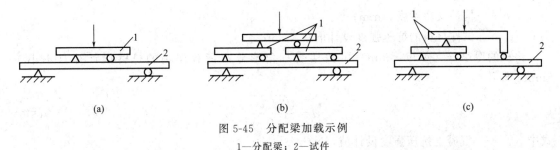

(a)　　　　　　　　　　(b)　　　　　　　　　　(c)

图 5-45　分配梁加载示例
1—分配梁；2—试件

5.6.5　支座与支墩

支座和支墩在结构试验中应根据结构实际受力条件进行模拟设计，其作用是支承结构，正确传递作用力用以满足试验荷载设计、结构受力和边界条件以保证加载试验的顺利进行。

按照作用方式的不同进行分类，支座主要包括嵌固端支座、固定铰支座、球铰支座、滚动铰支座、刀口支座等，支座多采用钢作为原料，常见的构造形式如图 5-46 所示。

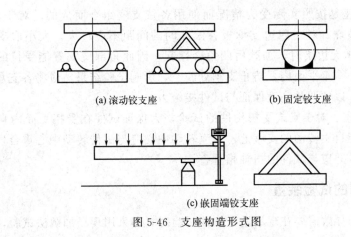

(a) 滚动铰支座　　　　　　　(b) 固定铰支座

(c) 嵌固端铰支座

图 5-46　支座构造形式图

① 简支构件和连续梁支座。这类构件一般为一端固定支座，其他支座为滚动支座。安装时各支座轴线应该彼此平行，并且垂直于试验构件的纵轴线，各支座间的距离取为构件的计算跨度。为减少摩擦力的影响，滚轴的直径宜按荷载大小根据表 5-2 进行选用，但滚轴直径应不大于 50mm。

表 5-2   滚轴直径选择标准

滚轴荷载/(kN/mm)	滚轴直径/mm
<2.0	50
2～4	60～80
4～6	80～100

钢滚轮的上、下在试验时应加垫板，这样不仅能防止试件和支承部位的局部受压破坏，还能够减小滚动摩擦力。垫板的宽度一般不小于试件支承处的宽度，垫板的长度按构件挤压强度计算且不小于构件实际支承长度，支承垫板的长度 l（单位：mm）可按下式进行计算：

$$l = \frac{R}{b f_c}$$ (5-4)

式中 R——支座反力，N；

b——构件支座宽度，mm；

f_c——试件材料的抗压强度设计值，N/mm²。

垫板的厚度 d（单位：mm）可按接受三角形分布荷载作用的悬臂梁计算且不小于 6mm，即：

$$d = \frac{\sqrt{2 f_c a^2}}{f}$$ (5-5)

式中 f_c——混凝土抗压强度设计值，N/mm²；

f——垫板钢筋的强度设计值，N/mm²；

a——滚轴中心至垫板边缘的距离，mm。

滚轴的长度，一般取试件支承处截面宽度 b（单位：mm）

$$\sigma = 0.418 \sqrt{\frac{RE}{rb}}$$ (5-6)

式中 E——滚轴材料的弹性模量，N/mm²；

r——滚轴半径，mm。

② 板壳结构支座是按照实际受力情况而使用各铰支座组合而成的。对于四角支承板，在每一边应有固定滚珠；对于四边支承板各滚珠间的间距不应过大，大小取支承处厚度的 2～5 倍。当四边支承无边梁时，加载后四角会翘起，因此角部应安置能受拉的支座，为了保证板壳全部支承在一个平面内，防止支承处脱空，影响试验结果，应将各支承点设计成上下可做微调的支座，以便调整高度保证与试件接触力。

③ 受扭构件支座。对于梁式受扭构件的试验，为保证试件在受扭平面内自由转动，试件两端架设在两个能自由转动的支座上，支座转动中心应与试件转动中心重合，两支座的转动平面应相互平衡，并应与试件的扭轴相垂直。

5.6.6 现场加载的试验装置

当因条件所限而导致需要在现场进行加载试验时，即采用现场加载法试验，但面临的最大问题是平衡产生的反向作用力的问题。

　　在工地现场广泛采用的是平衡重式的加载装置，其工作原理与实验室内固定在地面上的试验台座一样，即利用平衡重来承受与平衡由液压加载器加载所产生的反力，如图 5-47 所示。平衡重式加载装置的缺点是劳动量较大。当现场缺乏上述加载装置时，通常采用一对对称构件的试验法或称为背靠背试验方法，即把一根构件作为另一根构件的台座或平衡装置使用。这种方法常在重型吊车梁试验中使用。成对构件卧位试验中所用骨架，实际上就是一个封闭的荷载架，一般常用型钢作为横梁，用圆钢作为拉杆，当荷载较大时，拉杆以型钢制作为宜。

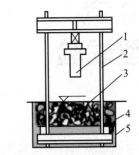

图 5-47　现场加荷方案图
1—试验试件；2—荷载架；3—平衡重；
4—铺板；5—横梁

思考题

1. 简述液压加载的优缺点。
2. 简述电磁加载的工作原理。
3. 简述常用试验台座的类型。
4. 冲击力加载有哪几种方法，有什么区别？
5. 试验支座和支墩各有什么作用？对其有何要求？

第6章
模型试验

模型试验是通过缩小比例或在等比模型上进行试验研究，得到相关试验数据的试验方法，即在采用适当比例和相似材料制成的、与原型相似的结构上施加比例荷载，使模型受力后再推演原型结构实际使用的结构状态。模型试验的试验对象为仿照原型（实际结构）并按照一定比例尺复制而成的试验代表物，它具有实际结构的全部或主要特征。模型尺寸一般要比原型结构小。按照模型相似理论，由模型的试验结果可推算实际结构的工作。

6.1 模型试验概述

在进行结构性能试验时，作为结构试验的试件可以是真实结构，也可以是其中的某一部分。若把真实结构称作原型或足尺，则不论是整体或它的一部分，由于都是足尺，势必导致试验的规模很大，所需加荷设备的容量和费用会很高，制作试件的材料费、加工费也随之增加。所以除了在原型结构上进行试验和对工程结构中的局部构件（如梁、板、柱等）尺寸规模不大的可做足尺试验外，其余大多是通过各相似条件模拟做模型试验。通常情况下，结构模型都是缩尺的，即模型结构的尺寸比原型结构小，并具有实际工程结构的全部或部分特征（如图 6-1）。但也有少数是足尺的或将原型结构按比例放大的。

图 6-1 钢筋混凝土框架结构振动台模型试验

研究指出，对研究性试验中所进行的局部结构、基本构件和节点的基本性能试验大都采用缩尺比较大的模型，这种试件的设计不需满足全部相似条件，试验结果在数值上与真实结构没有直接的联系，但试件的计算理论和方法可以推广到实际结构中去。

1767 年，法国科学家容格密里用一个上缘开槽和一个不开槽的木梁模型做了一个简单的对比试验（如图 6-2）。结果表明：两者承载力相当。证明了梁受弯时并非全截面受拉，而是上缘受压下缘受拉。容格密里这个定性的试验总结了人们一百多年来的探索，给人们指出了发展结构强度计算理论的正确方向和方法，被誉为"路标试验"。

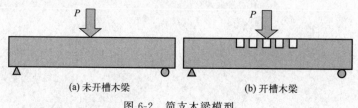

(a) 未开槽木梁　　　　　　　(b) 开槽木梁

图 6-2 简支木梁模型

6.1.1 模型试验的特点

模型试验作为建筑结构性能分析的途径，相比一般的结构试验，具有以下几种优点：

(1) 经济性好

由于模型结构的几何尺寸小于原结构（一般取原型结构的 $1/20 \sim 1/2$ 甚至更小），因此制作容易，装拆方便，大大节省材料、劳动力和时间，并且同一个模型可进行多个不同目的的试验，实现"一模多用"。

(2) 针对性强

结构模型试验可以根据试验目的，突出主要设计因素，简略次要因素，同时也可以改变其中某些主要因素进行多个模型的对比试验。这对于结构性能的研究、新型结构的设计、结构理论的验证和推动新的计算理论的发展都具有一定的意义。

(3) 数据准确

由于试验模型的尺寸很小，一般可在试验技术条件和环境条件均较好的室内进行试验，因此可以严格控制其主要测试参数，避免外界因素（温度、湿度、磁场等）的干扰，保证试验结果的准确性。

总之，结构模型试验的意义不仅仅是确定结构的工作性能和验证有限的结构理论，还能够使人们从结构性能有限的理论知识的束缚中解放出来，将他们的设计想法扩大到实际结构中有待探索的领域。但模型试验的不足之处在于它必须建立在合理的相似条件基础上，因此，它的发展必须依赖相似理论的不断完善与进步。

6.1.2 模型试验的应用范围

(1) 大型结构试验的辅助试验

许多受力复杂、体积庞大的构件或结构，往往很难进行实物试验，这是因为现场试验难以组织，室内的足尺试验又受经济能力和室内空间的控制，所以常用模型试验代替。对于某些重要的复杂结构，模型试验则作为实际结构试验的辅助试验。实物试验之前先通过模型试验获得必要的参考数据，这样使实物试验工作更有把握。

(2) 作为结构分析计算的辅助手段

当设计受力较复杂的结构时，由于设计计算存在一定的局限性，往往通过模型试验做结构分析，弥补设计上的不足，核算设计计算方法的适应性，比较设计方案。

(3) 验证和发展结构设计理论

新的设计计算理论和方法的提出，通常需要一定的结构试验来验证，由于模型试验具有较强的针对性，故验证试验均采用模型试验。

模型试验方法虽然很早就有人使用，但其迅速发展还是近几十年内的事，特别是量纲分析法引入模型设计（1914 年）后，才使模型试验方法得到系统的发展，量测技术的不断改进以及各种新颖模型材料的发现和应用也为模型试验方法创造了条件。目前模型试验方法在飞机和宇宙航行器等研制过程中的应用已远远领先于土木工程领域。

6.2 模型试验理论基础

模型试验是将发生在原型中的力学过程，在物理相似条件下，经缩小（或放大）后在模型上重演。对模型中的性能参数进行测量、记录、分析，并根据相似关系换算到原型中去，达到研究原型力学过程的目的。

6.2.1 模型相似的基本概念

这里所讲的相似是指模型和真型相对应的物理量的相似，它比通常所讲的几何相似概念更广泛。在进行物理变化的系统中，在相应的时刻第一过程和第二过程相应的物理量之间的比例保持着常数，这些常数间又存在互相制约的关系，这种现象称为相似现象。

在相似理论中，系统是按一定关系组成的同类现象的集合，现象是由物理量所决定的、发展变化中的具体事物或过程。这就是系统、现象和物理量三者之间的关系。两个现象相似是由决定现象的物理量的相似所决定的。

下面简略介绍与结构性能有关的几个主要物理量的相似。

(1) 几何相似

几何相似要求模型与原型结构之间所对应部分的尺寸成比例。几何尺寸之比称为几何相似常数。

$$\frac{l_{\mathrm{m}}}{l_{\mathrm{p}}}=\frac{b_{\mathrm{m}}}{b_{\mathrm{p}}}=\frac{h_{\mathrm{m}}}{h_{\mathrm{p}}}=S_l \tag{6-1}$$

式中，S_l 称为几何相似常数；l、b、h 为结构长宽高三个方向的线性尺寸；m、p 分别代表模型和原型。

对于矩形截面，模型与原型结构的面积相似常数、截面抵抗矩相似常数和惯性矩相似常数分别为

$$S_A=\frac{A_{\mathrm{m}}}{A_{\mathrm{p}}}=\frac{h_{\mathrm{m}}b_{\mathrm{m}}}{h_{\mathrm{p}}b_{\mathrm{p}}}=S_l^2 \tag{6-2}$$

$$S_W=\frac{W_{\mathrm{m}}}{W_{\mathrm{p}}}=\frac{\frac{1}{6}h_{\mathrm{m}}^2 b_{\mathrm{m}}}{\frac{1}{6}h_{\mathrm{p}}^2 b_{\mathrm{p}}}=S_l^3 \tag{6-3}$$

$$S_I=\frac{I_{\mathrm{m}}}{I_{\mathrm{p}}}=\frac{\frac{1}{12}h_{\mathrm{m}}^3 b_{\mathrm{m}}}{\frac{1}{12}h_{\mathrm{p}}^3 b_{\mathrm{p}}}=S_l^4 \tag{6-4}$$

根据变形体系的位移、长度和应变之间的关系，位移的相似常数为

$$S_x=\frac{x_{\mathrm{m}}}{x_{\mathrm{p}}}=\frac{\varepsilon_{\mathrm{m}}l_{\mathrm{m}}}{\varepsilon_{\mathrm{p}}l_{\mathrm{p}}}=S_\varepsilon S_l \tag{6-5}$$

(2) 荷载相似

荷载相似要求模型与原型在各对应点所受的荷载方向一致，大小成比例。由图 6-3 中可知

$$\frac{a_{\mathrm{m}}}{a_{\mathrm{p}}}=\frac{b_{\mathrm{m}}}{b_{\mathrm{p}}}=S_l \tag{6-6}$$

$$\frac{p_{1\mathrm{m}}}{p_{1\mathrm{p}}}=\frac{p_{2\mathrm{m}}}{p_{2\mathrm{p}}}=S_p \tag{6-7}$$

式中，S_p 为荷载相似常数；S_l 为尺寸相似常数。当同时要考虑结构自重时，还需考虑

重量分布的相似。即 $S_{mg} = \dfrac{m_m g_m}{m_p g_p} = S_m S_g$，通常 $S_g = 1$。式中，S_m 和 S_g 分别为质量和重力加速度的相似常数。而 $S_m = S_\rho S_l^3$，所以

$$S_{mg} = S_m S_g = S_\rho S_l^3 \tag{6-8}$$

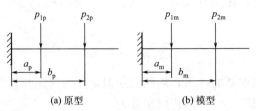

(a) 原型   (b) 模型

图 6-3　荷载相似

（3）质量相似

在研究工程振动等问题时，要求模型与原型结构对应部分质量成比例（通常简化为对应点的集中质量）（图 6-4）。即

$$\frac{m_{1m}}{m_{1p}} = \frac{m_{2m}}{m_{2p}} = \frac{m_{3m}}{m_{3p}} = S_m \tag{6-9}$$

式中，S_m 为质量相似常数。

$$\frac{\rho_m}{\rho_p} = S_\rho \tag{6-10}$$

式中，S_ρ 为质量密度相似常数。

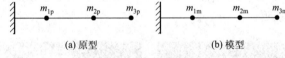

(a) 原型   (b) 模型

图 6-4　质量相似

在关于荷载相似的讨论中已提及 $S_{mg} = S_m S_g = S_\rho S_l^3$，但常限于材料力学特性要求而不能同时满足 S_ρ 的要求，此时需要在模型结构上附加质量块以满足 S_{mg} 的要求。

（4）物理相似

物理相似是指除了几何相似之外，在进行物理过程的系统中，在相应的地点（位置）和对应的时刻，模型与原型的各相应物理量（应力和应变、刚度和变形）之间的比例应保持常数（在两个系统中，所有向量在对应点和对应时刻方向相同、大小成比例，所有标量也在对应点和对应时刻成比例）。

物理相似要求模型与原型的各相应点的应力和应变、刚度和变形间的关系相似。

$$S_\sigma = \frac{\sigma_m}{\sigma_p} = \frac{E_m \varepsilon_m}{E_p \varepsilon_p} = S_E S_\varepsilon \tag{6-11}$$

$$S_\tau = \frac{\tau_m}{\tau_p} = \frac{G_m \gamma_m}{G_p \gamma_p} = S_G S_\gamma \tag{6-12}$$

$$S_\mu = \frac{\mu_m}{\mu_p} \tag{6-13}$$

式中，S_σ、S_E、S_ε、S_τ、S_G、S_γ 和 S_μ 分别为法向应力、弹性模量、法向应变、剪应力、剪切模量、剪应变和泊松比的相似常数。

由刚度和变形关系可知刚度相似常数为

$$S_k = \frac{S_p}{S_x} = \frac{S_\sigma S_l^2}{S_l} = S_\sigma S_l \qquad (6\text{-}14)$$

（5） 时间相似

对于结构的动力问题，在随时间变化的过程中，要求模型与原型在对应时刻进行比较，要求相对应的时间成比例。

$$S_t = \frac{t_{\mathrm{m}}}{t_{\mathrm{p}}} \qquad (6\text{-}15)$$

由于振动周期是振动重复的时间，周期的相似常数与时间相似常数是相同的，而振动频率是振动周期的倒数，因此，频率的相似常数为

$$S_f = \frac{f_{\mathrm{m}}}{f_{\mathrm{p}}} = \frac{1}{S_t} \qquad (6\text{-}16)$$

（6） 边界条件相似

要求模型和原型在与外界接触的区域内的各种条件保持相似，即要求支承条件相似、约束条件相似以及边界受力情况相似。模型的支承条件和约束条件可以由与原型结构构造相同的条件来满足与保证。

如图 6-5 所示模型由一个木支架和两个长度、截面均相同的塑料条组成。对于简支梁，塑料条的端部直接插入木支架中，可以自由转动；对于固支梁，塑料条的两端用螺钉和胶水紧紧固定在木支架上。对结构的边界条件快速做出一个定性理论验证：下压两根梁的跨中，可以感觉到两根梁刚度明显不同。固支梁的刚度是简支梁的 4 倍。而试验表明：当梁跨中承受 22.3N 集中力作用时，固支梁的最大挠度为 3.5mm，而简支梁的最大挠度为 13mm，两个位移的比值与理论值接近。

(a) 简支梁的变形　　　　　　　　　　(b) 固支梁的变形

图 6-5　塑料条试验

（7） 初始条件相似

对于结构动力问题，为了保证模型与原型的动力反应相似，要求初始时刻运动的参数相似。运动的初始条件包括初始状态下的初始几何位置、质点的位移、速度和加速度。

6.2.2　模型相似的基本原理

相似原理是研究自然界相似现象的性质和鉴别相似现象的基本原理，它由三个相似定理组成。这三个相似定理从理论上阐明了相似现象的性质，实现现象相似需要满足的条件。下面分别加以介绍。

（1）第一相似定理

定理描述：彼此相似的现象，单值条件相同，其相似准数也相同。

单值条件是指决定于某一自然现象的因素。单值条件在一定试验条件下，只有唯一的试验结果。属于单值条件的因素有：系统的几何特性、介质或系统中对所研究的现象有重大影响的物理参数、系统的初始状态、边界条件等。

第一相似定理是牛顿于 1786 年首先发现的，它确定了相似现象的性质，说明两个相似现象在数量上和空间中的相互关系。下面就以牛顿第二定律为例说明这些性质。

对于实际的质量运动物理系统，则有

$$F_\mathrm{p}=m_\mathrm{p}a_\mathrm{p} \tag{6-17}$$

而模拟的质量运动系统，有

$$F_\mathrm{m}=m_\mathrm{m}a_\mathrm{m} \tag{6-18}$$

因为这两个系统运动现象相似，故它们各个对应的物理量成比例

$$F_\mathrm{m}=S_F F_\mathrm{p} \tag{6-19a}$$

$$m_\mathrm{m}=S_m m_\mathrm{p} \tag{6-19b}$$

$$a_\mathrm{m}=S_a a_\mathrm{p} \tag{6-19c}$$

式中，S_F，S_m，S_a 分别为两个运动系统中对应的物理量（即力、质量、加速度）的相似常数。

将式(6-19) 代入式(6-18) 得

$$\frac{S_F}{S_m S_a}F_\mathrm{p}=m_\mathrm{p}a_\mathrm{p} \tag{6-20}$$

在此方程中，显然只有当

$$\frac{S_F}{S_m S_a}=1 \tag{6-21}$$

时，才能与式(16-17) 一致。式中，$\frac{S_F}{S_m S_a}$ 称为"相似指标"。式(6-21) 是相似现象的判别条件。若两个物理系统现象相似，则它们的相似指标为 1，各物理量的相似常数不是都能任意选择的，它们的相互关系受到式(6-21) 条件的约束。

将式(6-19) 代入式(6-18)，又可写成另一种形式

$$\frac{F_\mathrm{p}}{m_\mathrm{p}a_\mathrm{p}}=\frac{F_m}{m_\mathrm{m}a_\mathrm{m}}=\frac{F}{ma} \tag{6-22}$$

上式是一个无量纲比值，对于所有的力学相似现象，这个比值都是相同的，故称它为相似准数，通常用 π 表示，即

$$\pi=\frac{F}{ma}=常量 \tag{6-23}$$

相似准数 π 把相似系统中各物理量联系起来，说明它们之间的关系，故又称"模型律"。利用这个模型律可以将模型试验中得到的结果推广应用到相似的原型结构中去。

注意相似常数和相似准数的概念是不同的。相似常数是指在两个相似现象中两个相对应的物理量始终保持的常数，但对于在与此两个现象互相相似的第三个相似现象中，它可具有不同的常数值。相似准数则在所有互相相似的现象中是一个不变量，它表示相似现象中各物理量应保持的关系。

（2）第二相似定理

某一现象各物理量之间的关系方程式，都可表示为相似准数之间的函数关系。写成相似准数方程式的形式：

$$f=(x_1,x_2,x_3,\cdots)=g(\pi_1,\pi_2,\pi_3,\cdots)=0 \tag{6-24}$$

由于相似准数的记号通常用 π 表示，因此第二相似定理也称 π 定理。π 定理是量纲分析的普遍定理，为模型设计提供了可靠的理论基础。

第二相似定理通俗地讲是指在彼此相似的现象中，其相似准数不管用什么方法得到，描述物理现象的方程均可转化为相似准数方程的形式。它告诉人们如何处理模型试验的结果，即应当以相似准数间关系所给定的形式处理试验数据，并将试验结果推广到其他相似现象上去。

下面以简支梁在均布荷载 q 作用下的情况来说明（图 6-6）。由材料力学可知，梁跨中处的应力和挠度为

$$\sigma=\frac{ql^2}{8W} \tag{6-25}$$

$$f=\frac{5ql^4}{384EI} \tag{6-26}$$

式中，W 为抗弯截面模量；E 为弹性模量；I 为截面抗弯惯性矩；l 为梁的跨径。

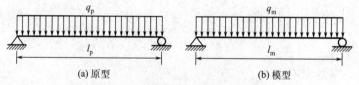

图 6-6　简支梁受均布荷载的相似

将式（6-25）两边同除以 σ，式（6-26）两边同除以 f，即得到

$$\frac{ql^2}{8\sigma W}=1 \tag{6-27a}$$

$$\frac{5ql^4}{384EIf}=1 \tag{6-27b}$$

由此可写出原型与模型相似的两个准数方程式为

$$\pi_1=\frac{ql^2}{\sigma W}=\frac{q_m l_m^2}{\sigma_m W_m}=\frac{q_p l_p^2}{\sigma_p W_p} \tag{6-28}$$

$$\pi_2=\frac{ql^4}{EIf}=\frac{q_m l_m^4}{E_m I_m f_m}=\frac{q_p l_p^4}{E_p I_p f_p} \tag{6-29}$$

（3）第三相似定理

现象的单值条件相似，即存在相似常数，并且由单值条件导出来的相似准数的数值相等，则现象相似。第三相似定理是现象彼此相似的充分和必要条件，它指出了判断相似现象的方法。第一、第二相似定理以现象相似为前提，确定了相似现象的性质，给出了相似现象的必要条件。第三相似定理补充了前面两个定理，明确了只要满足现象的单值条件相似和由此导出的相似准数相等这两个条件，则现象必然相似。根据第三相似定理，当考虑一个新现象时，只要它的单值条件与曾经研究过的现象的单值条件相同，并且存在相等的相似准数，就能肯定现象相似，从而可以将已研究过的现象的结果应用到新现象上去。第三相似定理终

于使相似原理构成一套完善的理论，同时也成为组织试验和进行模拟的科学方法。在模型试验中，为了使模型与原型保持相似，必须按相似原理推导出相似准数方程。模型设计则应在保证这些相似准数方程成立的基础上确定出适当的相似常数。最后将试验所得数据整理成准数间的函数关系来描述所研究的现象。

6.2.3　常见相似现象的相似关系

一般情况下，相似常数的个数多于相似条件的个数，除长度相似常数 S_l 为首先确定的条件外，还可先确定几个量的相似常数，再根据相似条件推出对其余量的相似常数要求。由于目前模型材料的力学性能还不能任意控制，所以在确定各相似常数时，一般根据相似条件先选定模型材料，即先确定 S_E 及 S_σ。再确定其他量的相似常数。

下面采用方程式分析法或量纲分析法给出几个常见相似现象的相似关系。

(1) 静力弹性相似

对一般的静力弹性模型，应以长度及弹性模量的相似常数 S_l、S_E 为设计时首先确定的条件，所有其他量的相似常数都是 S_l 和 S_E 的函数或等于 1。表 6-1 列出了结构静力弹性模型的相似常数和相似关系。

表 6-1　结构静力弹性模型的相似常数和相似关系

类型	物理量	量纲（绝对系统）	相似关系
材料特性	应力 σ	FL^{-2}	$S_\sigma = S_E$
	应变 ε	—	$S_\varepsilon = 1$
	弹性模量 E	FL^{-2}	S_E
	泊松比 ν	—	$S_\nu = 1$
	质量密度 ρ	FT^2L^{-4}	$S_\rho = \dfrac{S_E}{S_l}$
几何特性	长度 l	L	S_l
	线位移 x	L	$S_x = S_l$
	角位移 θ	—	$S_\theta = 1$
	面积 A	L^2	$S_A = S_l^2$
	截面抵抗矩 W	L^3	$S_W = S_l^3$
	惯性矩 I	L^4	$S_I = S_l^4$
荷载	集中荷载 P	F	$S_P = S_E S_l^2$
	线荷载 ω	FL^{-1}	$S_\omega = S_E S_l$
	面荷载 q	FL^{-2}	$S_q = S_E$
	力矩 M	FL	$S_M = S_E S_l^3$

(2) 动力相似

在进行动力模型尤其是结构抗震模型设计时，除了将长度和力作为基本物理量外，还要考虑时间这一基本物理量。而且结构的惯性力常常是作用在结构上的主要荷载，必须考虑模型与原型结构材料质量密度的相似。在材料力学性能的相似要求方面还应考虑应变速率对材料的影响。表 6-2 为结构动力模型的相似常数和相似关系。由此可见，由于动力问题中要模拟惯性力、恢复力和重力三种力，对模型材料的弹性模量、密度的要求很严格，为 $\left(\dfrac{g\rho l}{E}\right)_m =$

$\left(\dfrac{g\rho l}{E}\right)_{\mathrm{p}}$ 即 $\dfrac{S_E}{S_g S_\rho} = S_l$。通常 $S_g = 1$，则 $\dfrac{S_E}{S_\rho} = S_l$，在 $S_l < 1$ 的情况下，要求材料的弹性模量 $E_{\mathrm{m}} < E_{\mathrm{p}}$，或密度 $\rho_{\mathrm{m}} > \rho_{\mathrm{p}}$，这在模型设计选择材料时很难满足。如模型采用与原型结构相同的材料，即 $S_E = S_\rho = 1$，这时要满足 $S_g = \dfrac{1}{S_l}$，则要求 $g_{\mathrm{m}} > g_{\mathrm{p}}$，即需对模型施加非常大的重力加速度，这在结构动力试验中存在困难。为满足 $\dfrac{S_E}{S_\rho} = S_l$ 的相似关系，实际应用上与静力模型试验一样，即在模型上附加适当的分布质量，采用高密度材料来增加结构上有效模型材料的密度，但该方法仅适用于准确模拟质量在结构空间分布的状态要求不高的情况。也可将振动台装在离心机上通过增加模型重力加速度来调节材料相似度。当重力对结构的影响比地震等动力引起的影响小得多时，可忽略重力影响，则在选择模型材料和材料相似时可适当放松要求。

表 6-2　结构动力模型的相似常数和相似关系

类型	物理量	量纲 （绝对系统）	相似关系	
			（a）一般模型	（b）忽略重力影响模型
材料特性	应力 σ	FL^{-2}	$S_\sigma = S_E$	$S_\sigma = S_E$
	应变 ε	—	$S_\varepsilon = 1$	$S_\varepsilon = 1$
	弹性模量 E	FL^{-2}	S_E	S_E
	泊松比 ν	—	$S_\nu = 1$	$S_\nu = 1$
	质量密度 ρ	$FT^2 L^{-4}$	$S_\rho = \dfrac{S_E}{S_l}$	S_ρ
几何特性	长度 l	L	S_l	S_l
	线位移 x	L	$S_x = S_l$	$S_x = S_l$
	角位移 θ	—	$S_\theta = 1$	$S_\theta = 1$
	面积 A	L^2	$S_A = S_l^2$	$S_A = S_l^2$
荷载	集中荷载 P	F	$S_p = S_E S_l^2$	$S_p = S_E S_l^2$
	线荷载 ω	FL^{-1}	$S_\omega = S_E S_l$	$S_\omega = S_E S_l$
	面荷载 q	FL^{-2}	$S_q = S_E$	$S_q = S_E$
	力矩 M	FL	$S_M = S_E S_l^3$	$S_M = S_E S_l^3$
动力特性	质量 m	$FL^{-1}T^2$	$S_m = S_\rho S_l^3 = S_E S_l^2$	$S_m = S_\rho S_l^3$
	刚度 k	FL^{-1}	$S_k = S_E S_l$	$S_k = S_E S_l$
	阻尼 c	$FL^{-1}T$	$S_c = \dfrac{S_m}{S_t} = S_E S_L^{\frac{3}{2}}$	$S_c = \dfrac{S_m}{S_t} = S_l^2 (S_\rho S_E)^{\frac{1}{2}}$
	时间 t、固有周期 T	T	$S_t = S_T = \left(\dfrac{S_m}{S_k}\right)^{\frac{1}{2}} = S_l^{\frac{1}{2}}$	$S_t = S_T = \left(\dfrac{S_m}{S_k}\right)^{\frac{1}{2}} = S_l \left(\dfrac{S_\rho}{S_E}\right)^{\frac{1}{2}}$
	频率 f	T^{-1}	$S_f = \dfrac{1}{S_T} = S_l^{-\frac{1}{2}}$	$S_f = \dfrac{1}{S_T} = S_l^{-1} \left(\dfrac{S_E}{S_\rho}\right)^{\frac{1}{2}}$
	速度 $\dot{x}$	LT^{-1}	$S_{\dot{x}} = \dfrac{S_x}{S_t} = S_l^{\frac{1}{2}}$	$S_{\dot{x}} = \dfrac{S_x}{S_t} = \left(\dfrac{S_E}{S_\rho}\right)^{\frac{1}{2}}$
	加速度 $\ddot{x}$	LT^{-2}	$S_{\ddot{x}} = \dfrac{S_x}{S_t^2} = 1$	$S_{\ddot{x}} = \dfrac{S_x}{S_t^2} = \dfrac{S_E}{S_l S_\rho}$
	重力加速度 $\ddot{x}_g$	LT^{-2}	$S_g = 1$	—

(3) 静力弹塑性相似

上述结构模型设计中所表示的各物理量之间的关系式均是无量纲的，它们均是在假定采用理想弹性材料的情况下推导求得的，实际上在结构试验研究中应用较多的是钢筋（或型钢）混凝土或砌体结构，强度模型试验除了应获得弹性阶段应力分析的数据资料外，还要求能正确反映原型结构的弹塑性性能，要求能给出与原型结构相似的破坏形态、极限变形能力和极限承载能力，这对于结构抗震试验更为重要。为此，对于钢筋（或型钢）混凝土和砌体这类由复合材料组成的结构，模型材料的相似就更为严格。

在钢筋（或型钢）混凝土结构中，一般模型的混凝土和钢筋（或型钢）应与原型结构的混凝土和钢筋（或型钢）有相似的 σ-ε 曲线，并且在极限强度下的变形 ε_c 和 ε_s 应相等，即 $S_{\varepsilon_c}=S_{\varepsilon_s}=S_\varepsilon=1$。当模型材料满足这些要求时，由量纲分析得出的钢筋（或型钢）混凝土强度模型的相似条件如表 6-3 中（a）列所示。注意这时 $S_{E_s}=S_{E_c}=S_{\sigma_c}=S_\sigma$，即要求模型钢筋（或型钢）的弹性模量相似常数等于模型混凝土的弹性模量相似常数和应力相似常数。由于钢材是目前能找到的唯一适用于模型的加筋材料，因此 $S_{E_s}=S_{E_c}=S_{\sigma_c}$ 这一条件很难满足，除非有 $S_{E_s}=S_{E_c}=S_{\sigma_c}=1$，也就是模型结构采用与原型结构相同的混凝土和钢筋（或型钢）。此条件下对其余各量的相似常数要求列于表 6-3 中（b）列。其中模型混凝土密度相似常数为 $\dfrac{1}{S_l}$，要求模型混凝土的密度为原型结构混凝土密度的 S 倍。当需考虑结构本身的质量和重量对结构性能的影响时，为满足密度相似的要求，常需在模型结构上加附加质量。但附加质量的大小必须以不改变结构的强度和刚度特性为原则。

表 6-3　钢筋（或型钢）混凝土结构静力强度模型的相似常数和相似关系

类型	物理量	量纲	相似关系		
			(a)一般模型	(b)实用模型	(c)不完全相似模型
材料特性	混凝土应力 σ_c	FL^{-2}	$S_{\sigma_c}=S_\sigma$	$S_{\sigma_c}=1$	$S_{\sigma_c}=S_\sigma$
	混凝土应变 ε_c	—	$S_{\varepsilon_c}=1$	$S_{\sigma_c}=1$	$S_{\varepsilon_c}=S_\varepsilon$
	混凝土弹性模量 E_c	FL^{-2}	$S_{E_c}=S_\sigma$	$S_{E_c}=1$	$S_{E_c}=\dfrac{S_\sigma}{S_\varepsilon}$
	混凝土泊松比 ν_c	—	$S_{\nu_c}=1$	$S_{\nu_c}=1$	$S_{\nu_c}=1$
	混凝土密度 ρ_c	$FL^{-4}T^2$	$S_{\rho_c}=\dfrac{S_\sigma}{S_l}$	$S_{\rho_c}=\dfrac{1}{S_l}$	$S_{\rho_c}=\dfrac{S_\sigma}{S_l}$
	钢筋(或型钢)应力 σ_s	FL^{-2}	$S_{\sigma_s}=S_\sigma$	$S_{\sigma_s}=1$	$S_{\sigma_s}=S_\sigma$
	钢筋(或型钢)应变 ε_s	—	$S_{\varepsilon_s}=1$	$S_{\varepsilon_s}=1$	$S_{\varepsilon_s}=S_E$
	钢筋(或型钢)弹模 E_s	FL^{-2}	$S_{E_s}=S_\sigma$	$S_{E_s}=1$	$S_{E_s}=1$
	黏结应力 μ	FL^{-2}	$S_\mu=S_\sigma$	$S_\mu=1$	$S_\mu=\dfrac{S_\sigma}{S_\varepsilon}$

续表

类型	物理量	量纲	相似关系		
			(a)一般模型	(b)实用模型	(c)不完全相似模型
几何特性	长度 l	L	S_l	S_l	S_l
	线位移 x	L	$S_x = S_l$	$S_x = S_l$	$S_x = S_\epsilon S_l$
	角位移 θ	—	$S_\theta = 1$	$S_\theta = 1$	$S_\theta = S_\epsilon$
	面积 A_s	L^2	$S_{A_s} = S_l^2$	$S_{A_s} = S_l^2$	$S_{A_s} = \dfrac{S_\sigma S_l^2}{S_\epsilon}$
荷载	集中荷载 P	F	$S_p = S_\sigma S_l^2$	$S_p = S_l^2$	$S_p = S_\sigma S_l^2$
	线荷载 ω	FL^{-1}	$S_\omega = S_\sigma S_l$	$S_p = S_l$	$S_\omega = S_\sigma S_l$
	面荷载 q	FL^{-2}	$S_q = S_\sigma$	$S_q = 1$	$S_q = S_\sigma$
	力矩 M	FL	$S_M = S_\sigma S_l^3$	$S_M = S_l^3$	$S_M = S_\sigma S_l^3$

6.2.4　量纲分析

(1) 量纲分析法

量纲的概念是在研究物理量的数量关系时产生的,它用于区别量的种类,而不是区别量的度和值。如测量距离用米、厘米、英尺等不同的单位,但它们都属于长度这一种类,因此把长度称为一种量纲,以 L 表示。时间种类用时、分、秒、微秒等单位表示,它是有别于其他种类的另一种量纲,以 T 表示。通常每一种物理量都对应于一种量纲。例如表示重量的物理量 W,它属于力,用量纲 F 表示,对于无量纲的量用 1 表示。

用方程式分析法推导相似准数时,要求现象的规律必须能用明确的数学方程式表示,然而在实践中,许多研究问题的规律事先并不很清楚,在模型设计之前一般不能提出明确的数学方程。这时,可以用量纲分析法求得相似条件。量纲分析法不需要建立现象的方程式,而只要确定研究问题的影响因素和相应的量纲即可。

在一切自然现象中,各物理量之间存在着一定的联系。在分析一个现象时,可用参与该现象的各物理量之间的关系方程来描述,因此各物理量和量纲之间也存在着一定的联系。如果选定一组彼此独立的量纲作为基本量纲,而其他物理量的量纲可由基本量纲组成,则这些量纲称为导出量纲。在量纲分析中有两种基本量纲系统:绝对系统和质量系统。绝对系统的基本量纲为长度、时间和力,而质量系统的基本量纲是长度、时间和质量。常用物理量及物理常数的量纲见表 6-4。

表 6-4　常用物理量及物理常数的量纲

物理量	质量系统	绝对系统	物理量	质量系统	绝对系统
长度	L	L	温度	Θ	Θ
时间	T	T	速度	LT^{-1}	LT^{-1}
质量	M	$FL^{-1}T^2$	加速度	LT^{-2}	LT^{-2}
力	MLT^{-2}	F	角度	1	1

续表

物理量	质量系统	绝对系统	物理量	质量系统	绝对系统
角速度	T^{-1}	T^{-1}	密度	ML^{-3}	$FL^{-4}T^2$
角加速度	T^{-2}	T^{-2}	弹性模量	$ML^{-1}T^{-2}$	FL^{-2}
压强和应力	$ML^{-1}T^{-2}$	FT^{-2}	泊松比	1	1
力矩	ML^2T^{-2}	FL	动力黏度	$ML^{-1}T^{-1}$	$FL^{-2}T$
能量、热	ML^2T^{-2}	FL	运动黏度	L^2T^{-1}	L^2T^{-1}
冲量	MLT^{-1}	FT	线热胀系数	Θ^{-1}	Θ^{-1}
功率	ML^2T^{-3}	FLT^{-1}	比热	$L^2T^{-2}\Theta^{-1}$	$L^2T^{-2}\Theta^{-1}$
面积二次距	L^4	L^4	热容量	$ML^{-1}T^{-2}\Theta^{-1}$	$FL^{-2}\Theta^{-1}$
质量惯性矩	ML^2	FLT^2	导热系数	$MT^{-3}\Theta^{-1}$	$FL^{-1}T^{-1}\Theta^{-1}$
表面张力	MT^{-2}	FL^{-1}	阻尼比	1	1
应变	1	1			

（2）量纲的相互关系

量纲之间的相互关系可简要归结如下：

① 两个物理量相等，是指不仅数值相等，而且量纲也要相同。

② 两个同量纲参数的比值是无量纲参数，其值不随所取单位的大小而变。

③ 一个完整的物理方程式中，各项的量纲必须相同，方程才能用加、减并用等号联系起来。这一性质称为量纲和谐。

④ 导出量纲可和基本量纲组成无量纲组合，但基本量纲之间不能组成无量纲组合。

⑤ 若在一个物理方程中共有几个物理参数 x_1，x_2，$\cdots$，x_n 和 k 个基本量纲，则可组成 $n-k$ 个独立的无量纲组合。无量纲参数组合简称"π数"。用公式的形式可表示为：$f(x_1$，x_2，$\cdots$，$x_n)=0$，改写成 $\varphi(\pi_1$，π_2，$\cdots$，$\pi_{n-k})=0$；这一性质称为 π 定理。

根据量纲的关系，可以证明两个相似物理过程相对应的 π 数必然相等，仅仅是相应各物理量间数值大小不同。这就是用量纲分析法求相似条件的依据。

6.3 模型设计

模型设计是模型试验是否成功的关键，因此在模型设计中不仅仅需要确定模型的相似条件，而应综合考虑各种因素，如模型的类型、模型材料、试验条件以及模型制作条件等，以确定出合适的物理量的相似常数。

6.3.1 模型的类型

结构模型通常分为弹性模型、强度模型和间接模型。

（1）弹性模型

弹性模型试验的目的是要从中获得原型结构在弹性阶段的资料，其研究范围仅限于结构的弹性阶段。它常用在钢筋（或型钢）混凝土结构、砌体结构的设计过程中，用以验证新型结构的设计计算方法是否正确或为设计计算提供某些参数。目前来说，结构动力试验模型一般都是弹性模型。弹性模型的制作材料不必与原型结构的材料完全相似，只需模型材料在试验过程中具有完全的弹性性质。

（2）强度模型

强度模型试验的目的是探讨原型结构的极限强度、极限变形以及在各级荷载作用下结构的性能，它常用于钢筋（或型钢）混凝土结构、钢结构的弹塑性性能研究。这种模型试验的成功与否很大程度上取决于模型与原型的材料（混凝土和钢材）性能的相似程度。目前来说，钢筋（或型钢）混凝土结构的小比例强度模型只能做到不完全相似的程度，主要的困难是材料的完全相似难以满足。

（3）间接模型

间接模型试验的目的是要得到关于结构的支座反力、弯矩、剪力、轴力等内力的资料，因此间接模型并不要求与原型结构直接相似。如框架的内力分布主要取决于梁、柱等构件之间的刚度比，梁、柱的截面形状不必直接与原型结构相似，为便于制作，可采用原型截面或型钢截面代替原型结构构件的实际截面。随着计算技术的发展，很多情况下间接模型试验完全可由计算机分析所取代，所以目前很少使用。

综上，应根据试验目的选择模型类型，验证结构的设计计算方法和测试结构动力特性时，一般选择弹性模型；研究结构的极限强度和极限变形性能时，选择强度模型。

6.3.2　模型设计的流程

（1）模型设计的程序

模型设计一般按照下列程序进行：

① 根据任务明确试验的具体目的和要求，选择适当的模型类型和模型制作材料。

② 针对课题所研究的对象，用方程式分析法或量纲分析法确定相似条件。

③ 根据现有试验设备的条件，确定出模型的几何尺寸，即几何相似常数。

④ 根据相似条件，定出其他相似常数。

⑤ 绘制模型施工图。

（2）模型几何尺寸

结构模型几何尺寸的变动范围较大，缩尺比例可以从几分之一到几百分之一，设计时应综合考虑模型的类型、制作条件及试验条件来确定出一个最优的几何尺寸。小模型所需荷载小，但制作较困难，加工精度要求高，对量测仪表要求亦高；大模型所需荷载大，但制作方便，对量测仪表可无特殊要求。一般来说，弹性模型的缩尺比例较小；而强度模型，尤其是钢筋（或型钢）混凝土结构的强度模型的缩尺比例较大，因为模型的截面最小厚度、钢筋间距、保护层厚度等方面都受到制作可能性的限制，不可能取得太小。目前最小的钢丝水泥砂浆板壳模型厚度可做到 3mm，最小的梁柱截面边长可做到 60mm。几种模型结构常用的缩尺比例见表 6-5。

表 6-5　模型的缩尺比例

结构类型	弹性模型	强度模型
建筑结构	1/50～1/4	1/10～1/2
高层建筑	1/60～1/20	1/10～1/5
板结构	1/25	1/10～1/4
风载作用结构	1/300～1/50	一般不用强度模型

续表

结构类型	弹性模型	强度模型
公路桥、铁路桥	1/25	1/20～1/4
反应堆容器	1/100～1/50	1/20～1/4
壳体	1/200～1/50	1/30～1/10
坝	1/400	1/75

对于某些结构，如薄壁结构，由于原型结构腹板原来就较薄，若为了满足几何相似条件按三维几何比例缩小制作模型就会产生模型制作工艺上的困难。这样就无法用几何相似设计模型，而需考虑采用非完全几何相似的方法设计模型，即所谓的变态模型设计。关于变态模型设计可参考有关的专著。

6.4　模型制作

6.4.1　模型材料

适用于制作模型的材料很多，但没有绝对理想的材料。因此正确地了解材料的性质及其对试验结果的影响，对于顺利完成模型试验往往有决定性的意义。

模型试验对模型材料有下列几项要求：

① 保证相似要求。要求模型设计满足相似条件，使模型试验结果可按相似常数相等条件推算到原型结构上去。

② 保证量测要求。要求模型材料在试验时能产生足够大的变形，使量测仪表有足够的读数。因此，应选择弹性模量适当低一些的模型材料，但也不能过低，避免因仪器防护、仪器安装装置或重量等因素而影响试验结果。

③ 要求材料性能稳定，不受温度、湿度变化的影响而发生较大变化。一般模型结构尺寸较小，对环境变化很敏感，其产生的影响远大于它对原型结构的影响，因此材料性能稳定是很重要的。

④ 要求材料徐变小。一切用化学合成方法生产的材料都有徐变，由于徐变是时间、温度和应力的函数，故徐变对试验的结果影响很大，而真正的弹性变形不应该包括徐变。

⑤ 要求加工制作方便。选用的模型材料应易于加工和制作，这对于降低模型试验费用是极为重要的。

一般来讲，对于研究弹性阶段应力状态的模型试验，模型材料应尽可能与一般弹性理论的基本假定一致，即材料均质，具有各向同性，应力与应变呈线性变化，且有不变的泊松比。对于研究结构全部特性（即弹性和强度以及破坏时的特性）的模型试验，通常要求模型材料与原型材料的特性相似，模型材料与原型材料最好一致。

模型设计中常采用的材料有金属、塑料、石膏、水泥砂浆以及微粒混凝土材料等。

(1) 金属

金属的力学特性大多符合弹性理论的基本假定。如果试验对量测的准确度有严格要求，则它是最合适的材料。在金属中，常用的材料是钢材和铝合金。铝合金允许有较大的应变量，并有良好的导热性和较低的弹性模量，因此金属模型中铝合金用得较多。钢和铝合金的

第 6 章

泊松比约为 0.30，比较接近于混凝土材料。虽然用金属制作模型有许多优点，但它存在一个致命的弱点是加工困难，这就限制了金属模型的使用范围。此外金属模型的弹性模量较塑料和石膏的都高，荷载模拟较为困难。

（2）塑料

塑料作为模型材料的最大优点是强度高而弹性模量低（约为金属弹性模量的 0.1～0.02），且加工容易；缺点是徐变较大，弹性模量受温度变化的影响也大，泊松比（约为 0.35～0.50）比金属及混凝土的都高，而且导热性差。可以用来制作模型的塑料有很多种，热固性塑料有环氧树脂、聚酯树脂，热塑性塑料有聚氯乙烯、聚乙烯、聚甲基丙烯酸甲酯（有机玻璃）等，而以有机玻璃用得最多。

有机玻璃是一种各向同性的均质材料，弹性模量为 $(2.3～2.6)\times10^3$ MPa，泊松比为 0.33～0.35，拉伸极限应力大于 30MPa。因为有机玻璃的徐变较大，试验时为了避免产生明显的徐变，应使材料中的应力不超过 7MPa，因为此时的应力已能产生 $2000\mu\varepsilon$，对于一般应变测量已能保证足够的精度。

有机玻璃材料市场上有各种规格的板材、管材和棒材，给模型加工制作提供了方便。有机玻璃模型一般用木工工具就可以加工，用胶黏剂或热气焊接组合成型。通常采用的黏结剂是将氯仿和有机玻璃粉屑拌和而成的黏结剂。由于材料是透明的，所以连接处的任何缺陷都能很容易地检查出来。对于具有曲面的模型，可将有机玻璃板材加热到 110℃软化，然后在模子上热压成曲面。由于塑料具有加工容易的特点，故大量地用来制作板壳、框架、剪力墙及形状复杂的结构模型。

（3）石膏

用石膏制作模型的优点是加工容易、成本较低、泊松比与混凝土十分接近，且石膏的弹性模量可以改变；其缺点是抗拉强度低，且要获得均匀和准确的弹性特性比较困难。

纯石膏的弹性模量较高，而且很脆，凝结也快，故用作模型材料时，往往需掺入一些掺和料（如硅藻土、塑料或其他有机物）并控制用水量来改善石膏的性能。一般石膏与硅藻土的配比为 2，水与石膏的配比为 0.8～3.0，这样形成的材料的弹性模量可在 400～4000MPa 之间任意调整。值得注意的是，加入掺和料后的石膏在应力较低时是弹性的，而当应力超过破坏强度的 50％时出现塑性。

制作石膏模型首先按原型结构的缩尺比例制作好模子，在浇注石膏之前应仔细校核模子的尺寸，然后把调好的石膏浆注入模具成型。为了避免形成气泡，在搅拌石膏时应先将硅藻土和水调配好，待混合数小时后再加入石膏。石膏的养护一般存放在气温为 35℃及相对湿度为 40％的空调室内进行，时间至少一个月。由于浇注模型表面的弹性性能与内部不同，因此制作模型时先将石膏按模子浇注成整体，然后再进行机械加工（割削和铣）形成模型。

石膏被广泛地用来制作弹性模型，也可大致模拟混凝土的塑性工作。配筋的石膏模型常用来模拟钢筋混凝土板壳的破坏（如塑性绞线的位置等）。

（4）水泥砂浆

水泥砂浆相对于上述几种材料而言比较接近混凝土，但基本性能又无疑与含有大骨料的混凝土存在差别。所以，水泥砂浆主要用来制作钢筋混凝土板壳等薄壁结构的模型，而采用的钢筋是细直径的各种钢丝及铅丝等。

值得注意的是，未经退火的钢丝没有明显的屈服点。如果需要模拟热轧钢筋，应进行退火处理。细钢丝的退火处理必须防止因金属表面氧化而减小断面面积。

（5）微粒混凝土

微粒混凝土是在水泥砂浆的基础上，按相似比例对小粒径的骨料进行配合比设计，使模型材料的应力-应变曲线与原型相似。为了满足弹性模量相似，有时可用掺入石灰浆的方法来降低模型材料的弹性模量。微粒混凝土的不足之处是它的抗拉强度一般情况下比要求值高，这一缺点在强度模型中延缓了模型的开裂，而在不考虑重力效应的模型中，有时能弥补重力失真的不足，使模型开裂荷载接近实际情况。

（6）环氧微粒混凝土

当模型很小时，用微粒混凝土制作不易振捣密实，强度不均匀，易破碎，这时，可采用环氧微粒混凝土制作。环氧微粒混凝土由环氧树脂和具有一定级配的骨料拌和而成。骨料可采用水泥、砂等，但必须干燥。环氧微粒混凝土的应力-应变曲线与普通混凝土相似，但抗拉强度偏高。

（7）钢材

模型中采用的钢材特点是尺寸小，一般采用同种材性的钢材。由于许多小尺寸的型材采用冷拉技术制作，所以在用作模型材料时，应进行退火处理。

（8）模型钢筋

模型钢筋一般采用盘状细钢筋、镀锌铁丝，使用前要先拉直，而拉直过程是一次冷加工过程，会改变材料的力学性能，所以，使用前应进行退火处理。另外，目前使用的模型钢筋一般没有螺纹等表面压痕，不能很好地模拟原型结构中钢筋与混凝土的黏结。

（9）模型砌块

对于砌体结构模型，一般采用按长度相似比缩小的模型砌块。对于混凝土小砌块和粉煤灰砌块，可采用与原型相同的材料，在模型模子中浇注而成。对于黏土砖，可制成模型砖坯烧结而成，也可用原型砖切割而成。

6.4.2　模型试验应注意的问题

（1）模型的制作精度

模型尺寸的不准确是引起模型试验误差的主要原因之一。模型尺寸的允许误差范围与原型结构的允许误差范围一样，为±5%，但由于模型的几何尺寸小，允许的制作偏差绝对值就很小。因此，在制作模型时对其尺寸应倍加注意。

对于钢筋（或型钢）混凝土结构模型，模型尺寸包括截面几何尺寸、跨度及钢筋（或型钢）位置。模板对模型尺寸有重要的影响，制作模板的材料应体积稳定，不随温、湿度而变化。模板应达到机加工的精度。有机玻璃是效果较好的模板材料，为了降低费用，也可用表面覆有塑料的木材作模板。型铝也是常用的模板材料，它和有机玻璃配合使用相当方便。

模型钢筋一般都很细柔，其位置在浇捣混凝土时易受机械振动的影响，从而直接影响结构的承载能力。对于直线形构件常在两个端模板上钢筋位置处钻孔，使钢筋穿过孔洞并将钢筋稍微张紧以确保其位置。

（2）试件材料性能的测定

模型材料的各种性能，如应力-应变曲线、泊松比、极限强度等，都必须在模型试验之前就准确地测定。通常测定塑料的性能可用抗拉及抗弯试件；测定石膏、砂浆和微粒混凝土的性能可用各种小试件，形状可参照混凝土试件（如立方体，棱柱体等）。考虑到尺寸效应的影响，模型的材性小试件尺寸应和模型的最小截面或临界截面的大小基本相应。试验时要注意这些材料也有龄期的影响。对于石膏试件还应注意含水量对强度的影响；对于塑料应测定徐变的影响范围和程度。

（3）模型试件的尺寸

非弹性工作时的相似条件一般不容易满足，而小尺寸混凝土结构的力学性能的离散性也较大，因此混凝土结构模型的比例不宜太小，缩尺比例最好在 $1/25 \sim 1/2$ 之间。目前模型的最小尺寸（如板厚）可做到 $3 \sim 5mm$，而要求的骨料最大粒径不应超过该尺寸的 $1/3$。这些条件在选择模型材料和确定模型比例时应予以考虑。

（4）钢筋和混凝土之间的黏结力

钢筋和混凝土之间的黏结情况对结构非弹性阶段的荷载-变形性能以及裂缝的发生和发展有直接关系。尤其是当结构承受反复荷载（如地震作用）时，结构的内力重分布受裂缝开展和分布的影响，所以对黏结问题应予充分重视。由于黏结问题本身的复杂性，混凝土结构模型很难完全模拟结构的实际黏结力情况。在已有的研究工作中，为了使模型的黏结情况与原型结构的黏结情况接近，通常是使模型上所用钢筋产生一定程度的锈蚀或用机械方法在模型钢筋表面压痕，使模型结构黏结力和裂缝分布情况比用光面钢丝更接近于原型结构的情况。

（5）模型试验环境

小模型试验对于周围环境的要求比一般结构试验严格。对于有机玻璃等塑料模型，试验时温度变化不应超过 $\pm 1^{\circ}C$。小混凝土模型受温、湿度变化影响引起的收缩和温度应力等远比大的结构严重。环境变化对试验模型的复杂影响是远非在量测时布置温度补偿仪表所能解决的。所以一般应在试验过程中控制温、湿度的变化。

（6）模型荷载

模型试验的荷载必须事先仔细校正。如因模型较小，完全模拟实际的荷载情况有困难时，改加明确的集中荷载将比勉强模拟实际荷载更好，否则会在整理和推算量测结果时引起很大的误差。

（7）模型量测

小模型试验量测仪表的安装位置应特别准确，否则在将模型试验结果换算到原型结构上去时将引起较大的误差。此外，如果模型的刚度较小，则应注意量测仪表的重量、刚度等的影响。

综上所述，模型结构试验比一般结构试验要求更严格，因为在模型试验结果中较小的误差推算到原型结构则会形成不可忽略的较大的误差。因此，在模型试验的过程中应严格操作，采取各种相应的措施来减小误差，从而使试验结果更真实可靠。

如果在模型试验的过程中严格操作，采取各种相应的措施，试验结果是相当可靠的。对于钢筋（或型钢）混凝土结构的强度模型，当钢筋（或型钢）与混凝土之间的黏结力不是影响结构性能的主要因素时，由试验结果推算到原型结构的误差（主要指裂缝开展后的位移和承载能力）可控制在 15% 左右。需要注意的是钢筋（或型钢）混凝土原型结构本身的离散性就很大，最终在非线性阶段的差异可高达 20% 或 20% 以上。因此，要得出由其模型试验结果推算原型结构性能的误差，需要做相当数量的原型与模型结构的对比试验才能用统计方法得出有一定可信度的统计结果，这是钢筋（或型钢）混凝土强度模型试验有待解决的问题之一。

6.4.3 模型试验工程实例

(1) 港珠澳大桥组合连续箱梁模型试验

为了研究港珠澳大桥组合连续箱梁桥在施工过程和运营阶段，组合连续梁的受力状态和力学性能，分析在荷载作用下混凝土桥面板和钢箱梁的空间应力和挠度分布规律，明确在荷载作用下混凝土桥面板与钢箱梁的相对变形状况，运用结构模型相似理论，按照高度和宽度比例为1:5，纵向长度比例为1:10，以应力等效为原则，设计制作了2m×8.5m两跨组合连续箱梁桥试验模型，按照实际桥梁大节段整孔吊装施工工序对试验模型进行施工工序模拟，通过了解和掌握试验模型在荷载作用下的结构内力、变形和空间分布特征，以明确组合连续箱梁桥在运营阶段的力学性能。

① 原型结构。主梁采用单箱单室分幅等梁高组合连续梁，单幅桥宽 16.3m，梁高 4.3m，如图 6-7 所示。钢箱梁设计成倒梯形槽形结构，槽形钢箱梁主要由上翼缘板、腹板、底板、腹板加劲肋、底板加劲肋、横隔板以及横肋板组成。顶、底板及腹板采用 Q345qD 钢（属于桥梁结构钢），上翼缘板厚度为 24～48mm，宽 1200mm；腹板厚度为 18～28mm；底板厚度为 20～44mm，宽 6700mm。横隔板采用桁架式构造，间距 4m；桁架上弦杆采用 2L100mm×80mm×10mm 双角钢，斜腹杆采用 2Z140mm×140mm×12mm 双角钢，间距 4m，横隔板与横肋板交替布置。支座处横隔板采用实腹式构造，板厚 44mm，支座局部加劲肋厚度 40mm。

图 6-7 港珠澳大桥组合连续箱梁原型

② 模型制作。根据相似理论原理，采用模型与实桥应力相等为判据，拟定组合箱梁模型高度和宽度方向比例尺为1:5，纵向比例尺为1:10。根据选定的比例尺推导计算出主要物理量相似常数见表 6-6。

$$集中力:S_p=\frac{P_p}{P_m}=\frac{S_xS_y}{S_z}=12.5$$

$$弯矩:S_M=\frac{M_p}{M_m}=S_pS_z=125$$

$$线荷载:S_q=\frac{q_p}{q_m}=\frac{S_xS_y^2}{S_z^2}=1.25$$

$$挠度：S_f = \frac{f_p}{f_m} = \frac{S_p S_z^3}{S_x S_y^3} = 20$$

$$惯性矩：S_I = \frac{I_p}{I_m} = S_x S_y^3 = 625$$

$$面积：S_A = \frac{A_p}{A_m} = S_x S_y = 25$$

表 6-6   港珠澳组合箱梁桥试验模型各指标的相似常数

指标	集中力	挠度	线荷载	惯性矩	弯矩	面积
相似常数	12.5	20	1.25	625	125	25

根据计算出的相似常数，并考虑制作工艺、实验室等外在因素，最终确定试验模型的尺寸。长 8.5m，钢箱梁全宽为 1.34m，混凝土板全宽为 3.26m，组合梁高为 0.86m。试验模型梁模拟了实际桥梁的各构造细节，并按相似比要求进行配重。

试验模型断面设计模拟了实际截面的各个构造细节。负弯矩区采用组合梁支点横断面，其他部分采用普通横断面。为了满足试验模型竖向抗弯刚度的严格相似，对其局部钢板厚度进行微调以便于工厂加工。

为提高负弯矩区桥面板抗裂性能，特别研制了海洋环境下 C60 纤维混凝土。混凝土桥面板为预应力钢筋混凝土结构，左边跨采用普通海洋混凝土，右边跨和中支点附近 1.6m 范围内采用纤维海洋混凝土，桥面板混凝土分块布置图与结构模型如图 6-8、图 6-9 所示。

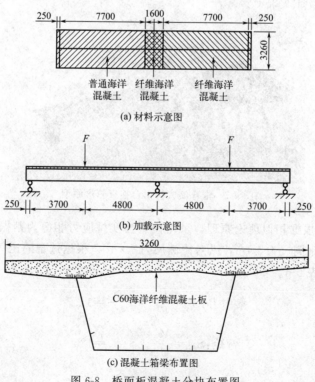

(a) 材料示意图

(b) 加载示意图

(c) 混凝土箱梁布置图

图 6-8   桥面板混凝土分块布置图

图 6-9　结构模型

③ 模型与原型的相似关系。由于各种外在因素的制约，模型与原型很难完全满足几何条件相似。设计时，应满足竖向抗弯刚度等主要参数的相似。表 6-7 为主要设计参数的最终采用值与理论值的差异。

表 6-7　试验模型的主要设计参数最终采用值与理论值差异

构件	设计参数	理论值	采用值	差值/%
支点断面	截面抗弯刚度	$2.10 \times 10^9 \, mm^4$	$2.11 \times 10^9 \, mm^4$	0.5
普通断面	截面抗弯刚度	$1.61 \times 10^9 \, mm^4$	$1.62 \times 10^9 \, mm^4$	0.6
混凝土桥面板	截面抗弯刚度	$5.65 \times 10^6 \, mm^4$	$5.78 \times 10^6 \, mm^4$	2.3
剪力钉	个数	1250 个	1264 个	1.1
横向预应力筋	张拉力	$7.26 \times 10^3 \, kN$	$7.31 \times 10^3 \, kN$	0.7
纵向预应力筋	张拉力	$1.09 \times 10^2 \, kN$	$1.12 \times 10^2 \, kN$	2.8

(2) 中华恐龙塔模型试验

黑龙江省嘉荫县中华恐龙塔建成于 2013 年 10 月，为我国当代建设最高的无筋石砌体结构建筑，属于超限建筑。砖石古塔是中国古代高层建筑的杰出代表和建筑艺术瑰宝，并且具有卓越的抗震性能，屹立千年而不倒。中华恐龙塔为仿古石塔建筑，是发扬中国古代特色建筑风格、延续民族建筑结构内涵的重要媒介，对填补我国对新建石结构塔体设计和其抗震性能研究的空白，具有重要的理论意义和工程价值。

① 原型结构。中华恐龙塔结构高度 40.66m，塔刹高 8.74m，建筑物总高度 49.40m。一层对边距离 13.86m，随层数增加对边距离逐渐减小。结构尺寸见表 6-8。

表 6-8　中华恐龙塔基本数据

层数	层高/mm	塔筒/mm			塔心柱/mm	
		墙厚	墙边长	对边距离	边长	对边距离
7	4800	1100	3865	9330	800	1940
6	4500	1230	4210	10160	1030	2500
5	4500	1600	4515	10900	1030	2500

第 6 章

续表

层数	层高/mm	塔筒/mm			塔心柱/mm	
		墙厚	墙边长	对边距离	边长	对边距离
4	4800	1970	4820	11640	1030	2500
3	4800	2340	5130	12380	1030	2500
2	5100	2710	5435	13120	1030	2500
1	6000	3080	5740	13860	1030	2500

该结构为仿木楼阁式的石结构建筑，采用筒中筒的结构体系，石材强度等级为 MU60，水泥砂浆强度等级为 M15。塔体由塔心柱、塔筒、连接梁、楼板、屋盖等花岗岩料石构件叠砌而成，其中塔心柱和塔筒分别为正八边形的实心和空心柱体，不同构件连接处采用榫卯连接。塔筒八个外转角处均设立圆形石柱，在石柱的梁托上及内、外筒的墙体上按等间隔设置仿木结构的石斗拱。立面上塔体自底层至顶层外筒半径逐层减小，外观上形成 7 级阶梯的且每阶截面不变的阶形建筑。塔体每层每边设一石拱券门或佛龛，门与龛的位置逐层、逐边互换。恐龙塔原型如图 6-10 所示。

图 6-10　中华恐龙塔原型

② 模型制作。针对本试验，研究目的主要是研究模型结构在地震作用下的动力特性和抗震性能、结构的薄弱部位、破坏形式和破坏机理，故选用强度试验模型。

试验所采用的材料与真型结构的材料相同，保证块材的强度特性和结构的变形性能。试验用石材为福建泉州天然花岗岩，强度指标经实验室实测 MU60 以上，水泥砂浆的强度等级与和易性与真型结构相近。模型石砌体结构的本构关系与原型石砌体的本构关系相近。原型结构塔刹为铜制空心管，模型塔刹选取材料为空心铁管。

由于塔体结构的特殊性，平面及立面形状、尺寸不规则，相应的石块材没有统一的尺寸规律，试验用块材须严格按尺寸设计与切割。绘制模型结构石块材结构排块施工图后，进行模型施工，严格按设计情况施工。建造完成后的模型总高度为 4.26m，其中模型台座高

0.3m，模型高度为 3.96m。模型总质量为 8t，无附加质量，满足相似关系，满足振动台输出能力。

③ 模型简化。由于模型尺寸较小，制作时进行了必要的简化。简化的原则是主要结构构件严格保持相似关系，附属构件在考虑施工条件的情况下，适当简化。构件节点按要求制作，在满足整体结构工作性能相似的关系下，个别构件的受力形式适当合理转化。简化见图 6-11 所示。

(a) 简化模型塔帽

(b) 简化模型石拱门

(c) 简化模型楼板

图 6-11　模型简化措施

a. 塔帽由石材整体雕刻而成。本试验主要考察模型塔的动力特性，鉴于原型塔帽结构布置复杂，按原型制作比较困难，易因制作不当人为造成结构的薄弱点，故将此部分整体制作，在保证其具有等效的质量的前提下，一方面可以简化模型的制作，另一方面并不影响研究石塔模型本身的动力特性。经过计算分析，将撩檐枋、补间、斗拱和飞檐等构件整合为一体，在不改变相似关系的基础上，适当地增强了塔帽的整体性，保证了传力路径的明确，降低了因个别细小的非结构构件连接不紧密对试验量测产生的误差 [图 6-11(a)]。

b. 石拱门的简化。原型所有门洞为石砌拱过梁，过梁中块材的受力形式为受压，模型结构中为降低施工难度，采用方形平整薄石板做过梁，虽然以受弯为主要受力形式，没有发挥石材优良的抗压性能，但也适当地增加了过梁的整体性能，并没有改变主要结构构件的受力形式与性能 [图 6-11(b)]。

c. 各层楼面的简化。原型塔中，楼板支承在八根梁上，梁又由斗拱支承，本试验模型以一层 25mm 厚石板代替其功能，每层由八块面积相等的等腰三角形楼板拼接成正八边形的楼层平面，归一化处理减少复杂施工程序的误差 [图 6-11(c)]，基本满足了等效的要求。

d. 附属结构和非结构构件简化。将原型结构的须弥座、挑檐、内部楼梯等构件去掉，模型中均以平板替代，略去栏杆等附属构件，其质量近似在挑出的平板中考虑，突出了结构试验灵活性的特点，并方便施工。

模型施工完毕后见图 6-12。

④ 模型与原型的相似关系见表 6-9。

(a) 石塔模型　　　　　　　　(b) 石塔模型吊装

图 6-12　结构模型

表 6-9　模型与原型的相似关系

类型	物理量	相似关系式	相似关系
材料特性	弹性模量 E	$S_E = \dfrac{E_m}{E_p}$	1
	密度 ρ	$S_\rho = \dfrac{\rho_m}{\rho_p}$	1
	质量 m	$S_m = \dfrac{m_m}{m_p}$	$\left(\dfrac{1}{12}\right)^3$
几何特性	长度 l	$S_l = \dfrac{l_m}{l_p}$	$\dfrac{1}{12}$
	位移 x	$S_x = \dfrac{x_m}{x_p}$	$\dfrac{1}{12}$
物理特性	应变 ε	$S_\varepsilon = \dfrac{\varepsilon_m}{\varepsilon_p}$	1
	剪应力 τ	$S_\tau = \dfrac{\tau_m}{\tau_p} = S_E S_\varepsilon$	1
动力特性	频率 f	$S_f = \dfrac{f_m}{f_p} = \sqrt{\dfrac{S_E}{S_l^2}}$	12
	加速度 a	$S_a = \dfrac{a_m}{a_p} = \dfrac{S_E}{S_l}$	12
	刚度 k	$S_k = \dfrac{k_m}{k_p} = S_\sigma S_l$	$\dfrac{1}{12}$
	时间 t	$S_t = \dfrac{t_m}{t_p} = \dfrac{1}{S_f}$	$\dfrac{1}{12}$
	剪力 Q	$S_Q = \dfrac{Q_m}{Q_p} = S_E S_l^2$	$\dfrac{1}{144}$

6.5　模型试验与仿真分析结合

6.5.1　有限元模型的应用

Abaqus 是一套功能强大的基于有限元方法的工程模拟软件，包含十分丰富的单元模式、材料模型以及分析过程，在求解高度非线性问题方面的能力十分优异，对土木行业具有较强的适用性。利用 Abaqus 软件进行建筑结构的 CAE 有限元分析，是目前建筑设计的一个发展方向，并将在建筑设计与优化中发挥越来越突出的作用。

（1）岩土工程

Abaqus 拥有能够真实反映土体性状的本构模型，可进行有效应力和孔压的计算，具有强大的接触面处理功能来模拟土与结构之间的脱开、滑移等现象，具备处理填土或开挖等岩土工程中的特定问题的能力，可以灵活、准确地建立初始应力状态。Abaqus 在岩土工程中的应用如图 6-13 所示。

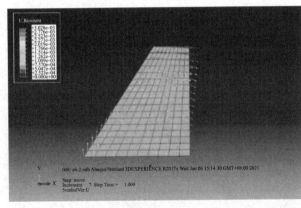

(a) 重力式挡土墙　　　　　　　　　(b) 滑坡过程

图 6-13　Abaqus 在岩土工程中的应用

（2）建筑结构工程

针对混凝土这种高度的非线性材料，Abaqus 提供的混凝土本构模型，可以适应不同的分析环境，可实现建筑结构力学分析、高层建筑结构阵型分析、高层剪力墙弹塑性动力学分析、框架结构地震响应分析、沥青混凝土开裂分析、建筑结构声场分析等。钢筋混凝土框架结构模型如图 6-14 所示。

（3）水利工程

Abaqus 强大的分析功能可解决水利工程涉及的水压力、温度场、渗流场、重力场作用以及温度场和力场、渗流场和力场的耦合等问题，进行防渗及水下冲击分析等。月坝体温度场分布模型如图 6-15 所示。

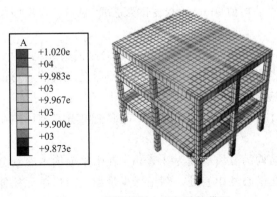

图 6-14　钢筋混凝土框架结构模型

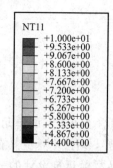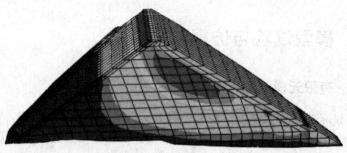

图 6-15　月坝体温度场分布模型

(4) 桥梁工程

桥梁结构涉及几何非线性问题，这是由于大位移、弯矩和轴力之间的相互作用而产生的，Abaqus 在处理非线性问题中具有无可比拟的优势，已在钢筋混凝土桥梁、结合桥梁、预应力混凝土箱形桥梁施工过程、大跨度桥梁以及地下结构等领域普遍适用。预应力混凝土箱梁桥模型如图 6-16 所示。

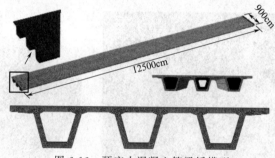

图 6-16　预应力混凝土箱梁桥模型

6.5.2　案例分析

本案例以中华恐龙塔模型石塔为原型（详见 6.4.3），使用 SAP2000 有限元程序进行分析，并且采用实体单元进行分析。SAP2000 实体单元有 6 个四边形面 8 个节点，每个节点具有 3 个平动自由度，采用 $2 \times 2 \times 2$ 高斯积分点计算应力，且向外插值到节点。它是基于包含 9 个可选择的非协调弯曲模式的等参公式。

(1) 模型建立

由本试验中块材厚度 25mm，砂浆层厚度平均值 8mm，水泥砂浆强度 M15，得出模型石砌体的弹性模量为 6600MPa。

密度与质量关联，影响结构的动力特性，重度则影响结构自重引起的竖向荷载的大小。依照现行《建筑结构荷载规范》，浆砌方石参考重度为 $26.4kN/m^3$，考虑到福建花岗岩石材的密度较大的特性，可取重度为 $28kN/m^3$。相应地，密度取 $2.8 \times 10^3 kg/m^3$（取 $g = 10m/s^2$）。根据《金属与石材幕墙工程技术规范》（JGJ 133—2001）中的规定，可取细料石石砌体泊松比为 0.125。

在竖向按石块厚度划分网格，针对模型结构的石块厚度为 2.5cm。在水平面内本着划分单元尽量规则的原则，每条边均分为 8 份。在塔心柱中心处，利用了少量由三角形单元拉伸得到的五面体单元。

针对本模型的对称性特点，建模时采用了极坐标形式，在中心与边缘过渡处，少量利用了五面体单元，建模效率高。划分后的有限模型图见图 6-17(b)。

(a) 模型石塔　　　　　　　　　　(b) 模型石塔有限元建模

图 6-17　有限元建模

（2）模型石塔振型分解反应谱法分析

采用振型分解反应谱法对模型石塔进行分析，得到其在各级地震作用下的变形情况。

由于模型石塔与原型石塔的几何尺寸比例为 1∶12，依据前文中得到的相似关系，为进行模型塔体的振型分解反应谱法的计算分析，需要对设计需求反应谱（地震影响系数曲线）做下述调整：

① 地震影响系数放大 12 倍，相当于将地震作用峰值加速度放大 12 倍；

② 将反应谱时间缩短 12 倍，将地震影响系数曲线"挤窄"，原最长周期 6 秒变成了 0.5 秒。

表 6-10 是各级设防烈度计算结果的汇总。

表 6-10　反应谱法计算的模型石塔最大反应

设防烈度	顶层侧移/mm	最大层间位移/mm	最大层间转角/($\times 10^{-4}$rad)	转角（分数表示）
6	0.343	0.089	1.874	1/5336
7	0.601	0.148	3.116	1/3209
8	1.371	0.349	7.347	1/1361

从振型分解反应谱法的计算来看，石塔的最大层间转角较小，满足前述层间位移角的限制条件，模型结构在 8 度时处于弹性阶段，结构安全。

（3）模型石塔在地震作用下的模拟（以 6 度为例）

与试验相对应，进行了地震作用下的石塔模拟分析，采用的地震波有 ELCentro 波、Taft 波和人工波。

规范中针对抗震设防烈度为 6 度地区的多遇地震作用下，时程分析所用地震加速度时程曲线的最大值为 18gal。依据模型的相似关系，模型塔体在遭遇 6 度多遇地震作用下的加速度峰值相应调整为 18gal×12＝216gal。6 度设防时，模型石塔在地震作用下的具体反应数值见表 6-11 所示。

表 6-11　模型在 6 度多遇（216gal）地震作用下的反应

楼层	整体侧移/mm				层间位移角/（×10⁻⁴ rad）			
	EL Centro 波	Taft 波	人工波	平均	EL Centro 波	Taft 波	人工波	平均
7	0.234	0.311	0.433	0.326	1.31	1.37	2.42	1.70
6	0.172	0.246	0.318	0.245	1.07	1.44	2.34	1.62
5	0.132	0.192	0.230	0.185	0.91	1.44	1.65	1.33
4	0.098	0.137	0.168	0.134	0.85	1.18	1.45	1.16
3	0.064	0.090	0.110	0.088	0.75	0.98	1.15	0.96
2	0.034	0.051	0.064	0.050	0.54	0.75	1.04	0.78
1	0.011	0.019	0.020	0.017	0.22	0.38	0.40	0.33

从表中可以看出，按 6 度设防时，在人工波作用下，石塔反应最强，其最大整体侧移达到 0.433mm，最大的层间位移角 $2.42×10^{-4}$ rad（1/4132），Taft 波和 EL Centro 波作用下反应相对较弱，分别为 0.311mm 和 0.234mm，对应的层间位移角为 $1.37×10^{-4}$ rad 和 $1.31×10^{-4}$ rad，三种波作用下的平均最大整体侧移为 0.326mm，平均最大层间位移角 $1.70×10^{-4}$ rad（1/5882）。层间位移角满足弹性阶段限值，模型处于弹性阶段。

图 6-18 给出了反应最强的作用下的石塔应力情况，具体的结果见表 6-12。在 216gal 的人工波作用下，结构处于弹性阶段，模型石塔没有出现拉应力，最大应力为 −0.005MPa，结构安全。

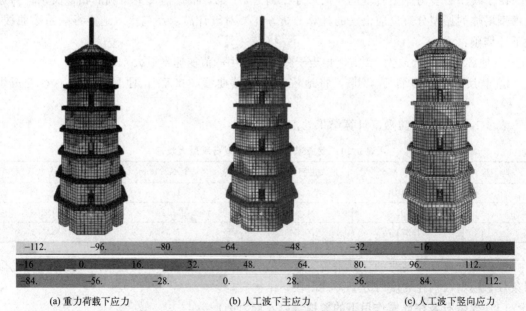

−112.	−96.	−80.	−64.	−48.	−32.	−16.	0.
−16	0.	16.	32.	48.	64.	80.	96.	112.
−84.	−56.	−28.	0.	28.	56.	84.	112.

(a) 重力荷载下应力　　　　　(b) 人工波下主应力　　　　　(c) 人工波下竖向应力

图 6-18　模型在 6 度多遇人工波地震作用下的应力

由表 6-12 可以看出，竖向应力与主应力数值非常接近，经分析知此时主应力方向与竖向应力方向接近。

表 6-12　模型在 6 度多遇（216gal）地震作用下的应力　　　单位：MPa

分项	最大应力				竖向应力			
	EL Centro 波	Taft 波	人工波	平均	EL Centro 波	Taft 波	人工波	平均
7	−0.014	−0.012	−0.005	−0.010	−0.014	−0.014	−0.005	−0.011
6	−0.020	−0.015	−0.008	−0.014	−0.017	−0.015	−0.007	−0.013
5	−0.015	−0.015	−0.011	−0.014	−0.016	−0.016	−0.009	−0.015
4	−0.018	−0.016	−0.009	−0.014	−0.020	−0.016	−0.009	−0.015
3	−0.030	−0.024	−0.018	−0.024	−0.029	−0.025	−0.017	−0.024
2	−0.029	−0.024	−0.008	−0.020	−0.033	−0.025	−0.020	−0.026
1	−0.032	−0.025	−0.005	−0.021	−0.060	−0.056	−0.007	−0.053

思考题

在线题库

1. 什么是结构模型试验？基本概念是什么？有哪些特点？适用于哪些范围？

2. 为什么模型设计时首先要确定相似条件？采用何种方法确定相似条件？

3. 量纲分析法的基本概念是什么？量纲间相互关系有哪些？

4. 模型设计的设计程序和步骤是什么？

5. 用于模型试验的材料应满足哪些要求？

6. 在模型试验中应注意哪些问题？

第 7 章
静载试验

7.1 概述

  土木工程结构在其服役期间会受到重力荷载、地震作用、风荷载等直接作用以及温度变化、地基不均匀沉降、其他环境影响以及结构内部的物理、化学作用等间接作用的影响。要保证结构在这些作用下安全、稳定、耐久，就要对结构在这些作用下的各种反应进行测试。

  其中直接作用就是荷载的作用，一般将其分成静荷载和动荷载两类，任何结构会都受到静载作用的影响，且大多数情况下静载在结构所承受的荷载中占绝对的主导地位，对于受到的动荷载而言，若是动力荷载引起的结构动力反应相对静力反应很小，则可以将其忽略，若不可忽略，则可以通过测定结构有关特性参数或进行静、动力试验对比等来简化动力荷载计算。除此之外，结构静载试验还具有使用的技术设备简单、容易实现等特点，虽然随着科学技术的不断发展，产生了很多新型的试验方法，且结构在动力荷载作用下的反应已经更加受到人们的重视，但静载试验依然是结构试验中最常见、最大量也是最基本的试验，在结构的研究、设计、施工中仍起着主导作用，是一种比较成熟、常规的试验检测方法。

7.1.1 静载试验的概念

  结构静载试验就是通过对结构构件施加静荷载，并采用各种检测方法和手段对结构的各种反应（如：位移、应变、裂缝等）进行观测和分析，以得到对结构构件强度、刚度、稳定性的正确评估，从而了解结构的工作性能、正常使用性能和承载能力。

  严格地说，结构受到的荷载，静是相对的，而动是绝对的。静载试验中的静荷载指的是，在其作用下，结构的反应不随时间推移产生明显变化，结构不产生加速度反应，或产生的加速度反应很小可以忽略的荷载，即加荷导致结构本身运动的加速度效应（惯性力效应）可以忽略不计。

7.1.2 静载试验分类及用途

  结构试验可以根据试验目的、试验对象、荷载作用时间、试验场地、是否破坏等进行分类，除了以上这些分类方法之外，静载试验根据加载制度的不同可分为单调静力荷载试验、拟静力试验和拟动力试验。

  单调静力荷载试验是指试验荷载逐渐单调增加到结构破坏或预定的状态目标，研究结构受力性能的试验，适用于受剪、扭等最基本作用的梁、板、柱和砌体等系列构件。通过单调加载静力试验可以研究各种基本作用单独或组合作用下试件荷载和变形的关系；对于混凝土构件尚可研究荷载与开裂的相关关系及反映结构试件变形与时间关系的徐变问题；对于钢结构构件则可研究局部或整体失稳问题；对于框架、屋架、壳体、折板、网架、桥梁、涵洞等由若干基本试件组成的扩大试件，在实际工程中除了有必要研究与基本试件相类似的问题外，尚可研究构件间相互作用的次应力、内力重分布等问题；对于整体结构，通过单调加载静力试验能揭示结构空间工作、整体刚度、非承重构件和某些薄弱环节对结构整体工作的影响等方面的某些规律。

拟静力试验也称为伪静力试验或低周反复荷载试验，属于工程结构抗震试验。其基本原理是用低周往复循环加载的方法对结构构件进行静力试验，试验中控制结构的变形值或荷载量，使结构试件在正反两个方向反复加载和卸载，用以模拟结构在地震作用下的受力过程。这种试验加载方法的目的是用静力方法研究地震作用下结构构件的受力和变形性能。通过试验获得结构构件超过弹性极限后的荷载-变形性能和破坏特征，用以比较和验证抗震构造措施的有效性和确定结构的抗震极限承载能力的可靠性，进而为建立数学模型进行结构抗震非线性计算机分析提供依据。

拟动力试验又称联机试验，是将地震反应所产生的惯性力作为荷载加在试验结构上，使结构所产生的非线性力学特征与结构在实际地震作用下所经历的真实过程完全一致。但是，这种试验是用静力方式进行的而不是在振动过程中完成的，故称拟动力试验。

拟静力试验和拟动力试验主要解决结构抗震问题，在第九章进行详细介绍，本章主要介绍单调静力荷载试验中加载、量测、试验方案制定、数据整理以及结构性能评定的内容。

7.2　静载试验观测案例分析

前文中已经介绍了结构试验确定测点位置、观测项目的基本方法，接下来针对几个比较常见的试验进行具体的介绍。

7.2.1　受弯试件试验的测点布置

板、梁、屋架等受弯试件的最大挠度由其相应的设计规范规定的最大挠度允许值控制，试验时应量测最大挠度值作为控制整体变形的依据。因此，除应在跨中或挠度最大位置部位量测外，还应同时量测支座沉降、压缩变形以及悬臂式结构试件由于试验装置、支墩变形等因素引起的固端转动，在实测数据中消除由此产生的误差和影响。

（1）挠度测量

梁的挠度值是量测数据中最能反映其整体工作性能的一项指标，因为梁的任何部位的异常变形或局部破坏都将通过挠度或挠度曲线反映出来。在受弯试件中，主要是测定跨中最大挠度值 f_{max} 及弹性挠度曲线。

为求跨中最大挠度 f_{max}，最少要布置 3 个挠度测点，如图 7-1(a) 所示。对挠度较大的梁，为保证测量结果的可靠性，并获得梁在变形后的弹性挠度曲线，则相应地要增加至 5～7 个测点，并沿梁的跨间对称布置，如图 7-1(b) 所示。

为求跨中最大挠度，必要时应考虑在截面的两侧布置测点，此时各截面的挠度应取两侧仪器读数的平均值。安装在支座的位移传感器用于测量支座的垂直位移，且安装仪器的表架应离开支座一定的距离，其位移测量值记为 f_1 和 f_5，梁跨中点位移传感器的测量值记为 f_3，则梁的中点挠度实测值为 $f_{中} = f_3 - (f_1 + f_5)/2$。量测预应力混凝土受弯试件的整体变形时，尚需考虑试件在预应力作用下的反拱值。

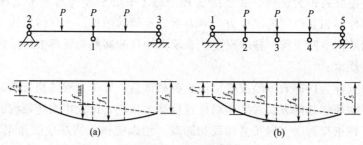

图 7-1　钢筋混凝土简支梁挠度测点布置

（2）应变测量

梁板试件的应变分布规律是静载试验的一个重要测量项目。试验时要测量由于弯曲产生的应变，一般在梁承受正负弯矩最大的截面或弯矩有突变的截面上布置测点。对于变截面梁，应在抗弯控制截面上布置测点，有时，需要在截面突然变化的位置布置测点。主要观测受压区混凝土最大压应变、纵向受拉钢筋应变、抗剪试验中箍筋和弯起钢筋的应变、沿截面高度的应变变化等内容。

在实验室内进行的钢筋混凝土梁板试验，混凝土表面应变测量常使用电阻应变计，如果只要求测量弯矩引起的最大应力，则只需在截面上下边缘纤维处粘贴应变计。为了减少误差，上下纤维处的仪表应设在梁截面的对称轴上，如图 7-2（a）所示，或是在对称轴的两侧各设一个仪表，取其平均应变量。

对于钢筋混凝土梁，由于材料的非弹性性质，梁截面上的应力分布往往是不规则的。为了求得截面上应力分布的规律和确定中和轴的位置，需要增加一定数量的应变测点，一般情况下沿截面高度至少需要布置五个测点。如果梁的截面高度较大时，还可沿截面高度增加测点数量，一般可取 6 个点。测点愈多，中和轴位置确定愈准确，截面上应力分布的规律愈清晰。应变测点沿截面高度的布置可以是等距的，也可以是不等距而外密里疏的，以便比较准确地测得截面上较大的应变，如图 7-2（b）所示。

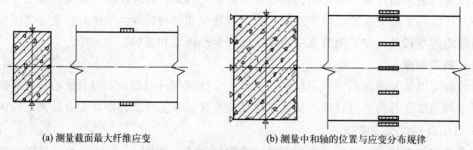

(a) 测量截面最大纤维应变　　　　　　　(b) 测量中和轴的位置与应变分布规律

图 7-2　测量梁截面应变测点布置

钢筋应变测量，采用预埋和预留两种方式，预埋是在浇筑混凝土前将电阻应变计粘贴在钢筋表面并做好防护处理，再浇筑混凝土，引出导线。预留是在浇筑混凝土时在钢筋应变测点处预留孔洞，拆模后粘贴应变计或焊接脚标，如图 7-3 所示。除应变计外，如光纤式应变传感器、振弦式应变传感器、弓形应变计等表面安装式的应变传感器，常用于非破坏性的静载试验和现场结构试验。表面安装式应变传感器的测量数据准确，使用方便，且可以无线测量。

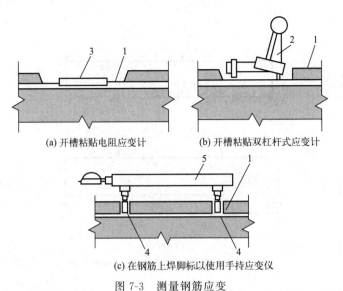

(a) 开槽粘贴电阻应变计　　　　(b) 开槽粘贴双杠杆式应变计

(c) 在钢筋上焊脚标以使用手持应变仪

图 7-3　测量钢筋应变

1—钢筋；2—双杠杆式应变计；3—电阻应变计；4—手持式应变仪脚标；5—手持式应变仪

(3) 应力测量

一般结构静力试验的主要目的之一是研究结构或构件关键截面的应力分布情况。试验时，截面应力由截面上的应变测量数据，通过计算或已知的应力-应变曲线得出应力值。根据试验测试的需要，受弯试件试验中应力测量主要包括单向应力测量、平面应力测量、梁腹筋应力测量、翼缘与孔边应力测量等。

单向应力测量，在梁的纯弯曲区域内，梁截面上仅有正应力，无剪应力，在该处截面上可仅布置单向的应变测点，如图 7-4 截面 1—1 所示。

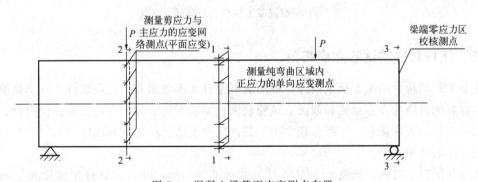

图 7-4　混凝土梁截面应变测点布置

钢筋混凝土梁受拉区混凝土开裂后，由于该处截面上混凝土部分退出工作，此时布置在混凝土受拉区的仪表就丧失量测作用。为了进一步探求截面的受拉性能，常常在受拉区的钢筋上也布置测点以便量测钢筋的应变，由此可获得梁截面上内力重分布的规律。

7.2.2　裂缝测点布置

裂缝测量的目的是测定钢筋混凝土梁的抗裂性能。测量项目：裂缝出现时间、裂缝宽度。垂直裂缝，一般产生在弯矩最大的受拉区段，在该区段连续布置测点，如图 7-5

所示。

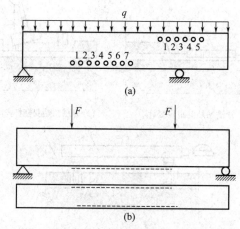

图 7-5   钢筋混凝土受拉区裂缝测点布置

斜截面上的主拉应力裂缝，经常出现在剪力较大的区域内。对于箱形截面或工字形截面，腹板的中和轴或腹板与翼缘相交接的区段常是主拉应力较大的部位，该区段的测点布置如图 7-6 所示。

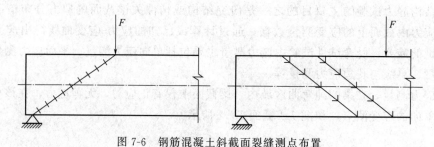

图 7-6   钢筋混凝土斜截面裂缝测点布置

7.2.3   压杆和柱的试验测点布置

柱是工程结构中的基本承重构件，钢筋混凝土柱大多数属偏心受压试件。柱子试验时的测试内容有侧向挠度变形量测和截面上应变量测；安装和加载方法有卧位和正位两种。

试验项目：破坏荷载、各级荷载作用下的侧向挠度值、控制截面或区域的应力变化规律以及裂缝开展情况。

柱（与压杆）的侧向挠度变形量测可与受弯试件相同，除量测试件中部最大侧向位移外，可按侧向五点布置法量测挠度变形曲线。如图 7-7 所示，图（a）为测点布置图，图（b）为破坏后的情况。混凝土柱子常用测试内容与测点布置具体如下：

挠度：百分表或位移传感器，侧向 5 点布置。

混凝土应变：应变片＋应变仪，应变片后贴，受压区边缘两排布置，沿截面高度布置 5～7 个；

钢筋应变：钢筋应变计，施工时预埋。

荷载：力传感器，当采用卧位试验时，如图 7-7(c) 所示，可以与受弯试件量测挠度的布点方法一样。两端一般采用刀口支座或可动铰支座。

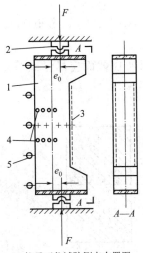

(a) 柱子正位试验测点布置图
1—试件；2—铰支座；3—应变计；
4—应变计测点；5—挠度计

(b) 柱子正位试验破坏情况

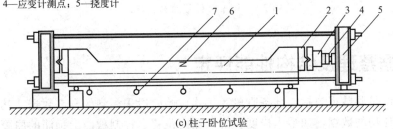

(c) 柱子卧位试验
1—试件；2—铰支座；3—加载器；4—传感器；5—荷载支撑架；6—电阻应变计；7—挠度计

图 7-7　柱子试验测点布置

7.2.4　屋架试验的测点布置

（1）挠度和节点位移测点布置

挠度测点：对屋架挠度测点应布置在下弦杆跨中或最大挠度的节点位置上，需要时亦宜在上弦杆节点处布置测点；量测挠度曲线的测点应沿跨度方向各下弦节点处布置，如图 7-8 所示。

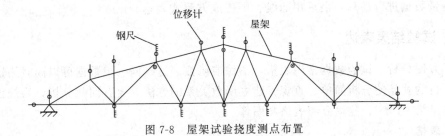

图 7-8　屋架试验挠度测点布置

水平位移测点：同时量测结构在水平推力作用下沿跨度方向的水平位移。内力测点：需要量测杆件内力，量测方法同上轴心和偏心受力试件。应变测点：需量测截面应变分布规律时，测点布置与受弯试件相同。

（2）屋架杆件内力测量

一般情况下，在一个截面上引起的内力最多有 3 个，即轴向力 F_N、弯矩 M_x、M_y；对于薄壁杆件则可能有 4 个，即增加扭矩。

钢筋混凝土整体浇捣的屋架，节点实际上为刚接，测点所在截面应尽量离节点远一些，如图 7-9 所示。

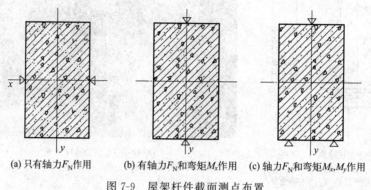

(a) 只有轴力 F_N 作用　　(b) 有轴力 F_N 和弯矩 M_x 作用　　(c) 轴力 F_N 和弯矩 M_x、M_y 作用

图 7-9　屋架杆件截面测点布置

7.3　数据整理及结构性能评定

静力试验的量测数据包括在准备阶段和正式试验阶段采集到的全部数据。其中一部分是对试验起控制作用的数据，如最大挠度、最大侧向位移、控制截面上钢筋的屈服应变及混凝土极限拉、压应变等，应在试验过程中随时整理，以便指导整个试验过程的进行。其他大量测试数据的整理分析工作，可在试验后进行。

7.3.1　试验原始资料整理

在原始记录数据整理过程中，应特别注意读数及读数差值的反常情况，如仪表指示值与理论计算值相差很大，甚至有正负号颠倒的情况，应对出现这些现象的规律性进行分析，并找出原因。一般有两方面原因：一方面由于试验结构本身发生裂缝、节点松动、支座沉降或局部应力达到屈服而引起数据突变；另一方面是由于测试仪表工作不正常。凡不属于差错或主观造成的仪表读数突变都不能轻易舍弃，待以后分析时再做判断处理。本节针对静载试验中常见测量数据进行整理，最后用曲线、图表或方程式表达。

7.3.2　试验结果表达

为了方便分析，试验数据常用表格，图像或函数表达。同一组数据可以同时用这三种方法表达，目的就是使分析简单、直观。建立函数关系的方法主要有回归分析，系统识别等方法（请参见第 13 章），这里介绍表格和图像。

（1）表格

表格是最基本的数据表达方法，无论绘制图像还是建立函数表达式，都需要数据表。表格分为汇总表格和关系表格两大类。汇总表格把试验结果中的主要内容或试验中的某些重要数据汇集于一个表格中，起着类似于摘要和结论的作用，表中的行与行、列与列之间没有必然的关系；关系表格是把相互有关的数据按一定的格式列于表中，表中行与行，列与列之间有一定的关系，它的作用是使有一定关系的若干变量的数据更加清楚地表示出变量之间的关系和规律。

表格的形式不拘一格，关键在于完整、清楚地显示数据内容。对于工程检测试验记录表格，表格内容除了记录数据外，还应适当包括工程名称、委托单位、检测单位、检测日期、气象环境条件、仪器名称、仪器编号及试验、测读、记录、校核、项目负责人的签字等项内容。

(2) 图像

表格的直观性不强，试验数据经常用图像表达，图像表达方式有曲线图、形态图、直方图和馅饼图等。试验中常用曲线图表达数据关系，用形态图表达试件破坏形态和裂缝扩展形态。

① 曲线图。对于定性分析和整体分析来说，曲线图是最合适的方法，它可以直观地反映数据的最大值、最小值、走势、转折。选择适当的坐标系、坐标参数和坐标比例，有时对于反映数据规律是相当重要的。试验分析中常用直角坐标反映试验参数间的关系。直角坐标系只能反映两个变量间的关系。有时会遇到变量不止两个的情况，这时可采用"无量纲变量"作为坐标来表达。组合试验参数作为坐标轴，应根据分析目标而定，同时还要有专业的知识并仔细地考虑。不同的坐标比例和坐标原点会使曲线变形、平移，应选择适当的坐标比例和坐标原点使曲线特征突出并占满整个坐标系。绘制曲线时，运用回归分析的基本概念，使曲线通过较多的试验点，并使曲线两旁的试验点大致相等。

② 形态图。试验过程中，应在试件上按裂缝展开面和主侧面绘出其开展过程并注上出现裂缝的荷载值及宽度、长度，直至破坏。待试验结束后用照相或用坐标纸按比例作描绘记录。此外，结构破坏形式、截面应变图都可以采用绘图方式记录。

除上述的试验曲线和图形外，根据试验研究的结构类型、荷载性质、变形特点等，还可以绘出一些其他结构特性曲线，如超静定结构的荷载反力曲线、节点局部变形曲线、节点主应力轨迹图等。

7.3.3 应变测量结果分析

通过应变测量结果分析，可得到截面内力、平面应力状态。

7.3.3.1 截面弹性内力计算

通过对轴向受力、拉弯、压弯等试件的实测应变分析，可以得到试件的截面弹性内力。

(1) 轴向拉、压试件

根据截面中和轴或最小惯性矩轴上布置的测点应变，截面轴向力可按下式计算：

$$N=\sigma \cdot A=\bar{\varepsilon}E \cdot A \tag{7-1}$$

式中 E、A——材料弹性模量和截面面积；

$\bar{\varepsilon}$——实测的截面平均应变 $\bar{\varepsilon}=\dfrac{1}{n}\sum \varepsilon_i$

(2) 单向压弯、拉弯试件

由材料力学知，截面边缘应力计算公式为：

$$\sigma_1=\frac{N}{A}\pm\frac{My_1}{I} \tag{7-2}$$

$$\sigma_2=\frac{N}{A}\pm\frac{My_2}{I} \tag{7-3}$$

注意到：$y_1+y_2=h$，$\sigma_1=\varepsilon_1E$，$\sigma_2=\varepsilon_2E$，则截面轴力及弯矩的计算公式为：

$$N=\frac{EA}{h}(\varepsilon_1y_2+\varepsilon_2y_1) \tag{7-4}$$

$$M=\frac{EA}{h}(\varepsilon_2-\varepsilon_1) \tag{7-5}$$

7.3.3.2　平面应力状态下的主应力和剪应力计算

对于梁的弯剪区、屋架端节点和板壳结构等在双向应力状态下工作部位的应力分析，需要计算其主应力的数值和方向以及剪应力的大小。当被测部位主应力方向已知时，则布置相互正交的双向应变测点进行量测，即可求得主应力。当主应力方向未知时，则要按不同的应变网络布置三向应变测点量测结果进行计算。对于线弹性均质材料的试件，可按材料力学主应力分析有关公式进行，计算时，弹性模量 E 和泊松比应取材料力学性能试验实际测定的数值。如无实测数据时，也可采用规范或有关资料提供的数值。若测点处的主应力方向已知，例如：柱子各横截面上的各个测点；局部荷载作用下简支梁未与荷载接触的上、下边缘；均布荷载作用下简支梁跨中截面上的各点等，如图 7-10 所示，这种单向应力状态的应力按下式计算：

$$\sigma=E\varepsilon \tag{7-6}$$

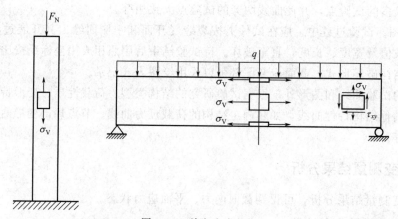

图 7-10　单向应力状态

对于仅有 σ_x、σ_y 的情形，如简支梁的集中荷载接触处，可将沿 x、y 轴方向布置的应变片测值 ε_x、ε_y，代入下式求解应力：

$$\left.\begin{array}{l}\sigma_x=\dfrac{E}{1-\nu^2}(\varepsilon_x+\nu\varepsilon_y)\\[2mm]\sigma_y=\dfrac{E}{1-\nu^2}(\varepsilon_y+\nu\varepsilon_x)\end{array}\right\} \tag{7-7}$$

在主应力方向不清楚的测点处，可布置 45°直角形应变花或 60°等边三角形应变花。主应力的大小及方向按表 7-1 所列公式计算。

表 7-1　材料力学主应力分析有关公式

受力状态	测点布置	主应力 σ_1,σ_2 最大剪应力 τ_{max} 及和0°轴线的夹角 θ
单向应力	1	$\sigma_1=E\varepsilon_1$ $\theta=0$

受力状态	测点布置	主应力 σ_1, σ_2 最大剪应力 τ_{max} 及和 0° 轴线的夹角 θ
平面应力（主方向已知）		$\sigma_1 = \dfrac{E}{1-\nu^2}(\varepsilon_1 + \nu\varepsilon_2)$ $\quad$ $\sigma_2 = \dfrac{E}{1-\nu^2}(\varepsilon_2 - \nu\varepsilon_1)$ $\tau_{max} = \dfrac{E}{2(1+\nu)}(\varepsilon_1 + \varepsilon_2)$ $\theta = 0$
平面应力		$\sigma_{1,2} = \dfrac{E}{2}\left[\dfrac{\varepsilon_1 + \varepsilon_3}{1-\nu} \pm \dfrac{1}{1+\nu}\sqrt{2(\varepsilon_1 - \varepsilon_2)^2 + 2(\varepsilon_2 - \varepsilon_3)^2}\right]$ $\tau_{max} = \dfrac{E}{2(1+\nu)}\sqrt{2(\varepsilon_1 - \varepsilon_2)^2 + 2(\varepsilon_2 - \varepsilon_3)^2}$ $\theta = \dfrac{1}{2}\arctan\left(\dfrac{2\varepsilon_2 - \varepsilon_1 - \varepsilon_3}{\varepsilon_1 - \varepsilon_3}\right)$
平面应力		$\sigma_{1,2} = \dfrac{E}{3}\left[\dfrac{\varepsilon_1 + \varepsilon_2 + \varepsilon_3}{1-\nu} \pm \dfrac{1}{1+\nu}\sqrt{2(\varepsilon_1 - \varepsilon_2)^2 + 2(\varepsilon_2 - \varepsilon_3)^2 + 2(\varepsilon_3 - \varepsilon_1)^2}\right]$ $\tau_{max} = \dfrac{E}{3(1+\nu)}\sqrt{2(\varepsilon_1 - \varepsilon_2)^2 + 2(\varepsilon_2 - \varepsilon_3)^2 + 2(\varepsilon_3 - \varepsilon_1)^2}$ $\theta = \dfrac{1}{2}\arctan\left(\dfrac{\sqrt{3}(\varepsilon_2 - \varepsilon_3)}{2\varepsilon_1 - \varepsilon_2 - \varepsilon_3}\right)$
平面应力		$\sigma_{1,2} = \dfrac{E}{2}\left[\dfrac{\varepsilon_1 + \varepsilon_4}{1-\nu} \pm \dfrac{1}{1+\nu}\sqrt{(\varepsilon_1 - \varepsilon_4)^2 + \dfrac{4}{3}(\varepsilon_2 - \varepsilon_3)^2}\right]$ $\tau_{max} = \dfrac{E}{2(1+\nu)}\sqrt{(\varepsilon_1 - \varepsilon_4)^2 + \dfrac{4}{3}(\varepsilon_2 - \varepsilon_3)^2}$ $\theta = \dfrac{1}{2}\arctan\left(\dfrac{2(\varepsilon_2 - \varepsilon_3)}{\sqrt{3}(\varepsilon_1 - \varepsilon_3)}\right)$ 校核公式：$\varepsilon_1 + 3\varepsilon_4 = 2(\varepsilon_2 + \varepsilon_3)$
平面应力		$\sigma_{1,2} = \dfrac{E}{2}\left[\dfrac{\varepsilon_1 + \varepsilon_2 + \varepsilon_3 + \varepsilon_4}{2(1-\nu)} \pm \dfrac{1}{1+\nu}\sqrt{(\varepsilon_1 - \varepsilon_3)^2 + (\varepsilon_4 - \varepsilon_2)^2}\right]$ $\tau_{max} = \dfrac{E}{2(1+\nu)}\sqrt{(\varepsilon_1 - \varepsilon_3)^2 + (\varepsilon_4 - \varepsilon_2)^2}$ $\theta = \dfrac{1}{2}\arctan\left(\dfrac{\varepsilon_2 - \varepsilon_4}{\varepsilon_1 - \varepsilon_3}\right)$ 校核公式：$\varepsilon_1 + \varepsilon_3 = \varepsilon_2 + \varepsilon_4$
三向应力		$\sigma_1 = \dfrac{E}{(1+\nu)(1-2\nu)}\left[(1-\nu)\varepsilon_1 + \nu(\varepsilon_2 + \varepsilon_3)\right]$ $\sigma_2 = \dfrac{E}{(1+\nu)(1-2\nu)}\left[(1-\nu)\varepsilon_2 + \nu(\varepsilon_3 + \varepsilon_1)\right]$ $\sigma_3 = \dfrac{E}{(1+\nu)(1-2\nu)}\left[(1-\nu)\varepsilon_3 + \nu(\varepsilon_1 + \varepsilon_2)\right]$

7.3.4 挠度计算

试件的挠度是指试件自身的变形，我们所测的是试件某点的沉降，因此要扣除支座影响。如图 7-11(a) 的简支梁，消除支座影响后实测跨中最大挠度 f_q^0 为：

$$f_q^0 = u_m^0 - \frac{u_l^0 + u_r^0}{2} \tag{7-8}$$

图 7-11(b) 中悬臂梁，消除支座影响后实测跨中最大挠度 f_q^0 为：

$$f_q^0 = u_1^0 - u_2^0 - l\tan\alpha \tag{7-9}$$

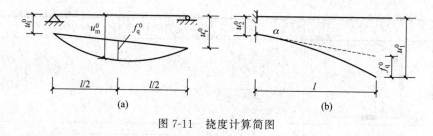

图 7-11   挠度计算简图

此外，计算试件实测挠度时还应加上试件自重、加载设备重等产生的挠度。试件实测短期挠度 f_s^0 计算公式如下：

$$f_s^0 = \varphi(f_q^0 + f_g^c) \tag{7-10}$$

式中 f_g^c——试件自重和加载设备重产生的挠度；

   φ——用等效集中荷载代替均布荷载时的加载图式修正系数。

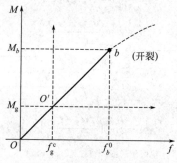

图 7-12   外差法确定自重挠定

由于仪表初读数是在试件和试验装置安装后读取，加载后测量的挠度值中未包括自重引起的挠度，因此计算时应予以考虑。f_g^c 的值可近似按试件开裂前的线性段外插确定，如图 7-12。也可按下式确定：

$$f_g^c = \frac{M_g}{\Delta M_b}\Delta f_b^0 \tag{7-11}$$

式中 ΔM_b，Δf_b^0——对于简支梁分别为开裂前跨中截面弯矩增量与相应跨中挠度增量，对于悬臂梁分别为固端截面弯矩增量与相应自由端挠度增量；

   M_g——试件与加载设备重产生的截面弯矩，对于简支梁为跨中截面弯矩，对于悬臂梁为固端截面弯矩。

7.3.5   结构性能评定

根据试验研究任务和目的的不同，试验结果的分析和评定方式也有所不同。为了探索结构内在的某种规律，或者检验某一计算理论的准确性或适用性，则需对试验结果进行综合分析，找出诸变量之间的相互关系，并与理论计算对比，总结出数据、图形或数学表达式作为试验研究结论。为了检验某种结构构件的某项性能，应根据其试验结果，依照国家现行标准规范《混凝土结构试验方法标准》（GB/T 50152—2012）的要求对某项结构性能做出评定。

进行结构性能评定，应根据构件类型及要求选择不同的检验项目，表 7-2 为预制构件结构性能检验的项目和检验要求。

表 7-2　预制构件结构性能检验的项目和检验要求

构件类型及要求	项目			
	承载力	挠度	抗裂	裂缝宽度
要求不出现裂缝的预应力构件	检	检	检	不检
允许出现裂缝的构件	检	检	不检	检
设计成熟，数量较少的大型构件	可不检	检	检	检
同上，并有可靠实践经验的现场大型异型构件	可免检			

结构性能检验的方法有两种：一种以结构设计规范的允许值为检验依据；另一种以构件实际的设计值为依据。

思考题

在线题库

1. 加载系统应满足哪些基本要求？
2. 简述结构静力试验前的主要准备工作。
3. 静力试验常用的加载方法有哪些？
4. 在受弯构件和轴心受压构件的静力试验中，其测试的重点有何不同？
5. 静载试验的检测项目有哪些？
6. 试验量测方案主要考虑哪些问题？测点的布置与选择的原则是什么？
7. 什么是加载图式和等效荷载？采用等效荷载时应注意哪些问题？
8. 梁、板、柱的鉴定性试验及科研性试验中的观测项目有哪些？
9. 梁、板、屋架、桁架等受弯构件试验时，应考虑哪些因素对挠度的影响？
10. 确定悬臂构件自由端挠度时，应考虑哪些因素的影响？
11. 结构试验中，常用的试验曲线有哪些？有何特征？

第7章

第8章
动载试验

8.1 概述

在工程结构设计建造过程中，往往还要考虑结构受到的动荷载作用，如风荷载对高层建筑、高耸结构的作用；运行的车辆产生的移动荷载对桥梁结构的振动影响；世界各地地震灾害对工程结构的破坏；海洋钻井平台，尤其是深水域的海洋钻井平台受到的风、浪、流、冰及地震环境荷载的作用以及建筑物的抗爆；多层厂房中的动力机械设备引起的振动；动力设备基础的振动，等等。在设计上述结构时都必须考虑这些动荷载的影响，必须对其进行动力分析。

与静力荷载试验相比较，动力荷载试验具有如下特点：首先，造成结构振动的动力荷载是随时间而改变的。其次，结构在动力荷载作用下的反应与结构本身的动力特性有密切关系。在多数情况下，动力荷载产生的动力效应远远大于相应的静力效应，甚至较小的一个动力荷载就可能使结构遭受严重破坏。而在有些情况下，动力荷载效应却并不比静力荷载效应大，还可能小于相应的静力效应。从动态的角度分析，静荷载是动荷载的一种特殊形式，在试验中，可根据惯性力影响的大小和加载的速率区分静载试验和动载试验。

分析结构在动荷载作用下的变形和内力是一个十分复杂的问题，它不仅与动力荷载的性质、数量、大小、作用方式、变化规律以及结构本身的动力特性有关，还与结构的组成形式、材料性质以及细部构造等密切相关。结构动力问题的精确计算非常繁琐，且与实际结果有较大出入，因而借助试验确定结构动力特性及动力反应是不可缺少的手段。通过动力加载设备直接对结构构件施加动力荷载，研究结构在一定动力荷载下的动力反应，如评估结构在动力荷载作用下的承载力、疲劳寿命以及风荷载作用下的结构动态响应等特性。动力荷载一般分为以下几种类型：

① 地震作用。在结构抗震设计中，为了确定地震作用的大小，必须了解各类结构的自振周期。对于已建建筑的震后加固修复，也需了解结构的动力特性，建立结构的动力计算模型，才能进行地震反应分析。

② 机械设备振动和冲击荷载。设计和建筑工业厂房时要考虑生产过程中产生的振动对厂房结构或构件的影响。例如，大型机械设备（如锻锤、水压机、空压机、风机、发电机组等）运转产生的振动和冲击影响、吊车制动力所产生的厂房横向与纵向振动、多层工业厂房中也需要解决机床在楼面上造成的振动危害等。

③ 高层建筑和高耸结构的风振。设计高层建筑与高耸结构（如电视塔、输电线架空塔架、烟囱等）时需要解决风荷载引起的振动问题，这种风振有时还会影响到建筑物内人员的舒适度。

④ 环境振动。地面的随机脉动对机床、集成电路制造等设备将产生不良影响，为此需

对地脉动进行测试，根据振动能量的分布确定防振、隔振或消振措施。

⑤ 爆炸引起的振动。国防建设中需要研究建筑物的抗爆问题，即研究如何抵抗核爆炸等所产生的瞬时冲击荷载（又称冲击波）对结构的影响。

⑥ 车辆运动对桥梁的振动和危害。

⑦ 海洋采油平台设计中需要解决海浪的冲击等不利影响。

综上所述，动力荷载是复杂多样的，概括起来有三种荷载：撞击荷载、振动荷载和复杂荷载。撞击荷载的作用时间极为短暂，一般在 $1/10000 \sim 1/1000\,$s 间，作用力的大小及其出现的时间间隔往往没有规律性。振动荷载作用频繁，具有周期性，作用力的大小和频率按照某一固定规律变化。复杂荷载是多种荷载的组合，可以是撞击荷载和振动荷载，也可以是地震、风、爆炸等特殊荷载或其组合，是实际生活中最常见的动力荷载。

8.2 加载设备

动力试验是需要振源的。而动力试验的振源有两大类：一类是自然振源，如：地面脉动、气流所致的振动，地面爆破以及动力设备、运输设备和起重设备等在运行中产生的振动等。另一类则是人工振源，它可按照试验目的的需要进行有针对性的激振。它的特点是易于人为控制。本节介绍人工激振的激振设备。通常激振系统的构成如图 8-1 所示。

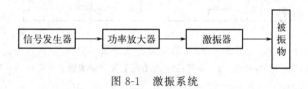

图 8-1　激振系统

8.2.1 电磁激振器

图 8-2 所示是一种顶杆式的电磁激振器，与图 8-1 所示的信号发生器（通常为低频信号发生器）和功率放大器配合使用。电磁激振器体积小，使用方便，也较经济，是要求激振力不大的小型结构或小型模型动力试验较为理想的激振设备，在工程结构动力试验中应用较多。例如 JZQ-7 型永磁式激振器，它的最大激振力为 20kg，最大振幅为 ±10mm，频率范围为 0～200Hz。

电磁激振器由顶杆、外壳、磁钢、动圈、环形间隙、输入插座、支撑弹簧等组成，如图 8-2。其工作原理是：磁钢与外壳体组成磁路，在环形间隙处形成强磁场，动圈与顶杆连成一体，在上下支撑弹簧的支撑下，悬挂于环形间隙内，使其能沿轴向自由运

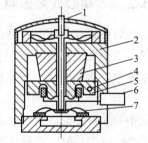

图 8-2　电磁激振器

1—顶杆；2—外壳；3—磁钢；4—动圈；5—环形间隙；6—输入插座；7—支撑弹簧

动。当动圈内通入交变电流时，载流动圈在固定磁场作用下产生交变力 F：

$$F = I_m BL \sin\omega t \tag{8-1}$$

式中　B——磁场强度；

　　　L——动圈绕线有效长度；

　　　I_m——通过动圈的电流幅值。

此电磁力 F 通过顶杆传递到试验物体上，则使施加在被振物体上的激振力与交变电流

的频率一样做简谐变化，其作用频率由信号发生器调节。

这种激振器在使用时，需要将激振器放置在与被振物体相对静止的地方，将顶杆与被振物体所要激振部位有效地固定连接（各式安装示意图如图 8-3 所示），使顶杆与被振物形成一整体，并要求顶杆与被振物之间有一定的预压力，使顶杆在振动开始前处于振动的平衡位置上。另外，应考虑可能出现的最大振幅，这样即可避免激振器的顶杆与被振物体脱离和发生碰撞。

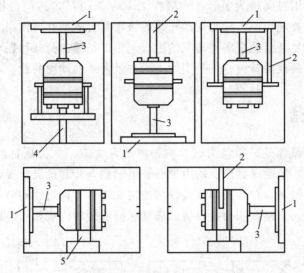

图 8-3　电磁激振器各式安装示意图
1—试件；2—橡皮绳；3—顶杆；4—可升降装置（如螺旋千斤顶）；5—支架

8.2.2　离心式激振器

离心式激振器是一种能提供稳态简谐振动的具有较大激振力的激振设备。其机械部分主要由一个在上、另一个在下的两个载有偏心质量块可随旋转轮转动的扇形圆盘构成。其工作原理是：当一个偏心质量块随旋转轮转动时产生的离心力为：

$$F = m\omega^2 r \tag{8-2}$$

式中　m——偏心质量块的质量；

　　　ω——偏心质量块的旋转频率；

　　　r——偏心质量块的半径。

而当上、下两个偏心质量块左右对称放置，然后做等速反向旋转时，两偏心质量块的惯性力合力在水平方向合力为零，而在垂直方向做简谐变化。因此，垂直方向的合成惯性力（即激振力）的大小为：

$$F_{\text{合v}} = 2F \sin\omega t = 2m\omega^2 r \sin\omega t \tag{8-3}$$

则一个周期内垂直惯性力数值变化的图形如图 8-4 所示。

将离心式激振器固定安装在被振结构物上。根据偏心质量块放置位置的不同，可以垂直激振，也可以水平激振（水平激振即上、下两偏心质量块前、后对称放置，然后做等速反向旋转）。若要调节简谐激振的振动频率，可以改变直流电机的转速；若要调节激振的简谐振动荷载的大小或振动幅值的大小，可以改变偏心质量块的质量。

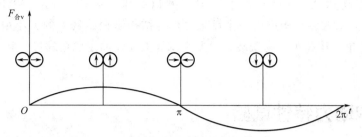

图 8-4　一个周期内垂直惯性力数值变化图

离心式激振器的优点是：激振力范围大（由几十牛到几个兆牛）。缺点是：频率范围较小，一般在 100Hz 以内。特别是它输出的激振力与旋转频率的平方成正比，因此，它在低频时激振力不大。另外，它的激振力和频率不能各自独立地变化。在数据处理时，为了使其激振力为一常力，必须对其做处理。

8.2.3　结构疲劳试验机

结构疲劳试验机主要是用来对结构做正弦波形荷载的疲劳试验。当脉动量调至零时也可用来对结构做静载试验或长期荷载试验等。

结构疲劳试验机的外观如图 8-5(a) 所示。它主要由控制系统、脉动发生系统和脉动千斤顶组成。其工作原理如图 8-5(b) 所示。由控制系统将高压油泵打开，使高压油泵打出的高压油充满脉动器、千斤顶和油压表。当旋转的飞轮带动曲柄动作时，就使脉动器活塞上下运动而产生脉动油压并传给千斤顶产生正弦波形的脉动荷载作用于结构，即对结构做疲劳试验。当脉动调节至零时，即可对结构做静力加载或长期持久荷载试验。

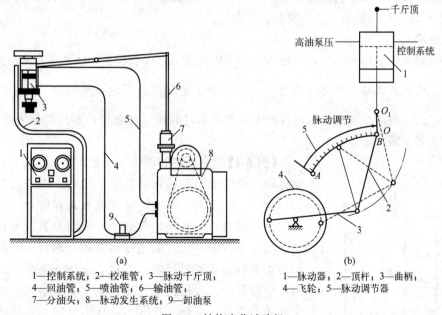

1—控制系统；2—校准管；3—脉动千斤顶；
4—回油管；5—喷油管；6—输油管；
7—分油头；8—脉动发生系统；9—卸油泵

1—脉动器；2—顶杆；3—曲柄；
4—飞轮；5—脉动调节器

图 8-5　结构疲劳试验机

此外，还有一种小型激振器——火箭筒激振器。它的原理类似于火箭，所以又称之为"小火箭"。它通过在其小型钢筒体内放入固体火药，采用直流电源短路的方法点火，使筒体内产生高温（可高达 2200～3300℃）气体，并以高压（可达 10MPa 以上）高速（可达 2000m/s）喷出，对被测结构产生一个反推力，对结构激振。其力的大小由装药量来控制。此激振器设备简单，体积小，易安装，只要在试体上安装固定底盘螺母，将火箭筒激振器旋入即可。

8.3 结构动力特性试验

结构动力特性的基本参数均反映了结构本身所固有的动力性能，故也称为动力特性参数或振动模态参数。其中，固有频率又称为自振频率，其倒数称为结构的自振周期。结构自振频率的单位为赫兹（Hz），自振周期的单位为秒（s）。

一般动力问题只需量测结构的基本频率，但对于比较复杂的多自由度体系，有时还须量测第二、第三甚至更高阶的固有频率以及相应的振型。结构的固有频率及相应的振型虽然可由结构动力学原理计算得到，但经过简化计算得出的理论数值一般误差较大，主要是受到实际结构的组成和材料性质等因素的影响。而结构的阻尼系数则只能通过试验确定。由于结构类型各异，结构形式也有所不同，从简单的构件，如梁、柱、屋架、楼板以至整体建（构）筑物、桥梁等，动力特性相差很大，结构动力特性试验的方法和所用的仪器设备也不完全相同，因此，采用试验手段研究结构的动力特性具有重要的实际意义。本节介绍一些常用的结构动力特性试验方法。

8.3.1 自由振动法

自由振动法即是借助于外荷载使结构产生一初位移（或初速度），使结构由于弹性而自由振动起来，由此记录下它的振动波形，从而得出其自振特性。自由振动法可以分成初速度（突加荷载）法、初位移法（张拉突卸法）两类。

（1）频率

从实测得到的结构有阻尼自由振动时间历程曲线上，可以根据时间坐标直接测量振动波形的周期，由此可得结构的基本频率 $f = \dfrac{1}{T}$。为了消除荷载影响，最初的一两个波一般不用。同时，为了提高准确度，可以取若干个波的总时间除以波数得出平均数作为基本周期，其倒数即为基本频率。

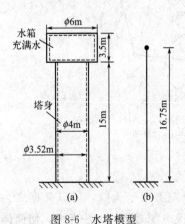

图 8-6 水塔模型

【例 8-1】 一水塔如图 8-6 所示，塔身为 240mm 厚砖砌体墙，塔顶水箱采用钢筋混凝土结构。在箱内充满水时（箱与水共重 100t），通过钢丝缆绳和花篮螺丝，采用张拉突卸法，对塔顶水箱施加荷载。并利用安装在水箱侧壁上与水塔振动方向一致的加速度传感器，测得突卸时，水塔侧向振动的加速度时程响应曲线，如图 8-7 所示。根据实测的响应信号，经过傅里叶变换，得到水塔侧向振动的加速度频响曲线，如图 8-8 所示。从中可知，水箱的实测一阶固有频率为 4.50Hz。按图 8-6 所示的计算模型进行理论分析，得到的水塔一阶固有频率为 4.36Hz，与实测相差 3.1%。

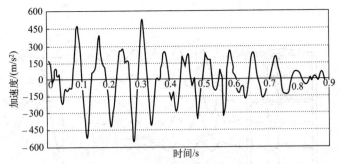

图 8-7 塔顶实测加速度时程曲线

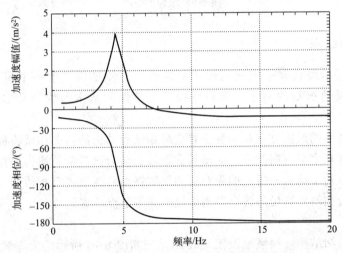

图 8-8 实测结果分析得到的加速度频响曲线

(2) 阻尼

由结构动力学可知，有阻尼自由振动的运动方程为：

$$x(t)=x_m e^{-\eta t}(\sin \omega t+\varphi) \tag{8-4}$$

振幅值 a_n 对应的时间为 t_n，$a_{n}+1$ 对应 t_n+1，$t_n+1=t_n+T$，$T=2\pi/\omega$ 分别代入式(8-4)，并取对数整理可得：

$$\zeta=\frac{\eta}{T}=\frac{\ln \dfrac{a_n}{a_{n+1}}}{2\pi} \tag{8-5}$$

式中 η——衰减系数。

(3) 振型

为了测定结构的振型，必须使结构按某一固有频率振动，量测各点在同一时刻的位移值。对于单自由度体系，对应一个基本频率只有一个主振型；而对于多自由度体系，对应多阶固有频率就有多个振型，其中对应于基本频率的即为主振型或第一振型，对应于高阶频率的振型称之为"高阶振型"，依次为第二、第三振型等。

一般情况下，结构的一阶振型是最容易激发的，所以撞击荷载法只能测出结构的基本频率及其对应的主振型，而得不到高阶频率。

图 8-9 为某五层房屋结构动力特性试验中采用火箭筒激振器激振测得的相应于基频时各楼层的位移时程曲线。由此可得该五层房屋结构对应基频的主振型呈倒三角形分布，以剪切

型为主。

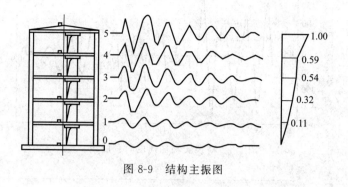

图 8-9　结构主振图

8.3.2　强迫振动法

强迫振动法是借助具有一定振动规律的荷载，迫使结构产生一个恒定的强迫简谐运动，通过对结构受迫振动的测定，求得结构动力特性的基本参数，又称振动荷载法或共振法。

试验时，激振器的激振方向和安装位置应根据试验结构的情况和试验目的而定。整体结构的动荷载试验都在水平方向激振，而楼板和梁等的动力试验荷载均为垂直激振荷载。试验前应先对结构进行初步动力分析，即先对所测量的振型曲线形式有所估计，从而使激振器沿结构高度方向安装在所要测量的各个振型曲线的非零节点位置。

(1) 频率

用单点激振法测结构自振频率及阻尼比的原理如图 8-10 所示。为安置激振器，在结构上选择一个激振点。激振器的频率信号由信号发生器产生，经过功率放大器放大后推动激振器激励结构振动。当激励信号的频率与结构自振频率相等时，结构发生共振，这时信号发生器的频率就是试验结构的自振频率，信号发生器的频率由频率计监测。只要激振器的安装位置不在各阶振型的节点位置上，通过连续改变激振器的频率，使结构发生第一次共振、第二次共振、第三次共振……随着频率的增高即可测得一阶、二阶、三阶及更高阶的自振频率。由于受检测仪表灵敏度的限制，一般仅能测到有限阶的自振频率，而对结构影响较大的是前几阶，高阶的影响较小。

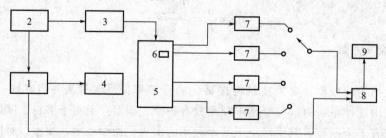

图 8-10　单点激振法测结构自振频率及阻尼比的原理

1—信号发生器；2—功率放大器；3—激振器；4—频率仪；5—试件；6—拾振器；

7—放大器；8—相位计；9—记录仪

图 8-11 即是对建筑物进行频率扫描试验时所得到的时间历程曲线。试验时，首先逐渐

改变频率从低到高，同时记录曲线，如图 8-11（a）所示。然后在记录图上找到建筑物共振峰值频率 ω_{01}、ω_{02}，最后在共振频率附近逐渐调节激振器的频率，记录这些点的频率和相应的振幅值，绘制频率-振幅关系曲线，如图 8-11（b）所示。由此得到建筑物的第一频率（基本频率）ω_{01} 和第二频率 ω_{02}。

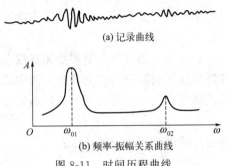

(a) 记录曲线

(b) 频率-振幅关系曲线

图 8-11　时间历程曲线

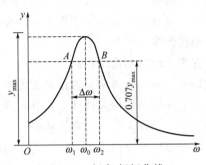

图 8-12　频率-振幅曲线

当采用离心式激振器时，转速改变则激振力也将随之改变，激振力与激振器转速的平方成正比。为使绘出的共振曲线具有可比性，应将振幅折算为单位激振力作用下的振幅，或将振幅换算为在相同激振力作用下的振幅。换算方法为：由于激振力与激振器频率 ω 的平方成正比，因而可将振幅换算为在相同激振力作用下的振幅，作为纵坐标，而 ω 为横坐标，绘制 $\dfrac{A}{\omega^2}$-ω 的共振曲线，$y_{\max} = \dfrac{A}{\omega^2}$ 称之为结构的固有频率。

（2）阻尼

由于做简谐振动结构的整个频率反应曲线受到阻尼值的控制，因而可以从频率-振幅曲线的特性求阻尼系数，这时即可利用基本频率和振幅关系曲线求阻尼，如图 8-12 所示。求阻尼的最简便方法是带宽法或称半功率点法（0.707 法）。具体做法是：在纵坐标最大值 $y_{\max}$ 的 0.707 倍处作一条平行于 x 轴的水平线与共振曲线相交于 A、B 两点，其对应的横坐标即为 ω_1 和 ω_2，则衰减系数 η 和阻尼比 ζ 分别为：

$$\eta = \frac{\omega_1 - \omega_2}{2} \tag{8-6}$$

$$\zeta = \frac{\eta}{\omega_0} \tag{8-7}$$

8.3.3　脉动法

脉动法是借助被测建筑物周围外界的不规则微弱干扰（如地面脉动、空气流动等）所产生的微弱振动作为激励来测定建筑物自振特性的一种方法。建筑物的这种脉动是经常存在的。它有一个重要的性质，即能明显反映被测建筑物的固有频率。它的最大优点是不用专门的激振设备，简便易行，且不受结构物大小的限制，因而得到了广泛的应用。

脉动法的原理与利用激振设备来作为激励的共振法的原理是相类似的。不难理解，建筑物是坐落在地面上的，地面的脉动对建筑物的作用也类似于激振设备，它也是一种强迫激励。只不过这种激励不再是稳态的简谐振动，而是近似于白噪声的、多种频率成分组合的随机振动。当地面各种频率的脉动通过被测建筑物时，与此建筑物自振频率相接近的脉动被放大突出出来，同时，与被测建筑物不相同的频率成分被掩盖住，这样建筑物像个滤波器。因此，实测到的波形的频率即与被测建筑物的自振频率相当。也正因如此，我们实测所看到的脉动波形，常以"拍振"的形式显现出来。

　　一般来说，脉动法只能找到被测物的基频，而高阶频率则很难出现。除非是高而跨度大的柔性结构物（其频率较低），有时还能出现第二、三阶频率，但比基频出现的可能性还是要小些。通常在用脉动法实测结构自振特性时，其记录的时间要长些，这样测得高阶频率的机会也就大些。

　　在用脉动法测量结构动力特性时，要求拾振器灵敏度高。测量时只要将拾振器放在被测物上即可。例如对楼房，将拾振器按层分别放在各层的楼梯间即可。以上各种方法中均将拾振器固定在被测结构或构件上，并连线于放大器及记录仪，记录下振动波形，然后对振动波形进行分析，得出结构的自振频率。

　　脉动信号的分析通常有以下几种方法：主谐量法、频谱分析法、统计法。

　　(1) 主谐量法

　　建筑物固有频率的谐量是脉动里的主要成分，从记录得到的脉动信号图中可以明显地发现它反映出结构的某种频率特性。在脉动记录里常常出现类似"拍"的现象，在波形光滑之处"拍"的现象最显著、振幅最大。在"拍"的瞬时，可视为在此刻结构的基频谐量处于最大，即表现结构基本振型的性质。所以，此处振动周期大多相同，这一周期往往是结构的基本周期。

　　(2) 频谱分析法

　　将建筑物脉动记录图看成是各种频率的谐量合成。由于建筑物固有频率的谐量和脉动源卓越频率处的谐量为其主要组成部分，因此用傅立叶级数将脉动图分解并作出其频谱图，则在频谱图上建（构）筑物固有频率处和脉动源卓越频率处必然出现突出的峰点。一般在基频处是非常突出的，而二频、三频有时也很明显。

　　(3) 统计法

　　由于弹性体受随机因素影响而产生的振动必定是自由振动和强迫振动的叠加，具有随机性的强迫振动在任意选择的多数时刻的平均值为零，因而利用统计法即可得到建筑物自由振动的衰减曲线。

　　具体做法是：在脉动记录曲线上任意取 y_1、y_2、$\cdots$、y_n，当 y 为正值时记为正，且 y 以后的曲线不变号；当 y 为负值时也变为正，且 y 以后的曲线全部变号。在 y 轴上排齐起点，绘出 y 曲线后，用这些曲线的平均值画出另一条曲线，这条曲线便是建筑物自由振动时的衰减曲线。利用它便可求得基本频率和阻尼。用统计法求阻尼时，必须有足够多的曲线取其平均值，一般不得少于 40 条。

8.4　结构动力反应试验

　　在生产实践和科学研究中，有时需要对结构在实际动荷载作用下的动力反应进行试验测定。例如，工业厂房中的动力机械设备如吊车在吊车梁上运行的振动情况；汽车、火车驶过桥梁时引起的振动；高耸建（构）筑物受风荷载作用等引起结构的振动以及强震观察等。研究动力荷载作用下，结构的动力反应一般不需要专门的激振装置，只要选择测定位置并布置量测仪表即可记录振动图形，关键是要选择适当的仪器和试验方法。结构在荷载作用下的动应变、动挠度和动力系数等均属动力反应测定。下面介绍常用的动力反应的试验测定方法。

8.4.1　动应变的测定

工程中需要测定结构在动荷载作用下特定部位的动应变,只要在结构振动时布置适当的电阻应变计,并记录振动波形,测点布置则根据结构情况和试验目的而定。动应变是一个随时间变化的函数,进行测量时要把各种仪器组成测量系统,如图 8-13 所示。应变传感器感应的应变通过测量桥路和动态应变仪的转换、放大、滤波后送入各种记录仪进行记录,最后将应变随时间的变化过程送入频谱分析仪或数据处理机进行数据处理和分析。

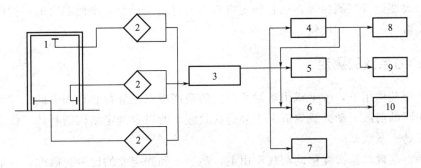

图 8-13　动应变测量系统

1—应变传感器;2—测量桥;3—动态应变仪;4—磁带记录仪;5—光线示波器;6—电子示波器;
7—笔录仪;8—频谱分析仪;9—数据处理计算机;10—照相机

8.4.2　动位移的测定

若需要全面了解结构在动力荷载作用下的振动状态,可以设置多个测点进行动态变位测量,作出在一定动荷载作用下的振动变位图。一根双外伸梁动态变位的测量方法如图 8-14。具体方法是:沿梁跨度选定测点 1~5 并在其上固定拾振器,与测量系统连接,用记录仪同时记录五个测点的振动位移时程曲线,如图 8-14(a) 所示,根据同一时刻的相位关系确定变位的正负号,如图中 2、3、4 点的振动位移的峰值在基线的左侧,而 1、5 点的峰值在基线的右侧。若假定在基线左侧为正、右侧为负,并根据记录位移的大小按一定比例画在图上,连接各点位移值即得到在动荷载作用下结构的变位图,如图 8-14(b) 所示。

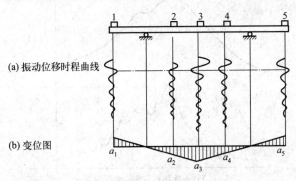

图 8-14　双外伸梁振动变位

动位移测量和分析方法与确定振型的方法相类似。振型是按照结构的固有频率振动时由惯性力引起的弹性变形曲线，与外荷载无关，属于结构本身的动力特性，但是结构的振动变位图是结构在特定荷载作用下的变形曲线，并不与结构的某一振型相一致。

测得了振动变位图后，则可按结构力学理论近似地确定结构由动力荷载所产生的内力，设振动弹性变形曲线方程为：

$$y = f(x) \tag{8-8}$$

此方程可以根据实测结构按数学分析的方法解出，则有

$$M = EIy'' $$
$$V = EIy''' \tag{8-9}$$

事实上，弹性曲线方程可以给定为某一函数，只要这一函数的形态与实测振动形态相似，而且最大变位与实测相等，用它确定内力不会有过大误差，由此确定的结构内力可与直接测定应变得出的内力相比较。

8.4.3　动力系数的测定

在移动荷载作用下，桥梁或吊车梁所产生的动挠度比在静荷载作用下的挠度要大，也就是说，在相同的荷载下动荷载效应大于静荷载效应。所以为判定结构的具体工作情况，常常需要确定其动力系数。

结构动力系数，是指在移动荷载作用下，动挠度和静挠度的比值。因此，在结构设计时应加大抗力，简便的方法是乘以一个大于 1 的系数，此系数称结构动力系数，用 μ 表示，即

$$\mu = \frac{y_d}{y_s} \tag{8-10}$$

式中，y_d、y_s 分别为结构的动挠度和静挠度。

结构动力系数一般用试验方法实测确定，先用移动荷载以最慢的速度驶过结构，测定静挠度。再用移动荷载以某种速度驶过，这时结构产生的最大挠度（实际测试时要采用各种不同速度驶过，找出产生的最大挠度）即视为动挠度，从图上量得最大静挠度 y_s 和最大动挠度 y_d，如图 8-15(a)，但此种方法需要保证移动荷载每次经过的路线相同，故只适用于一些类似于吊车梁之类的有轨结构。实测吊车梁的静挠度和动挠度，如图 8-15 (c) 所示。

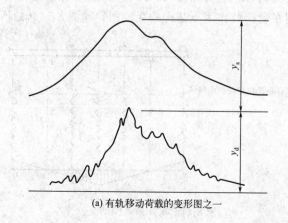

(a) 有轨移动荷载的变形图之一

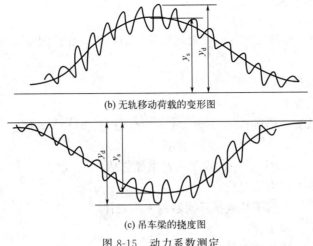

(b) 无轨移动荷载的变形图

(c) 吊车梁的挠度图

图 8-15　动力系数测定

　　吊车一般在有轨的吊车梁上移动，对于无轨的动荷载（如汽车）就不可能使两次行驶的路线完全相同，有时因生产工艺要求也不可能用慢速行驶测取最大静挠度，这时只一次高速行驶即可得到记录曲线，如图 8-15(b) 所示，取曲线最大值为 y_d，同时在曲线上绘出中线，相应于 y_d 处中线的纵坐标即为 y_s。

8.5　疲劳试验

　　工程结构的使用中存在着许多疲劳现象，如承受吊车荷载作用的吊车梁，直接承受悬挂吊车作用的屋架。这些结构物或构件在反复荷载作用下达到破坏时的应力比其静力强度要低得多，这种现象称为疲劳。结构疲劳试验的目的就是要了解在反复荷载作用下结构的性能及变化规律。

　　疲劳问题涉及的范围比较广，对某一种结构而言，它包含材料的疲劳和结构构件的疲劳，如混凝土结构中有钢筋的疲劳、混凝土的疲劳和试件的疲劳等。目前疲劳理论研究工作尚在不断发展，疲劳试验也因目的要求不同而采取不同的方法。

8.5.1　疲劳试验的目的及内容

　　结构疲劳试验的目的是研究结构在多次重复或反复荷载作用下的结构性能及其变化规律，确定结构疲劳破坏时的强度值和荷载重复作用的次数，即疲劳极限和疲劳寿命。结构所能承受的荷载重复次数及应力达到的最大值均与应力的变化幅度有关。研究表明，在一定应力变化幅度下，应力与重复荷载作用次数的增加不会再引起结构的疲劳破坏，该疲劳应力值称疲劳极限应力，结构设计时必须严格按照疲劳极限应力进行设计。

　　结构疲劳试验按目的不同可分为探索性试验和检验性试验两类。对于探索性疲劳试验，一般有以下内容。

　　① 钢筋及混凝土的应力随荷载重复次数的变化；

　　② 开裂荷载及开裂情况；

　　③ 裂缝的宽度、长度、间距及其随荷载重复次数的变化；

　　④ 疲劳破坏荷载及承受疲劳荷载的重复次数；

⑤ 最大挠度及其变化规律；

⑥ 疲劳破坏特征。

对于检验性试验，在满足现行设计规范要求的前提下，在控制疲劳次数以内还应取得下述有关数据：

① 抗裂性及开裂荷载；

② 裂缝宽度及其发展；

③ 最大挠度及其变化幅度；

④ 疲劳强度。

对于钢结构试件，疲劳试验中的观测项目主要包括：

① 局部应力或最大应力的变化；

② 试件的最大变形及其随荷载循环次数的发展规律；

③ 断裂裂纹的萌生和发展；

④ 试件承载能力与疲劳荷载的关系。

不同的疲劳试验对象和试验目的，观测项目也不相同。例如，预应力混凝土试件的锚夹具组装件疲劳试验，属验证性试验，试验中的观测项目主要就是钢丝相对于锚具的位移以及锚具工作状态。而在粘贴钢板加固的钢筋混凝土梁的疲劳试验中，观测项目往往以粘贴钢板的应变变化作为主要观测项目之一。

8.5.2　疲劳试验的分类与特征

疲劳问题涉及的范围比较广，对某一种结构而言，它既有材料的疲劳问题又有结构本身的疲劳问题。近年来，比较典型的疲劳试验有以下几种。

① 钢筋混凝土和预应力混凝土梁的疲劳试验，既有钢筋的疲劳、混凝土的疲劳，又有这两种材料组成的试件的疲劳，如钢筋混凝土吊车梁、铁路钢筋混凝土简支梁或其他承受反复荷载的钢筋混凝土梁等；

② 焊接钢结构疲劳试验，如焊接钢结构节点，焊接钢梁等；

③ 用于预应力混凝土结构的锚夹具组装件疲劳试验，按照有关技术标准，锚夹具产品应进行疲劳试验；

④ 拉索疲劳试验，主要用于斜拉桥的斜拉索或吊杆拱桥的吊杆；

⑤ 新型材料或新的结构构件的疲劳试验，如钢纤维混凝土梁的疲劳试验，钢-混凝土组合结构疲劳试验，粘钢加固或粘贴碳纤维加固混凝土梁的疲劳试验等。

结构的疲劳试验按其受力状况不同，可分为压力疲劳、弯曲疲劳和扭转疲劳试验；按试验机产生的脉冲信号的大小，可分为等幅疲劳和变幅疲劳试验；还有环境疲劳试验，如在腐蚀性环境下的疲劳试验、高温或低温下的疲劳试验、加压或真空等条件下的疲劳试验。从材料学的观点来看，疲劳破坏是材料损伤累积而导致的一种破坏形态。金属材料的疲劳有以下特征。

① 交变荷载作用下，试件的交变应力远低于材料静力强度条件下有可能发生的疲劳破坏；

② 单调静载试验中表现为脆性或塑性的材料，发生疲劳破坏时，宏观上均表现为脆性断裂，疲劳破坏的预兆不明显；

③ 疲劳破坏具有显著的局部特征，疲劳裂纹扩展和破坏过程发生在局部区域；

④ 疲劳破坏是一个累积损伤的过程，要经历足够多次导致损伤的交变应力才会发生疲劳破坏。

8.5.3　疲劳试验的方法

8.5.3.1　试件安装

试件的疲劳试验不同于静载试验，它连续进行的时间长，试验过程振动大，且试件的疲劳破坏可能是突然的脆性破坏。因此，试验装置应具有安全防护能力、试件的安装就位及相配合的安全措施均应认真对待，否则将会产生严重后果。试件安装时应做到以下几点。

(1) 严格对中

荷载架上的分布梁、脉冲千斤顶、试验试件、支座及中间垫板都要对中，特别是千斤顶轴心一定要同试件断面纵轴在一条直线上。

(2) 保持平稳

疲劳试验的支座最好是可调的，即使试件不够平直也能调整安装水平。另外千斤顶与试件之间、支座与支墩之间，试件与支座之间都要确实找平，用砂浆找平时不宜铺厚，因为厚砂浆层易酥。

(3) 安全防护

疲劳破坏通常是脆性断裂，事先没有明显预兆。应采取安全防护措施，避免人员和设备因试件突然破坏而受损。

8.5.3.2　加载步骤

疲劳试验属于动力试验，试验过程中，所有的信息都在随时间变化，但是在一定的荷载循环中，试验信息的变化幅度不大，没有必要采用自动数据采集设备记录试验数据。疲劳试验均采用荷载控制，试验荷载值必须采用动态方式测量和记录，以便对试验过程进行监控，对试验荷载值及偏差及时进行调整。试验的主要过程，可归纳为以下几个步骤。

① 预加静载试验。对试件施加不大于上限荷载20%的预加静载1～2次，消除松动及接触不良，并使仪表工作正常。

② 正式疲劳试验。第一步先做疲劳前的静载试验，其目的主要是对比试件经受反复荷载后受力性能有何变化。荷载分级加到疲劳上限荷载。每级荷载可取上限荷载的20%，临近开裂荷载时应适当加密，第一条裂缝出现后仍以20%的荷载施加，每级荷载加完后停歇10～15min记录读数，加满载后分两次或一次卸载，也可采取等变形加载方法。

第二步进行疲劳试验，首先调节疲劳机上下限荷载，待示值稳定后读取第一次动载读数，以后每隔一定次数读取数据。根据要求也可在疲劳过程中进行静载试验（方法同上），完毕后重新启动疲劳机继续疲劳试验。

第三步做破坏试验。达到要求的疲劳次数后进行破坏试验时有两种情况。一种是继续施加疲劳荷载直至破坏，得到承受疲劳荷载的次数。另一种是做静载破坏试验，这时方法同前，荷载分级可以加大。疲劳试验步骤可用图8-16表示。

应该注意，不是所有疲劳试验都采取相同的试验步骤，随试验目的和要求的不同，可有多种多样的试验步骤，如带裂缝的疲劳试验，静载可不分级缓慢地加到第一条可见裂缝出现为止，然后开始疲劳试验，如图8-17所示；还有在疲劳试验过程中变更荷载上限，如图8-18所示，提高疲劳荷载的上限，可以在达到要求疲劳次数之前，也可在达到要求疲劳次数之后。

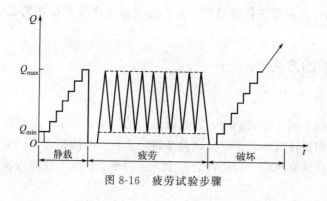

图 8-16 疲劳试验步骤

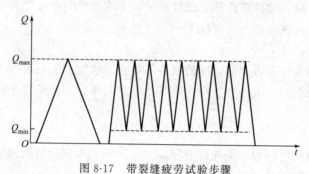

图 8-17 带裂缝疲劳试验步骤

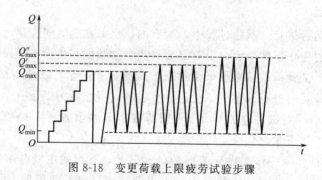

图 8-18 变更荷载上限疲劳试验步骤

8.5.4 疲劳试验的观测及破坏标志

8.5.4.1 疲劳试验的观测

① 疲劳强度的观测，进行疲劳试验过程中，在控制疲劳次数内，试件的强度、刚度、抗裂性应满足规范要求。疲劳极限强度和疲劳极限荷载作为最大的疲劳承载能力，试件达到疲劳破坏时的荷载上限值为疲劳极限荷载，试件达到疲劳破坏时的应力最大值为疲劳极限强度。

疲劳破坏的标志应根据规范要求而定，对科研性的疲劳试验有时为了分析和研究破坏的全过程及其特征，往往将破坏阶段延长至试件完全丧失承载能力。

② 疲劳试验的应变测量一般采用电阻应变片测量动应变，测点布置依试验具体要求而定。测试方法有：

a. 以动态电阻应变仪和记录仪器组成测量系统，这种方法的缺点是测点数量少；

　　b. 用静动态电阻应变仪和阴极射线示波器或光线示波器组成测量系统，这种方法简便且具有一定精度，可多点测量。

　　③ 疲劳试验的裂缝测量，测裂缝的方法是用光学仪器目测或利用应变传感器电测。裂缝开始出现的条件和微裂缝的宽度对试件安全使用具有重要意义。因此，裂缝测量在疲劳试验中是非常重要的。

　　④ 疲劳试验的挠度测量、疲劳试验中的动挠度测量，可采用各种测振仪或差动变压器式位移传感器、电阻应变梁式位移传感器等电测仪表，与动态电阻应变仪、光线示波器等仪器组成测量系统进行多点测量，并能直接测读在最大荷载和最小荷载作用时的动挠度。

8.5.4.2　疲劳破坏标志

(1) 试件正截面疲劳破坏标志

① 纵向主筋疲劳断裂，当配筋率正常或较低时可能发生；

② 受压区混凝土疲劳破坏，当配筋率过高或倒 T 形截面时可能发生。

(2) 斜截面疲劳破坏标志

① 与临界斜裂缝相交的腹筋疲劳断裂，当腹筋配筋率正常或较低时可能发生；

② 混凝土剪压疲劳破坏：当腹筋配筋率很高时可能发生；

③ 与临界斜裂缝相交的主筋疲劳断裂，当纵向配筋率较低时可能发生。

(3) 钢筋与混凝土锚固疲劳破坏

常发生在采用热处理钢筋、冷拔低碳钢丝、钢绞线配筋的预应力混凝土结构中。

思考题

在线题库

1. 检测结构动力特性的常用方法有哪些？
2. 用脉动法得到的结构动力特性信号的常用分析方法有哪几种？
3. 测振传感器有哪几类？各自技术指标有哪些？如何选择测振传感器？
4. 测量放大器有哪几类？
5. 疲劳试验的荷载上限和荷载下限是如何确定的？
6. 如何使用共振法测定结构的阻尼？
7. 结构动力特性的基本内容有哪些？
8. 请简述结构动力系数表达式及具体测试方法。
9. 为什么要进行结构的疲劳试验？

第9章
工程结构抗震试验

9.1 概述

地震是由于某种原因引起的地面强烈振动，属于一种自然现象。我国是一个地震多发国家，数年来曾发生多次强烈地震。例如，1976 年的唐山大地震，2008 年的 5·12 汶川地震，波及范围之广、遭受损失之大、人员伤亡之多等为人类历史罕见。因此，需要对工程结构进行抗震理论分析和试验研究，为工程结构的抗震设防和抗震设计提供依据，提高各类工程结构的抗震能力。

结构抗震试验是结构抗震设计理论和方法的基础。区别于其他类型的结构试验，结构抗震试验的主要目的是通过试验手段获取结构在地震作用试验环境下的结构性能。包括两个特性，一是结构线性动力特性，即结构在弹性阶段变形比较小的情况下的自振周期、振型、能量耗散和阻尼值；二是结构的非弹性性能，即结构进入非弹性阶段的能量耗散、滞回特性、延性性能、破坏机理和破坏特征。

从结构抗震工程研究发展来看，目前结构抗震试验主要是从场地原型观测和实验室两个方面进行，抗震研究认为结构的静态试验和结构原型弹性阶段的动力试验所取得的资料数据，对抗震设计来说不能反映客观要求，特别是结构工作的各个阶段的动态特性参数，结构地震反应分析愈来愈有它的重要性。

结构抗震试验的难度和复杂性比静力试验要大，这主要是由于：首先，荷载以动力形式出现，它有速度、加速度或以一定频率对结构产生动力响应，由于加速度作用引起惯性力，以致荷载的大小又直接与结构本身的质量有关，动荷载对结构产生的共振使应变和挠度增大。其次，动力荷载作用于结构还有应变速率问题，应变速率的大小，又直接影响结构材料的强度，如加荷速度愈快，引起试体的应变速率愈高，则试体强度和弹性模量也就相应提高。

试体为抗震试验的对象，是试验构件、模型结构或原型结构的总称。

9.1.1 结构抗震性能

地震灾害的经验教训表明，结构在遭遇强烈地震时，巨大的惯性力使结构受力超出弹性范围，结构表现出明显的非弹性特点。例如，地震作用使钢筋混凝土结构中的受力钢筋进入屈服，形成塑性铰。了解并掌握结构的非弹性性能是结构抗震试验的主要任务之一。从能量的角度看，地震使结构产生运动，由此产生的动能应与结构吸收或消耗的能量保持平衡，衡量结构的抗震性能不仅仅要考虑结构的承载能力，结构的延性和消耗地震能量的能力，对结构抵抗倒塌也具有决定性的作用。因此，要求通过结构抗震试验了解结构完全破坏时的变形性能。地震震害还表明，很多结构在遭遇强烈地震时没有倒塌，但在余震中倒塌，这表明结构在遭遇地震时已经产生了严重的损伤，余震中损伤的累积使结构破坏，结构抗震试验应能反映反复加载对结构性能的影响。

9.1.2　结构抗震试验的内容及分类

在长期抗御地震灾害中，人们认识到工程结构抗震试验是研究结构抗震性能的一个重要方面。可是，怎样使试验做到既解决问题又比较经济却不太容易，因为地震的发生是随机的，地震发生后的传播是不确定性的，从而导致结构的地震反应是不确定性的，这给确定试验方案带来了困难。一般说来，结构抗震试验包括三个环节：结构抗震试验设计、结构抗震试验和结构抗震试验分析。它们的关系如图 9-1。

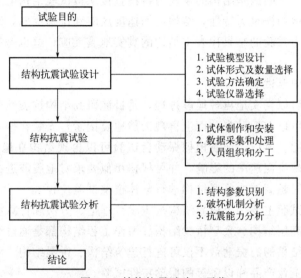

图 9-1　结构抗震试验三环节

其中，结构抗震试验设计是关键，它包括试验模型设计、试体的形式及数量选择、试验方法的确定及试验仪器的选择；结构抗震试验的实施是中心，结构抗震试验时，被试验结构所处的试验环境应该是一个模拟的地震环境，在这个模拟环境中，应当包括对结构性能有重大影响的主要因素；结构抗震试验分析是目的，包括结构参数识别、破坏机制分析、抗震能力分析，最后给出结论。

结构抗震试验方法很多，按试验的性质分，结构抗震试验可分为两大类，即结构抗震静力试验和结构抗震动力试验。按试验的环境及方法结构抗震试验一般可分为实验室内试验和野外试验两大类。在实验室进行的试验主要有拟静力试验、拟动力试验和地震模拟振动台试验三种。在现场进行的野外试验可分为人工地震模拟加载试验和天然地震加载试验两种。由于野外试验费用昂贵，在我国较少采用。本章核心内容是介绍实验室所进行的三种试验方法。

（1）拟静力试验

拟静力试验包括混凝土结构、钢结构、砌体结构、组合结构的构件及节点的抗震基本性能试验以及结构模型或原型在低周反复荷载作用下的抗震性能试验。通过施加低周反复作用的力或位移，模拟地震对结构的作用并评定结构的抗震性能，由于低周反复加载时每一加载的周期远远大于结构自身的基本周期，所以实质上还是用静力加载方式来模拟地震对结构的作用，所以又称伪静力试验或低周反复加载试验。

拟静力试验方法几乎可以应用于各种工程结构或构件的抗震性能研究。与拟动力试验和地震模拟振动台试验相比，拟静力试验方法的突出优点是它的经济性和实用性，从而使它的应用具有广泛性。拟静力试验对试验设备和设施的要求比较低，而且在试验的过程中可以随时停下来观测试体的开裂和破坏状态，检查试验数据和仪器的工作情况，同时可根据试验需要改变加载历程，与实际地震作用历程无关。

(2) 拟动力试验

结构拟动力试验又称计算机-加载器联机试验，是指试验机和计算机联机以静力试验加载速度模拟实施结构地震反应的动力试验方法，它与采用数值积分方法进行的结构非线性动力分析过程十分相似，不同的是结构的恢复力特性直接从被试验结构上实际测得。通过拟动力试验，可以研究结构的恢复力特性，结构的加速度反应和位移反应，结构的开裂、屈服及破坏的全过程。拟动力试验的结果代表了结构的真实地震反应，这也是拟动力试验优于拟静力试验之处。

(3) 地震模拟振动台试验

地震模拟振动台可以真实地再现地震过程，是目前研究结构抗震性能较好的试验方法之一。地震模拟振动台可以在振动台台面上再现天然地震记录，安装在振动台上的试体就能受到类似天然地震的作用。所以，地震模拟振动台试验可以再现结构在地震作用下结构开裂、破坏的全过程，能反映应变速率的影响，并可根据相似要求对地震波进行时域上压缩和加速度幅值调整等处理，对超高层或原型结构进行整体模型试验。

地震模拟振动台试验主要用于检验结构抗震设计理论、方法和计算模型的正确性，尤其是许多高层结构和超高层结构、大型桥梁结构、海洋工程结构都是通过缩尺模型的振动台试验来检验设计和计算结果的。振动台不仅可进行建筑结构、桥梁结构、海洋结构、水工结构试验，同时还可进行工业产品和设备等的振动特性试验。

地震模拟振动台也有其局限性，一般振动台试验都为模型试验，比例较小，容易产生尺寸效应，难以模拟结构构造，且试验费用较高。

(4) 人工地震试验

利用地面或地下爆炸法引起地面运动的地震，称为人工地震。人工地震可以用核爆炸和化学爆炸产生，《建筑抗震试验规程》建议采用环境脉动激振、火箭筒激振、人工爆破激振或离心式机械激振器激振等方法，侧重于结构动力特性试验。由于结构的抗震性能与其动力特性密切相关，因此也可归于结构抗震试验。这种方法简单、直观，并可考虑场地的影响，但试验费用高、难度大。

(5) 天然地震试验

在频繁出现地震的地区或短期预报可能出现较大地震的地区，人为地建造一些试验性结构或在已建结构上安装测震仪，这样一旦发生地震，则可得到结构的反应。这种方法真实、可靠，但是仍然试验费用高，实现难度较大。

9.2　拟静力试验

拟静力试验方法是在 20 世纪 60～70 年代基于结构非线性地震反应分析的要求提出的。它是以一定的荷载或位移作为控制值对试体进行低周反复加载，以获得结构非线性的荷载-

变形特性。利用此试验方法可以提供各种信息，例如承载力、刚度、变形能力、耗能能力和损伤特征等，在一定程度上可以推断结构的抗震性能，进而建立恢复力模型和承载力计算公式，探讨结构的破坏机制，并改进结构的抗震构造措施。因试验设备相对简单，试验费用相对较低，因而在工程中应用非常广泛。

9.2.1　试验目的及对象

当发生强烈的地震时，巨大的惯性力使结构进入明显的非弹性工作阶段。结构或试体会由于材料种类、试体受力条件、构造连接方式的不同，表现出各种各样的非弹性性能。而工程结构的抗震设计与这些非弹性性能，特别是结构的延性和耗能性能有着十分密切的关系。但目前已建立的结构理论体系还不能完全预测结构在遭遇地震时的非弹性性质，因此，通过试验的方法掌握结构性能，就成为完善结构理论的一个重要组成部分。

地震作用持续时间短，十几秒或数十秒的时间内，结构的应力状态大幅度反复变化数十次到上百次，结构拟静力试验就是为了模拟地震作用的这一特点。对结构施加低周反复荷载，试验荷载施加的速度与结构静载试验的加载速度基本相当，即拟静力试验的加载速度一定满足此试验方法要求。

拟静力试验得到的典型试验结果为荷载-位移曲线，与单调静力荷载下的荷载-位移曲线不同，在反复荷载作用下形成滞回曲线，又称滞回环。试验研究的目的是通过滞回曲线评价结构或试体的抗震性能或了解其在地震作用下的力学规律，进而总结结构或构件的抗震设计方法。滞回环面积大小反映了试体的耗能能力，将滞回环的顶点和原点连线可得各级荷载作用下的等效刚度。图 9-2 所示为试体的滞回曲线，通过采用焊接的钢悬臂梁［图（a）］和钢柱［图（b）］的拟静力试验得到的滞回曲线表明，钢结构表现出很好的弹塑性性能和耗能能力。在轴压力较小时，通过钢筋混凝土悬臂柱在水平反复荷载下的滞回曲线图（c）可知，钢筋混凝土柱也具有较好的变形能力和耗能能力，但随着轴压力的加大，图（d）柱的延性下降。又由试验中得到的钢筋混凝土短柱的滞回曲线图（e）表明，当剪力成为控制结构破坏的主要因素时，柱的延性和耗能能力下降，滞回曲线的形状发生明显的变化。

建（构）筑物的抗震性能取决于主要承重结构和构件的抗震性能，因此，在拟静力试验中，其试验对象通常选择各种结构的主要承重构件和连接节点。如常见的框架结构由梁、柱、梁-柱节点和楼板组成，但楼板本身的破坏往往只是局部的，起决定作用的是梁、柱、节点等基本构件，并以其为试验对象。因此，梁、板、柱、节点、墙、框架和整体结构等都是进行拟静力试验的主要对象。对于钢筋混凝土或钢框架，柱是对整体结构安全具有决定性作用的构件，因此，常常选取柱为试验对象。试验研究中，对于钢筋混凝土柱，应考虑混凝土强度等级、纵向钢筋和箍筋、截面形式、剪跨比等因素的影响。对于砌体结构，主要承重单元为墙体，所以在砌体结构的抗震试验中，常选墙体为试验对象。钢结构有不同的连接方式和节点构造，节点是钢结构抗震试验的主要对象之一。有时也进行单层或多层框架结构以及剪力墙结构的拟静力试验，有大量参考文献记载。

9.2.2　试验设备与加载装置

工程结构进行拟静力试验常用的加载装置有加载设备、反力墙、试验台座、荷载架等，随着经济的发展和科学技术水平的不断提高，结构加载设备有了很大的改变。

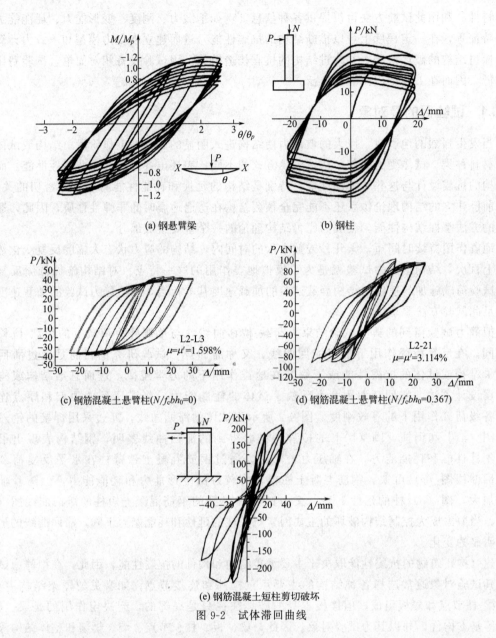

(a) 钢悬臂梁

(b) 钢柱

(c) 钢筋混凝土悬臂柱($N/f_cbh_0=0$)

(d) 钢筋混凝土悬臂柱($N/f_cbh_0=0.367$)

(e) 钢筋混凝土短柱剪切破坏

图 9-2   试体滞回曲线

　　过去采用双向机械式千斤顶或液压千斤顶，主要依靠手动控制，缺点表现在自动化
程度不高、加载过程不易控制、数据不稳定及结果分析困难等方面。目前许多结构实验
室主要采用电液伺服加载系统进行结构的拟静力试验加载，典型的电液伺服拟静力试验
加载系统如图 9-3 所示，并采用计算机进行试验控制和数据采集。每一种静力加载试验的
目的不同，试体的尺寸、形状和数量也不尽相同，所以其加载方式、加载装置和量测传
感器的选择和安装也有很大的差异，应针对具体试验内容来确定加载设备、加载反力装
置和量测传感器等。

　　加载装置的作用是将加载设备施加的荷载分配到试验结构；支座装置能准确地模拟被试
验结构或构件的实际受力条件或边界条件；观测装置包括用于安装各种传感器的仪表架和观
测平台；安全装置用来防止试体破坏时发生安全事故或损坏设备。拟静力试验区别于常规结

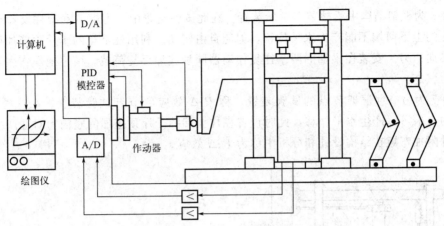

图 9-3　典型的拟静力试验加载试验系统

构静载试验的是：要求试验荷载能够反复连续变化，能够容许被试验结构产生较大的变形。此外，拟静力试验以掌握结构抗震性能为主要目的，进行试验结构的受力条件一般不同于静载试验中的结构受力条件。常用的试验加载装置如下。

用于进行钢筋混凝土剪力墙或砌体剪力墙的拟静力试验装置，如图 9-4 所示。其试验过程是传力杆将往复作动器的反复荷载施加到所试验的墙体两端，竖向千斤顶向墙片施加竖向荷载，模拟实际结构中墙体受到的重力荷载。千斤顶的支座安装摩擦系数很小的滚动装置，使千斤顶同墙片的水平变形共同移动，并使千斤顶始终保持垂直。

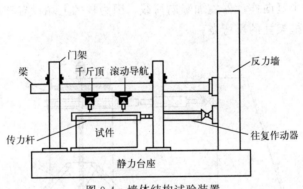

图 9-4　墙体结构试验装置

图 9-5 为梁式构件试验装置，往复作动器施加反复荷载，而且试验梁的支座也需要承受反复荷载。

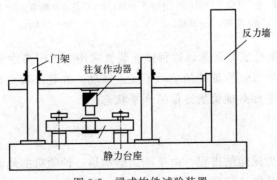

图 9-5　梁式构件试验装置

　　图9-6为框架结构中梁柱节点试验装置。在此试验装置中，为模拟框架柱反弯点的受力状态，柱的上下两端不能产生水平位移，但能自由转动。利用柱下端的千斤顶施加荷载，使柱产生轴向压力。安装在梁端的两个往复作动器同步施加反复荷载，模拟地震作用下框架节点的受力状态。

　　图9-7为另一种框架节点的试验装置，称P-Δ效应的节点试验装置。在这种装置中，框架柱的上端可以产生水平位移，此时设置在柱上端的千斤顶施加的竖向力对柱产生附加弯矩，这种附加弯矩在结构设计和分析中称为P-Δ效应。

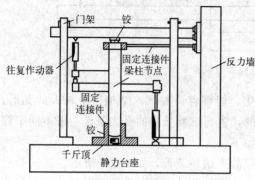 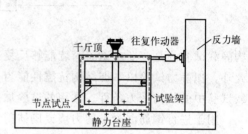

图9-6　框架结构中梁柱节点试验装置　　　　　图9-7　测P-Δ效应的节点试验装置

　　图9-8是一种悬臂柱式试验装置，也称为柱式构件试验装置。试验过程为水平往复作动器施加水平荷载，两个竖向作动器施加竖向荷载，因为柱的上端没有转动约束，则可认为其弯矩为零，被认为是框架柱的反弯点。

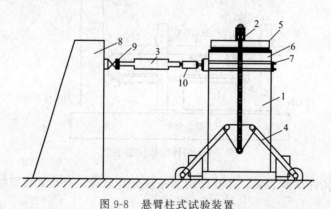

图9-8　悬臂柱式试验装置
1—试件；2—竖向千斤顶；3—推拉千斤顶；4—仿重力荷载架；5—分配架
6—卧架；7—螺栓；8—反力墙；9—铰；10—测力计

　　图9-9是另一种框架柱试验装置，这种试验装置常用来进行考虑剪切效应的框架柱反复荷载试验。其试验过程中保证框架柱的上端不发生转动，并且反弯点位于框架柱的中点，通过一个四连杆装置使水平加载横梁始终保持水平状态。

9.2.3　加载制度

　　加载制度决定拟静力试验的进程，由于地震运动是一种随机的地面运动，没有确定性的规律，因此在拟静力试验中，需要人为地对试验的加载制度作出规定。

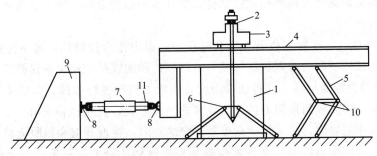

图 9-9　约束上部转动的框架柱试验装置

1—试件；2—竖向千斤顶；3—分配梁；4—L 形杠杆；5—平行连杆机构；6—仿重力荷载架；

7—推拉千斤顶；8—铰；9—反力墙；10—联结铰；11—测力计

(1) 单向反复加载制度

目前国内外较为普遍采用的单向（一维）反复加载制度，根据其试验目的的不同，主要有位移控制加载、力控制加载、力-位移混合控制加载三种加载制度。

① 位移控制加载。在结构或构件的拟静力试验中，最常用的是位移控制加载。位移控制加载是在加载过程中以位移（包括线位移、角位移、曲率或应变等）作为控制值或以屈服位移的倍数作为控制值，按一定的位移增幅进行循环加载。根据位移控制的幅值不同，位移控制加载又可分为变幅加载、等幅加载和变幅等幅混合加载，如图 9-10 所示。

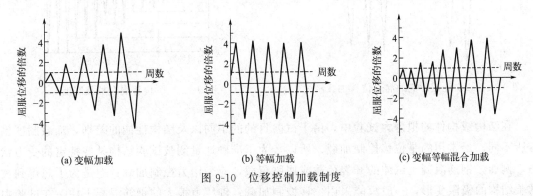

(a) 变幅加载　　　　　　　　(b) 等幅加载　　　　　　　(c) 变幅等幅混合加载

图 9-10　位移控制加载制度

a. 变幅加载。变幅加载多数用于确定试体的恢复力特性和建立恢复力模型。一般是每一级位移幅值下循环 2~3 次，则由试验测得的滞回曲线可以建立试体的恢复力模型，或者当对一个试体的性能不太了解，作为探索性的研究也多用变幅加载来研究强度、变形和耗能的性能，如图 9-10(a) 所示，其中纵坐标是屈服位移的倍数（或延性系数或位移值），横坐标为反复加载的周数，每一周以后增加位移的幅值。

b. 等幅加载。等幅加载在整个试验中始终按照等幅位移施加，主要用于确定试体在特定位移幅值下的特定性能，例如极限滞回耗能、强度降低率和刚度退化规律等。如图 9-10 (b) 所示。

c. 变幅等幅混合加载。变幅等幅混合加载即将变幅和等幅两种加载制度结合起来运用，如图 9-10(c) 所示。这种混合位移控制加载可以综合地研究试体的性能，其中包括等幅部分的强度和刚度变化，以及在变幅部分，特别是大变形增长情况下强度和耗能能力的变化，所以说，变幅等幅混合加载方案使用得最多。如图 9-11 是一种混合加载制度，在两次大幅值之间有几次小幅值的循环，以模拟试体承受二次地震冲击的影响，其中小循环用来模拟余震的影响。

② 力控制加载。力控制加载是在加载过程中，以力作为控制值，按一定的力幅值进行循环加载。因为试体屈服后难以控制加载力，所以这种加载制度较少单独使用。

③ 力-位移混合控制加载。这种加载制度是先以力控制进行加载，当试体达到屈服状态时改用位移控制，即先控制作用力再控制位移的加载方式，直至试体破坏。《建筑抗震试验规程》规定：试体屈服前，应采用荷载控制并分级加载，接近开裂和屈服荷载前宜减少级差加载；屈服后应采用变形控制，变形值应取屈服时试体的最大位移值，在无屈服点的试体中，标准位移由研究人员自定数值，并以该位移的倍数为级差，确定控制的位移幅值。施加反复荷载的次数应根据试验目的确定，屈服前每级荷载可反复一次，屈服以后应反复三次。图 9-12 为在梁柱节点拟静力试验中被普遍采用的一种力-位移混合加载制度。这种加载方法应注意的是在力的加载时应避免发生失控现象。

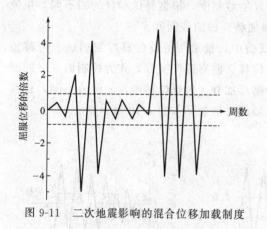

图 9-11   二次地震影响的混合位移加载制度

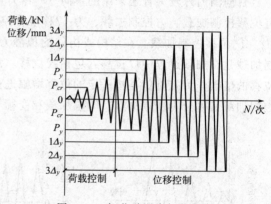

图 9-12   力-位移混合加载制度

在结构或构件的拟静力试验中，由于试验目的的不同以及结构性能的差别，加载制度也有所不同，最常用的是位移控制加载。所以，为了准确地量测被试验结构某些特定的受力状态，例如，钢筋混凝土试体的开裂荷载或屈服荷载，应采用力控制加载；但是为了想得到被试验结构的极限变形，一般只能采用位移控制加载；轴压力很大的钢筋混凝土柱，在试验中很难确定明显的屈服点，这时只能采用较小的级差，逐步达到最大荷载。又如，为了研究不规则的地震运动导致的结构损伤积累，可以采用混合加载制度。

（2）双向反复加载制度

地震对结构的作用是多维的，由于一个方向的损伤直接影响到另一个方向的抗震能力，而两个方向的相互耦合作用严重削弱了结构的抗震能力，所以通常水平双向地震比单向地震对结构的破坏作用更大。根据研究目的和方法的不同，分析地震对结构试体的空间组合效应即双向加载制度也不同，可在两个主轴方向同时施加荷载。例如对框架柱或压杆的空间受力和框架梁柱节点，可在两个主轴方向所在平面内，采用梁端加载方案施加反复荷载。试验时，可采用双向同步或非同步的加载制度。

① x、y 轴双向同步加载。与单向反复加载相同，低周反复荷载作用在与试体截面主轴成 α 角的方向做斜向加载，使 x、y 两个主轴的方向的分量同步作用。反复加载同样可以采用位移控制、力控制和两者混合控制的加载制度。

② x、y 轴双向非同步加载。非同步加载是在试体截面的 x、y 两个主轴方向分别施加低周反复荷载。由于 x、y 两个方向可以不同步地先后或交替加载，因此，可以有如图 9-13 所示的各种加载方案。图 9-13(a) 为在 x 轴不加载、y 轴反复加载，或情况相反，即是前述的单向加载；图 9-13(b) 为 x 轴加载后保持恒载，而 y 轴反复加载；图 9-13(c) 为 x、y 轴先后反复加载；图 9-13(d) 为 x、y 两轴交替反复加载；此外还有图 9-13(e) 的 8 字形加载及图 9-13(f) 的方形加载等。

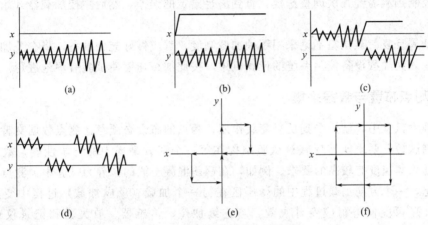

图 9-13　双向低周反复加载制度

当采用由计算机控制的电液伺服加载器进行双向加载试验时，可以对结构试体在 x、y 两个方向呈垂直状态，实现双向协调稳定的同步反复加载。

(3) 多点同步加载

有时需要对多层房屋或多层框架结构使用多个加载器加载，如图 9-14 所示。试验时各质点的加载按地震荷载分布由上到下以倒三角形加载。但很难控制结构进入塑性状态后特别是在下降段的作用力，所以一般选择一个上部的电液伺服加载器为主控加载器。主控加载器采用位移控制模型但监测的是作用力的大小，其余的加载器用力控制模式，作用力数值的大小根据主控加载器量测值的大小按比例确定。对于多质点体系，各加载器的作用力是耦联的，一个加载器力值的改变将影响到其他加载器作用力的变化。为保证几个加载器的同步，以图 9-14 中三质点的结构体系加以说明解决此问题的两种方法。

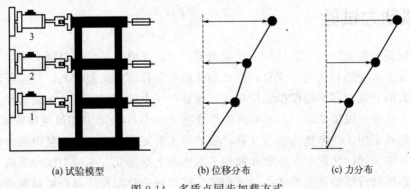

图 9-14　多质点同步加载方式

一种方法称之为"模控方法"，即把 3 号加载器的力信号乘以比例系数后直接作为 2 号加载器和 1 号加载器的力控制命令信号。由于模控控制过程是连续反馈的，所以当 3 号加载时，2 号加载器和 1 号加载器将迅速地随 3 号加载器的量测力值动作。这样计算机只控制 3 号加载器的加载，对 2 号和 1 号加载器采集力和位移信号并进行安全监视。

另一种方法称为"数控方法"，是将 3 号加载器作为主控加载器采用位移控制，另外两个加载器作为从动加载器采用力控制模式。对于主控加载器采用较小的位移步长进行加载，由于三个加载器作用力是耦联的，所以，在主控加载器的每一个加载步长之内，两个从动加载器的力控制加载需经几次调整迭代，直到满足给定的误差，然后主控加载器开始进行下一步的加载。

结构低周反复荷载试验不论采用哪种加载制度，都应做好充分准备，将有关加载制度的控制数据输入到加载设备控制系统的计算机中，按此加载速度使试验有序地进行。

9.2.4　测点布置与数据采集

在拟静力试验中，结构受到反复荷载作用，测点的布设必须考虑测点数据交替反复变化的特点。测试数据要求能够反映被试验结构在每一个荷载循环中的力学性能，数据采集量大，对数据采集速度有较高的要求。例如，在钢筋混凝土梁的拟静力试验中，测点的应力状态交替变化，一个方向加载过程中的受压区在另一个加载（反向加载）过程中变成了受拉区，受拉开裂可能使电阻应变计失效。若连续加载，传感器、放大器和记录仪也应连续工作。

拟静力试验所采集的数据通常经过转换后存入计算机。在试验过程中，由控制加载系统的计算机向控制数据采集的计算机发出同步信号，指挥数据采集系统与加载系统同步工作。即每发出一次加载信号，就进行一次数据采集。采集的测试数据与加载数据可以在每一个加载步一一对应，避免丢失数据，数据量也不会太大。随着计算机技术的迅速发展，已经出现了许多功能强大的数据处理软件，数据处理工作可以更有效地完成。

综上可知，拟静力试验方法的优点是设备简单，可做大比例模型试验，便于试验全过程观测，也可随时修正加载制度或检查仪器工作情况，但其缺点是不能与地震记录发生联系，加载程序都是预先主观确定的，也不能反映出应变速率对结构材料强度的影响。由于加荷速度越慢，会使结构或构件材料的应变速率越低，则试体强度和弹性模量也相应降低，故拟静力试验结果是偏于保守的。

9.3　拟动力试验

拟静力试验虽然是目前工程结构中应用最为广泛的试验方法，可以最大限度地获得试体的刚度、承载力、变形和耗能等信息，但试验荷载与位移历程是假定的，与实际地震非周期性反应有很大的差别，即不能模拟结构在实际地震作用下的真实反应。而地震模拟振动台试验只能进行小比例的模型试验，尤其在弹塑性范围内，结构的动力相似规律很难满足要求。另外，对于地震作用下的弹塑性响应计算，需要给出恢复力模型，而恢复力模型的选择和参数确定目前不够完善，尤其对复杂形体和构造的体系更是如此。拟动力试验吸收了拟静力试验和地震模拟振动台试验方法的优点，又加强了结构理论分析和计算，可以模拟大型复杂结构的地震反应，在抗震试验研究方面得到了广泛的应用。

拟动力试验又称联机试验，是将地震反应所产生的惯性力作为荷载加在试验结构上，使结构所产生的非线性力学特征与结构在实际地震动作用下所经历的真实过程完全一致。但是，这种试验是用静力方式进行的而不是在振动过程中完成的，故称拟动力试验。

自从 1974 年开始利用拟动力试验系统研究工程结构弹塑性地震反应以来，拟动力试验方法本身的研究取得了重大进展，特别是近年来，在概念、方法、技术和设备等方面与最初的拟动力试验具有很大区别，应用领域从一般建筑结构扩展到研究土-结构相互作用、桥梁结构、多维多点地震输入和设备抗震等方面。

9.3.1 拟动力试验的基本原理

拟动力试验的目的是真实模拟地震对结构的作用，其基本原理是用计算机直接参与试验的执行和控制，包括利用计算机按地震实际反应计算得到的位移时程曲线驱动和控制电液伺服加载器（又称作动器）对结构施加荷载。同时进行结构反应的量测和数据采集，经检测装置处理后，联机系统将结构试验得到的反应量立即输入计算机，从而得到结构的瞬时非线性变形和恢复力之间的关系，再由计算机算出下一次加载后的变形，并将计算所得到的各控制点的变形转变为控制信号，驱动加载器强迫结构按实际地震反应实现结构的变形和受力。整个试验由专用软件系统通过数据库和运行系统来执行操作指令并完成整个系统的控制和运行。拟动力试验的原理也可用图 9-15 简单示意，拟动力试验法也可以看成用计算机与加载作动器联机求解结构动力方程的方法，这种方法的关键是结构恢复力直接从试体上测得，无需对结构恢复力作任何理论上的假设，解决理论分析中恢复力模型及参数难以确定的困难。

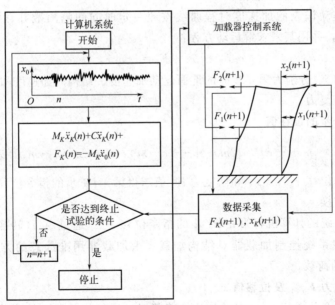

图 9-15 拟动力试验的基本原理

9.3.2 拟动力试验的设备

拟动力试验的加载设备与拟静力试验类似，一般由计算机、电液伺服加载器、传感器、试验台架等组成。

（1）计算机

拟动力试验中，计算机是整个试验系统的心脏，加载过程的控制和试验数据的采集都由计算机来实现，同时对试验结构的其他反应参数，如应变、位移等进行演算和处理。

（2）电液伺服加载器

拟动力试验是计算机联机试验，加载器必须具有电液伺服功能。电液伺服加载器由加载器、控制系统和液压源组成，它可将力、位移、速度、加速度等物理量直接作为控制参数。由于它能较精确地模拟试体所受外力，产生真实的试验状态，所以在近代试验加载技术中被用于模拟各种振动荷载，特别是地震荷载等。

（3）传感器

拟动力试验中一般采用电测传感器。常用的传感器有力传感器、位移传感器、应变计等。力传感器一般内装在电液伺服加载器中。

（4）试验装置

试验可采用与静力试验或拟静力试验一样的台座，试验装置的承载能力应大于试验设计荷载的150%。试体安装时，应考虑推拉力作用时试体与台座之间可能发生的松动。反力架与试体底部宜通过刚性拉杆连接，使之不发生相对位移。

9.3.3　试验步骤

拟动力试验的试验步骤从输入地震地面运动加速度时程曲线开始，图9-16是拟动力试验方法的工作流程图。其步骤可分为如下五步：

（1）输入地震地面运动加速度

将某实际地震动记录的加速度时程曲线按照一定时间间隔离散并数字化，比如 $\Delta t = 0.05$ 或 $\Delta t = 0.01$，并用其来求解运动方程：

$$m\ddot{x}_n + c\dot{x}_n + F_n = -m\ddot{x}_{0n} \tag{9-1}$$

式中，$\ddot{x}_{0n}$、$\ddot{x}_n$ 和 $\dot{x}_n$ 分别为第 n 步时的地面运动加速度、结构的加速度和速度反应，F_n 为结构第 n 步时的恢复力。

（2）计算下一步的位移值

$$x_{n+1} = \left[m + \frac{\Delta t}{2}c\right]^{-1}\left[2mx_n + \frac{\Delta t}{2}(c-m)x_{n-1} - \Delta t^2 F_n - m\Delta t^2 \ddot{x}_{0n}\right] \tag{9-2}$$

此位移值即由位移 x_{n-1}、x_n 和恢复力 F_n 值求得第 $n+1$ 步的指令位移。

（3）位移的转换

由加载控制系统的计算机将第 $n+1$ 步的指令位移 x_{n+1} 通过 A/D 转换成输入电压，再通过电流伺服加载系统控制加载器对结构加载。由加载器用准静态的方法对结构施加与 x_{n+1} 位移相对应的荷载。

（4）测量恢复力 F_{n+1} 及位移值 x_{n+1}

当加载器按指令位移值 x_{n+1} 对结构施加荷载时，通过加载器上的荷载传感器测得此时的恢复力 F_{n+1}，结构的位移反应值 x_{n+1} 由位移传感器测得。

（5）由数据采集系统进行数据处理和反应分析

将 x_{n+1} 和 F_{n+1} 的值连续输入数据处理和反应分析的计算机系统。利用位移 x_n、x_{n+1} 以及恢复力 F_{n+1}，按照同样方法重复下去，进行计算和加载，以求得位移 x_{n+2}，连续对结构进行试验，直到输入加速度时程的指定时刻。

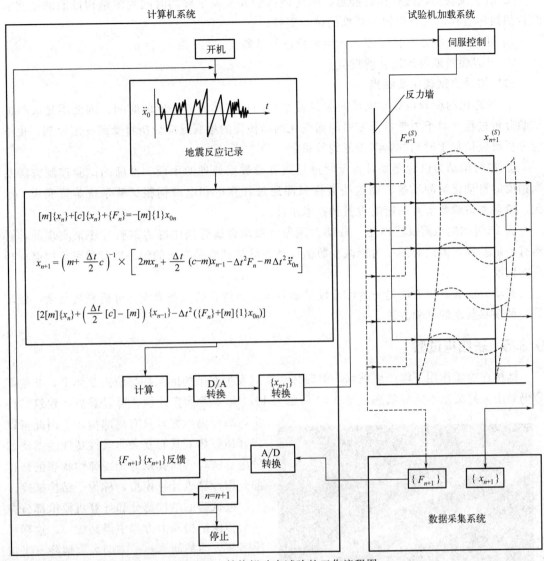

图 9-16　结构拟动力试验的工作流程图

整个试验工作的连续循环进行全部由计算机控制操作。

当每一步加载的实际时间大于 1s 时，结构的反应相当于静态反应，这时运动方程中与速度有关的阻尼力一项可以忽略，则运动方程能够简化为

$$m\ddot{x}_n + F_n = -m\ddot{x}_{0n} \tag{9-3}$$

这时，继续采用中心差分法计算，有

$$x_{n+1} = 2x_n - x_{n-1} - \Delta t^2 \left(\frac{F_n}{m} + \ddot{x}_{0n} \right) \tag{9-4}$$

采用与前面所述同样的工程流程进行计算就能够控制试验。

9.3.4　拟动力试验的优缺点

(1) 拟动力试验的优点

① 在整个数值分析过程中不需要对结构的恢复力特性进行假设；

② 由于试验加载过程接近静态，因此使试验人员有足够的时间观测结构性能的变化和结构的损坏过程，可获得较为详细的试验资料；

③ 可以对一些足尺模型或大比例模型进行试验；

④ 可以缓慢地再现地震的反应。

（2）拟动力试验主要缺点

① 计算机的积分运算和电液伺服试验系统的控制都需要一定的时间，因此不是实时的试验分析过程。对于力学特征随时间而变化的结构物的地震反应分析将受到一定限制，也不能分析研究依赖于时间的黏滞阻尼的效果。

② 进行拟动力试验必须具备及时进行运算及数据处理的手段，准确的试验控制方法及高精度的自动化量测系统，而这些条件只能通过计算机和电液伺服试验系统装置实现。因此，拟动力试验要求有一定的设备和技术条件。

③ 结构物的地震反应本是一种动力现象，拟动力试验是用静力试验方法来实现的，必然有一定差异，因此必须尽可能减少数值计算和静载试验两方面的误差以及尽可能提高其相应的精度。

拟动力试验分析方法是一种综合性试验技术，虽然它的设备庞大，分析系统复杂，但却是一种很有前途的试验方法。

9.3.5 子结构试验

结构在地震作用下将产生破坏，但破坏往往只发生在结构的某些部位或试体上，其他部分仍处于完好或基本完好状态，图 9-17 所示为 1971 年圣费南多地震，可以看到，建筑结构主体部分仍然完好只有局部损坏。因此可以将容易破坏的具有复杂非线性特性的结构部分进行试验，而其余处于线弹性状态的结构部分用计算机计算模拟，称为子结构试验。

被试验的结构部分和计算机模拟部分在一个整体结构动力方程中得到统一。这样解决了两方面的问题：一方面大大地降低了试体的尺寸和规模，从而解决了实验室规模对大型结构试验的限制，同时也降低了费用；另一方面对于大型复杂结构进行拟动力试验，要求有大批量的电液伺服加载器和相关的试验装置，同时要求整个控制系统具有非常高的控制精度和稳定性，目前一般的结构实验室规模有限，因此可以采用子结构技术，降低试体对试验设备的要求。

图 9-17　1971 年圣费南多地震

用于试验的结构部分称为试验子结构，其余由计算机模拟的结构部分称为计算子结构，试验子结构和计算子结构两部分组成整体结构并形成整体结构的动力方程。试验子结构的恢复力呈复杂的非线性特征，可直接由试验获得。而计算子结构可由计算机进行模拟，因为其处于弹性范围，恢复力呈简单的线性特征。

现以图 9-18 所示的三层结构模型为例，说明使用子结构进行拟动力试验的方法与技术，试验子结构为第一层，上部两层为计算子结构，试验子结构和计算子结构组成了整体结构，由图 9-18 可以写出三层结构的动力方程：

$$\begin{bmatrix} m_1 & 0 & 0 \\ 0 & m_2 & 0 \\ 0 & 0 & m_3 \end{bmatrix} \begin{bmatrix} a_1 \\ a_2 \\ a_3 \end{bmatrix} + \begin{bmatrix} c_1+c_2 & -c_2 & 0 \\ -c_2 & c_2+c_3 & -c_3 \\ 0 & -c_3 & c_3 \end{bmatrix} \begin{bmatrix} v_1 \\ v_2 \\ v_3 \end{bmatrix} +$$

$$\begin{bmatrix} 0+k_2 & -k_2 & 0 \\ -k_2 & k_2+k_3 & -k_3 \\ 0 & -k_3 & k_3 \end{bmatrix} \begin{bmatrix} d_1 \\ d_2 \\ d_3 \end{bmatrix} + \begin{bmatrix} r_1 \\ 0 \\ 0 \end{bmatrix} = \begin{bmatrix} f_1 \\ f_2 \\ f_3 \end{bmatrix} \tag{9-5}$$

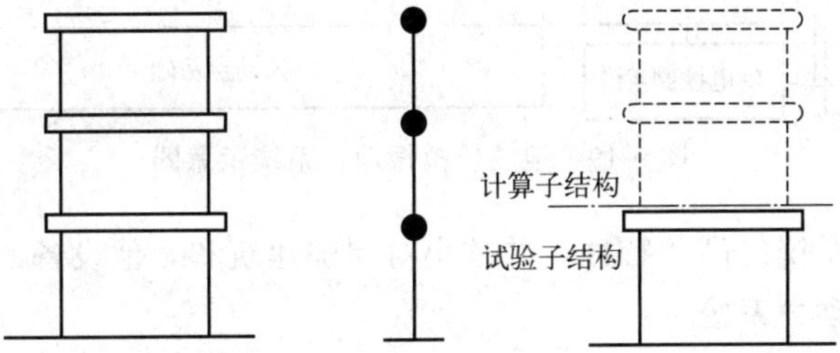

图 9-18　三层结构模型及试验子结构

将上式改写成矩阵的形式，上式成为：

$$\boldsymbol{M}\boldsymbol{a}_i + \boldsymbol{C}\boldsymbol{v}_i + \overline{\boldsymbol{K}}\boldsymbol{d}_i + \overline{\boldsymbol{r}}_i = \boldsymbol{f}_i \tag{9-6}$$

上式中，刚度矩阵 $\overline{\boldsymbol{K}}$ 只包含计算子结构的分量，恢复力向量 $\overline{\boldsymbol{r}}_i$ 只包含试验子结构分量，直接由试体测得。考虑采用中央差分法，则式(9-6)经整理可得：

$$\left(\frac{1}{\Delta t^2}\boldsymbol{M} + \frac{1}{2\Delta t}\boldsymbol{C}\right)\boldsymbol{d}_{i+1} = \boldsymbol{f}_i - \overline{\boldsymbol{r}}_i + \left(\overline{\boldsymbol{K}} + \frac{2}{\Delta t^2}\boldsymbol{M}\right)\boldsymbol{d}_i - \left(\frac{1}{\Delta t^2}\boldsymbol{M} - \frac{1}{2\Delta t}\boldsymbol{C}\right)\boldsymbol{d}_{i-1} \tag{9-7}$$

上式中，位移 $\boldsymbol{d}_{i+1}$ 也可以分成两部分，一部分是与试验子结构相对应的试验位移 $\boldsymbol{d}_{i+1}^{E}$，另一部分是与计算子结构对应的计算位移 $\boldsymbol{d}_{i+1}^{I}$，而 $\boldsymbol{d}_{i+1} = \boldsymbol{d}_{i+1}^{E} + \boldsymbol{d}_{i+1}^{I}$。

采用式(9-7)进行子结构拟动力试验的过程与前面叙述的过程完全相同，只是在试体上实现的位移只有 $\boldsymbol{d}_{i+1}^{E}$，而 $\boldsymbol{d}_{i+1}^{I}$ 用于计算。

9.4　地震模拟振动台试验

地震模拟振动台试验可以适时地再现各种地震波的作用，并进行人工地震波模拟试验，它是在实验室内研究结构地震反应和破坏机理最直接的方法。这种设备具有一套先进的数据采集与处理系统，从而使结构动力试验水平得到了很大的发展与提高，并大大促进了结构抗震研究工作的开展。

9.4.1　振动台试验的原理与结构

地震模拟振动台是再现各种地震波对结构进行动力试验的一种先进试验设备，主要由以下几个部分组成：台面和基础、高压油源和管路系统、电液伺服加载器、模拟控制系统、计算机控制系统和相应的数据采集处理系统（图 9-19）。

（1）振动台台体结构

振动台的台面是有一定尺寸的平板结构，其尺寸的规模确定了结构模型的最大尺寸，台体自重和台身结构与承载的试体质量及使用频率范围有关。振动台必须安装在质量很大的基

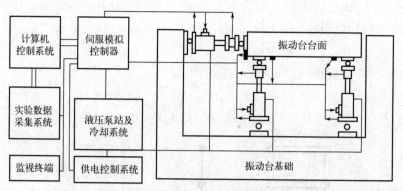

图 9-19 地震模拟振动台系统示意图

础上，这样可以改善系统的高频特性，并减小对周围建筑和其他设备的影响。

（2）液压驱动和动力系统

液压驱动系统给振动台以巨大推力，由电液伺服系统来驱动液压加载器，控制进入加载器的液压油的流量大小和方向，从而推动台面能在垂直轴或水平轴的 x 和 y 方向上产生相位受控的正弦运动或随机运动，实现地震模拟和波形再现的要求。

液压动力部位是一个巨大的液压功率源，能供给所需要的变压油流量，以满足巨大推力和台身运动速度的要求。

（3）控制系统

为了提高振动台的控制精度，可采用计算机进行数字迭代的补偿技术，实现台面地震波的再现。试验时，振动台台面输出的波形是期望再现的某个地震记录或是模拟设计的人工地震波。由于包括台面、试体在内的系统的非线性影响，在计算机给台面的输入信号激励下所得到的反应与输出的期望波形之间必然存在误差。这时，可由计算机将台面输出信号与系统本身的传递函数（频率响应）进行比较，求得下一次驱动台面所需的补偿量和修正后的输入信号。经过多次迭代，直至台面输出反应信号与原始输入信号之间的误差小于预先给定的量值，完成迭代补偿并得到满意的期望地震波形。

（4）测试和分析系统

测试系统除了对台身运动进行控制而测量位移、加速度等外，对试体模型也要进行多点测量，一般量测的内容为位移、加速度、应变及频率等，总通道可达数百点。

数据采集系统将反应的时间历程记录下来，经过模数转换送到数字计算机储存，并进行分析处理。

振动台台面运动参数最基本的是位移、速度和加速度以及使用频率。一般是按模型质量及试验要求来确定台身满负荷时的最大加速度、速度和位移等数值。最大加速度和速度均需要按照模型相似原理来选取。

9.4.2 控制系统与控制方法

地震模拟振动台有两种控制方法：一种是模拟控制，另一种是用数字计算机控制。模拟控制方法有位移反馈控制和加速度信号输入控制两种。在单纯的位移反馈控制中，由于系统的阻尼小，很容易产生不稳定现象，为此在系统中增大阻尼、加入加速度反馈，以提高系统的反应性能和稳定性能，由此还可以减小加速度波形的畸变。为了能使直接得到的强地震加速度记录来推动振动台，在输入端可以通过二次积分，同时输入位移、速度和加速度三种信号进行控制，图 9-20 为地震模拟振动台加速度控制系统图。

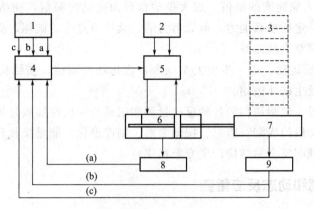

图 9-20　地震模拟振动台加速度控制系统图

a、b、c—加速度、速度、位移信号输入；（a）、（b）、（c）—加速度、速度、位移信号反馈；

1—信号输入控制器；2—油源；3—试件；4—伺服放大器；5—伺服阀；6—加载台；7—振动台；

8—位移传感器；9—加速度传感器

9.4.3　试验过程

地震模拟振动台试验包括结构动力特性试验、地震动力反应试验和量测结构不同工作阶段自振特性变化试验等内容。

对于结构动力特性试验，在结构模型安装上振动台前后均可采用自由振动法或脉动法进行试验量测。模型安装在振动台上以后，则可采用小振幅的白噪声输入振动台台面，进行激振试验，量测台面和结构的加速度反应，通过传递函数、功率谱等频谱分析，求得结构模型的自振频率、阻尼比和振型等参数；也可用正弦波输入的连续扫频，通过共振法测得模型的动力特性。

根据试验目的不同，在选择和设计振动台台面输入加速度时程曲线后，试验的加载过程有一次加载和多次加载。

（1）一次性加载过程

输入一个适当的地震记录。连续地记录位移、速度、加速度、应变等动力反应，并观察裂缝的形成和发展过程，以研究结构在弹性、弹塑性和破坏阶段的各种性能，如强度、刚度变化、能量吸收能力等。这种加载过程的主要特点是可以连续模拟结构在一次强烈地震中的整个表现与反应，但对试验过程中的量测和观察要求过高，破坏阶段的观测比较危险。因此，在没有足够经验的情况下很少采用这种加载方法。

（2）多次加载过程

目前，在地震模拟振动台试验中，大多数的研究者都采用多次加载的方案来进行试验研究。多次加载法一般有以下几个步骤：

① 动力特性试验。在正式试验前，对结构进行动力特性试验可得到结构在初始阶段的各种动力特性。

② 振动台台面输入运动。振动台的台面运动控制在使结构仅产生细微裂缝的程度，例如结构底层墙柱微裂或结构的薄弱部位微裂。

③ 加大台面输入运动。将振动台的台面运动控制在使结构产生中等程度的开裂且停止加载后裂缝不能完全闭合的程度，例如剪力墙、梁柱节点等处产生的明显裂缝。

④ 加大台面输入加速度的幅值。加大振动台台面运动的幅值，使结构的主要部位产生破坏，但结构还有一定的承载能力。例如剪力墙、梁柱节点等的破坏，受拉钢筋屈服，受压钢筋压曲，裂缝贯穿整个截面等。

⑤ 继续加大台面运动。进一步加大振动台台面运动的幅值，使结构变成机动体系，如果再稍加荷载就会发生破坏倒塌。

在各个加载阶段，试验结构的各种反应量测和记录与一次性加载时相同，这样，可以得到结构在每个试验阶段的周期、阻尼、振动变形、刚度退化、能量吸收和滞回特性等。值得注意的是，多次加载明显会对结构产生变形积累。

9.4.4　试验观测和动态反应量测

在模拟地震振动台试验中一般需观测结构的位移、加速度和应变反应，以及结构的开裂部位、裂缝的发展、结构的破坏部位和破坏形式等。在试验中位移和加速度测点一般布置在产生最大位移或加速度的部位。对于整体结构的房屋模型试验，则在主要楼面和顶层高度的位置上布置位移和加速度传感器。当需测层间位移时，应在相邻两楼层布置位移或加速度传感器。对于结构试体的主要受力部位和截面，要求测量钢筋和混凝土的应变、钢筋和混凝土的黏结滑移等参数。来自位移、加速度和应变传感器的所有信号由专门的数据采集系统进行数据采集和处理，其结果可由计算机终端显示或由绘图机、打印机等设备输出。

9.4.5　振动台试验的发展趋势

第一，仿真材料的提出：由于试验设备能力的限制，对于大型混凝土结构，足尺结构试验规模过于巨大，加载及试验测试等都极为困难，因此原型试验几乎无法进行，发展小比例尺混凝土结构模型试验研究是目前解决大型复杂结构动力问题的有效手段之一，其中对于满足相似要求的混凝土材料的研制成为解决小比例尺模型试验问题的前提，模型几何比例尺一般在几十分之一到几百分之一称为小比例尺的模型试验，模型制造工艺复杂而且试验成本较高，所以，较为理想的是一个模型可以完成弹性、弹塑性乃至断裂破坏等各个阶段的动力试验，因此，需要一种理想的模型材料来满足动力模型试验的要求，我们称能够满足模拟弹性、弹塑性乃至断裂破坏等各个阶段原型材料特性的模型材料为仿真模型材料。一般用微粒混凝土来充当仿真模型材料。

第二，测定和传感技术的提高：测定和传感技术的发展使得人们可以更准确地在振动台试验中获得结构内部的应力应变、加速度曲线等数据。

9.5　人工地震试验

在结构抗震研究中，利用各种静力和动力试验加载设备对结构进行加载试验，尽管它们能够满足部分模拟试验的要求，但是都有一定的局限性。拟静力试验虽然设备简单，能进行大尺寸试体或结构抗震的延性试验，但由于是人为假设的一种周期性加载的静力试验，与实际某一确定地震地面运动产生的地震力有很大的差别，不能反映建筑结构的动力特性。拟动力试验是一种有效的试验方法，但目前尚在发展之中，且主要问题在于结构的非线性特性，即恢复力与变形的关系必须在试验前进行假定，而假定的计算模型是否符合结构的实际情况，还有待于试验结果来证实。振动台试验虽然可以较好地模拟地面运动，但由于受台面尺寸和载重量的限制，不能做较大结构的足尺试验，另外弹塑性材料的动态模拟理论尚待研究解决。因此，各类型的大型结构、管道、桥梁、坝体以至核反应堆工程等大比例或足尺模型试验，受到了一定限制，甚至根本无法进行。

基于以上原因，人们试图采用炸药爆炸产生瞬时的地面运动来模拟天然地震对结构的影响。

9.5.1　动力反应问题

从实际试验中发现，人工地震与天然地震之间尚存在一定的差异：人工地震（炸药爆破）加速度的幅值高、衰减快、破坏范围小；人工地震的主频率高于天然地震；人工地震的主震持续时间一般在几十毫秒至几百毫秒，比天然地震的持续时间短很多。

图 9-21 为天然地震与人工爆破地震的加速度幅值谱。由图可见，天然地震波的频率在 1～6Hz 频域内幅值较大，而人工地震波在 3～25Hz 频域内的振动幅值较大。

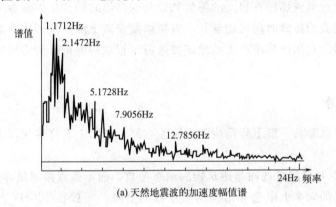

(a) 天然地震波的加速度幅值谱

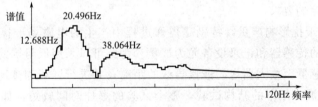

(b) 18500kg炸药爆炸时距爆心132m处自由场加速度幅值谱

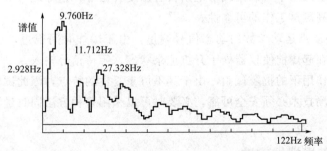

(c) 500000kg炸药爆炸时距爆心152m处自由场加速度幅值谱

图 9-21　天然地震与人工爆破地震的加速度幅值谱

与实际地震反应比较，当天然地震烈度为 7 度时，地面加速度最大值平均为 $0.1g$，一般房屋就已造成相当程度的破坏，但是人工爆破地面加速度达到 $1.0g$ 时才能引起房屋的轻微破坏。显然这是由于天然地震的主振频率比爆破地震的主振频率更接近于一般建筑结构的自振频率，而且天然地震振动作用的持续时间长、衰减慢，所以能造成大范围的宏观破坏。

为了消除对建筑结构所引起的不同动力反应和破坏机理的这种差异，达到用爆破地震模拟天然地震并得到满意的结果的目的，对于解决频率的差异可采取下列措施：

① 缩小试验对象的尺寸，从而可提高被试验对象的自振频率。一般只要将试验对象缩小为真型的 $\frac{1}{3} \sim \frac{1}{2}$，这时由于缩小比例不大，可以保留试验对象在结构构造和材料性能上的特点，保持结构的真实性。

② 将试验对象建造在覆盖层较厚的土层上，可以利用松软土层的滤波作用，消耗地震波中的高频分量，相对地提高低频分量的幅值。

③ 增加爆心与试验对象的距离，使地震波的高频分量在传播过程中有极大损耗，相对地提高低频分量的影响。

进行结构抗震试验时，要求获得较大的振幅和较长的持续时间，由于炸药的能量有限，因此它不可能像天然地震那样有很大的振幅和较长的持续时间。如果震源中心与试验对象距离变远，这时地震波的持续时间可能延长，但振幅要衰减下降。从国内外的试验资料和爆破试验数据分析来看，利用炸药所产生的地震波进行工程结构的抗震研究可以取得满意的试验结果。

9.5.2　量测技术

人工爆破地震试验与一般工程结构动力试验在测试技术上有许多相似之处，但也有比较特殊的部分：

① 在试验中主要是测量地面与建筑物的动态参数，而不是直接测量爆炸源的一些参数，所以要求测量仪器的频率上限选在结构动态参数的上限，一般在 100Hz 至几百赫兹，就可以满足动态测量的频响要求。

② 爆破试验中干扰影响严重，特别是爆炸过程中产生的电磁场干扰，这对于高频响应较好、灵敏度较高的传感器和记录设备尤为严重。为此可以采用低阻抗的传感器，另一方面应尽可能地缩短传感器至放大器之间连接导线的距离，并进行屏蔽和接地。

③ 在爆破地震波作用下的结构试验，整个试验的爆炸时间较短，如记录下的波形不到一秒钟，所以动应变测量中可以用线绕电阻代替温度补偿片，这样既可节省电阻应变计和贴片工作量，又可提高测试工作的可靠性。

④ 结构和地面质点运动参数的动态信号测量，由于爆炸时间很短，在试验中采用同步控制进行记录，可在起爆前使仪器处于开机记录状态，等待信号输入。

在爆破地震波作用下的抗震试验，由于其不可重复性的特点，因此试验计划与方案必须周密考虑，试验量测技术必须安全可靠，必要时可以采用多种方法同时量测，才能获得成功并取得预期效果。

9.5.3　人工爆破模拟地震法

人工爆破模拟地震主要有两种形式，一种是在现场安装炸药并加以引爆，称为直接爆破法，引爆后地面运动的基本现象是：地震运动加速度峰值随装药量增加而增高；地面运动加速度峰值离爆心距离愈近则愈高；地面运动加速度持续时间离爆心距离愈远则愈长。这样，要使人工地震接近天然地震，而又能对结构或模型产生类似于受地震作用的效果，必然要求装药量大，离爆心距离再远一点才能取得较好的效果。

另一种称为密闭爆破法。密闭爆破法采用一种圆筒形的爆破线源，这种爆破线源是一只可重复使用的橡胶套管（例如外径为 10cm，内径为 7.6cm，长度为 4.72m）和钢筒，钢筒设有排气孔，而在钢筒上部留有空段，并用聚酯薄膜封顶，使用时把这一爆炸线源伸入地面以下。钢筒内装药量虽不大，但引爆后爆炸生成物在控制的速率下排入膨胀橡胶管内，然后在它爆炸后的规定时间内用分装的少量炸药把封顶聚酯薄膜崩裂。这样，引爆后会产生两次加速度运动：一次是从钢筒排到外围橡胶筒所引起的；另一次是由于气体从崩破的薄膜封口排到大气中引起的。这样的爆破线源可以在一定条件下同时引爆，形成爆破阵。如果把这些爆破线源用点火滞后的办法，逐个或逐批地引爆就可以把人工地震引起的运动持续时间延长。

直接爆破法的最大缺点是需要很大的装药量才能产生较好效果，而且所产生的人工地震与天然地震总是相差较远。采用密闭爆破法，其优点是可以用少量炸药取得接近天然地震的人工地震。

9.6　天然地震试验

在频繁出现地震的地区或在短期预报可能出现较大地震的地区，有目的地建造一些试验性房屋，或在已建的房屋上安装测震仪器以便地震发生时可以得到房屋的反应，这种试验称为天然地震试验。根据经济条件和试验要求，主要分为以下三类。

9.6.1　加固或新建房屋试验

在地震频繁地区或高烈度地震区，有目的地采取多种方案的加固措施，当发生地震时，可以根据震害分析了解不同加固方案的效果。这时，虽然在结构上不设置任何仪表，但由于量大面广，所以也是很有意义的。此外，可结合新建工程，有意图地采取多种抗震措施和构造，以便发生地震时进行震害分析。应该指出，作为天然地震结构动力试验的房屋尚需具备以下必要的技术资料。

① 场地土的土层钻探资料；

② 试验结构的原始资料：竣工图纸、材料强度、施工质量记录；

③ 历年房屋结构检查及加固改建的全部资料，包括结构是否开裂，裂缝发展情况等；

④ 本地区的地震记录。

9.6.2　强震观测

我国一些研究机构已在若干地震高烈度区有目的地建造了一些房屋，作为天然地震结构动力试验的对象。一次破坏性的地震也是一次大规模的真型结构动力试验，最重要的是应该做好地震前的准备工作和地震后的研究工作，以便取得尽可能多的资料。

地震发生时，以仪器（强震仪）为测试手段，观测地面运动的过程和建筑物的动力反应，以获得第一手资料的工作，称为强震观测。强震观测的任务如下。

第 9 章

① 取得地震波记录为研究地震影响场和烈度分布规律提供科学资料；

② 取得建筑物在强地震作用下振动过程的记录，为结构抗震的理论分析与试验研究以及设计方法提供客观的工程数据。

美国和日本开展此项工作较早，不仅在地震区的城市房屋而且在许多构筑物上设置了测震仪器。我国自 1966 年邢台地震以来，强震工作已有了较大的发展。目前已应用我国自己生产的多通道强震加速度仪，在全国范围内布设了百余台的强震仪。多年来，我国已取得了一些较有价值的地震记录，例如 1976 年的唐山地震，京津地区记录到一些较高烈度的主震记录，然后，以唐山为中心布设的流动观测网，又取得了一批较高烈度的余震记录。在一些高层房屋、大坝和桥梁上也安装了强震仪，均获得了有用的数据。

天然地震结构试验最好布置在结构的地下室或在地基上安置一台强震仪来测量输入的地面运动，同时在结构上部安置一些仪器以测量结构的反应。许多地震工程和抗震理论的重大突破都与强震观测的成果密不可分，它对地震工程的科研工作起到了有效的推动作用。显然，现有抗震理论的进一步发展也有待于强震观测工作取得新的成果。

9.6.3　天然地震试验场

天然地震试验场是为了观测结构受地震作用的反应而建造的专门试验场地，在场地上建造试验房屋，运用一切现代化的手段取得结构在天然地震中的各种反应，但试验费用昂贵。目前世界上最负盛名的是日本东京大学生产技术研究所千叶试验场，试验基地包括许多部分，抗震试验设施有大型抗震实验室（反力墙、双向振动台）、数据处理中心、化工设备天然地震试验场和房屋模型天然试验场等。其中，化工设备天然地震试验场有若干罐体实物，建于 1972 年，此后陆续经受地震考验，取得较多数据。1977 年 9 月的地震（加速度峰值为 $100\,\text{cm/s}^2$）曾使罐体的薄钢壁发生压屈。1981 年又建成了现代化的房屋模型天然地震试验场。

9.7　结构抗震性能评定

工程结构抗震试验的目的是抗震性能和抗震能力的评定。通过采用不同的抗震试验方法对模型或原型结构施加振动荷载，进行数据采集，最后由反应结构性能的各项参数和各种曲线综合评定结构的抗震性能。

9.7.1　滞回曲线和骨架曲线

拟静力试验的结果通常是由荷载-变形的滞回曲线以及有关参数来表达的，它们是研究结构抗震性能的基本数据，既可进行结构抗震性能的评定，也可以从结构的强度、刚度、延性、退化率和能量耗散等方面进行综合分析，判断结构试体是否具有良好的恢复力特性，是否有足够的承载能力和一定的变形及耗能能力来抵御地震作用。

（1）滞回曲线

根据各种试体恢复力特性研究结果，试验加载一周得到的荷载-位移曲线称为滞回曲线（又称滞回环）。试体的滞回曲线可归纳为如图 9-22 所示的四种基本形态，其中，图 9-22(a) 为梭形，代表试体有受弯、偏压以及不发生剪切破坏的弯剪试体等；图 9-22(b) 为弓形，它反映了一定的滑移影响，有明显的"捏缩"效应，代表试体有剪跨比比较大、剪力较小并配有一定箍筋的弯剪试体和偏压剪试体等，图 9-22(c) 为反 S 形，它反映了更多的滑移影响，代表试体有一般框架和有剪刀撑的框架、梁柱节点和剪力墙等；图 9-22(d) 为 Z 形，它反映了大量的滑移影响，代表试体有小剪跨斜裂缝又可充分发展的试体以及锚固钢筋有较大滑移的试体等。

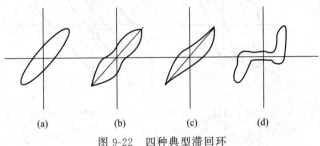

图 9-22　四种典型滞回环

在许多试体中，往往开始是梭形然后发展到弓形、反 S 形或 Z 形，因此可把图 9-22 中 (b)、(c)、(d) 都算作反 S 形。实际上，后三种形式主要取决于滑移量，滑移的量变将引起图形的质变。

通过试验及结构分析表明，不同种类的试体具有不同的破坏机制，正截面破坏的曲线图形一般呈梭形；剪切破坏和主筋粘接破坏将引起弓形等的"捏缩效应"，并随着主筋在混凝土中滑移量的增大以及斜裂缝的张合向 Z 形曲线图形发展。

(2) 骨架曲线

在拟静力试验中用变幅位移加载方法进行加载，每次所得到的滞回曲线中，取所有每一级荷载第一次循环的峰点（卸载顶点）连接起来的包络线，叫作骨架曲线，如图 9-23 为钢筋混凝土剪力墙滞回环的骨架曲线与单次加载的 P-δ 曲线对比图。从图可以看出，骨架曲线的形状大体上与单调加载曲线相似，但极限荷载略低一些。

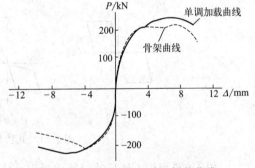

图 9-23　骨架曲线与单调加载曲线

在研究非线性地震反应时，骨架曲线是每次循环加载达到的水平力最大峰值的轨迹，反映了试体受力与变形的各个不同阶段及特性（强度、刚度、延性、耗能及抗倒塌能力等），是确定恢复力模型中特征点的依据。

9.7.2　恢复力特性的模型比

试体恢复力模型的建立及其参数的确定是结构试体非线性地震反应分析的基础，只有合理地建立起基本试体的恢复力模型并准确地确定模型的参数，理论计算结果才能反映实际结构的真实特征。目前，在地震反应分析中常用的恢复力模型有如图 9-24 所示的几种形式，其中除图（e）为光滑型外，其余均为折线型，双线型和三线型均是表达稳态的菱形滞回曲线的模型，区别在于后者考虑了开裂对试体刚度的影响，从而与试验曲线更符合一些，但它们都不能反映钢筋混凝土（或砌体）试体的一个重要特点，即刚度退化现象。退化现象是导致试体低周疲劳破坏的一个主要因素。

Clough 模型是表达刚度退化效应的一种双线型模型，而 D-TRI 模型则是考虑退化效应的一种三线型模型，因此，对于具有梭形刚度退化的滞回曲线，这两种模型都能较好地反映这一特点。

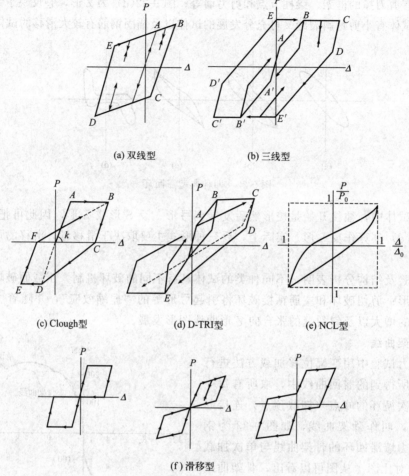

(a) 双线型　　　　　　　(b) 三线型

(c) Clough型　　　　(d) D-TRI型　　　　(e) NCL型

(f) 滑移型

图 9-24　几种常用的恢复力模型

　　上述四种模型均不能反映钢筋混凝土试体的另一特点，即滞回曲线的滑移性质。有学者通过对有剪刀撑框架的恢复力特性试验的研究发现在极限荷载的 $60\%\sim70\%$ 以内，同一位移幅值在 $2\sim3$ 次循环加载下，出现的滞回曲线比较稳定。若把这些滞回曲线用无量纲形式表示，即把力和位移坐标改成 $\dfrac{P}{P_0}$ 和 $\dfrac{\Delta}{\Delta_0}$ 加以标准化后，在上述荷载范围内滞回环将趋近于标准特征环（NCL）。

　　上述不同恢复力模型适用于不同类型的结构，例如双线型模型适用于钢结构，三线型模型适用于钢筋混凝土结构，而滑移滞回型适用于 X 型支承框架及砌体结构。目前，针对不同类型的结构选择合适的恢复力模型比较容易，困难的是如何准确地确定恢复力模型中的参数，由于这些参数与结构形式、受力特征、材料特征以及试体尺寸等众多因素有关，迄今为止还没有比较准确可靠的方法来计算这些参数。

思考题

1. 结构拟静力试验常用的加载方法有哪些？
2. 简述拟静力试验的加载制度，《建筑抗震试验规程》规定加载制度的原则是什么?

    3. 单自由度结构体系拟动力试验的步骤有哪些?

    4. 拟动力试验的误差可分为哪几种?

    5. 地震模拟振动台主要由哪些部分构成?

    6. 常用的结构抗震试验方法有哪些?

第 10 章
无损检测技术

10.1　概述

无损检测技术即非破坏性检测，就是在不破坏被测物质原来的状态、化学性质等前提下，利用物理学的力、声、电、磁和射线等的原理、技术和方法，测定与结构材料性能有关的各种物理量，并以此推定结构构件材料强度和内部缺陷的一种测试技术。

无损检测技术是在物理学、材料科学、断裂力学、机械工程、电子学、计算机技术、信息技术以及人工智能等学科的基础上发展起来的一门应用工程技术。在工程建设领域方面，它不但成为了工程事故检测和分析的手段之一，而且正在成为工程质量控制和构筑物使用过程中可靠性监控的一种工具。根据可靠的检测数据，可以判断某个构件或者工程的质量是否符合现行的有关技术标准，也可为工程提供科学养护决策的客观依据。检测工作是工程质量管理中的一个重要组成部分，同时也是各类工程质量控制评定验收的一个主要环节，其必要性和重要性主要体现在以下几个方面：

① 便于充分利用当地出产的材料（譬如，建设地点的砂石、填料等），以确定上述材料是否满足施工技术规定的要求，有利于就地取材，降低工程造价。

② 有利于推广新技术、新工艺和新材料的应用，及时有效地对某一新技术、新工艺、新材料进行检测，以鉴别其可行性、适用性、有效性、先进性，从而为工程施工积累经验。这对于推动施工技术进步，提高工程进度、质量等将起到积极的作用。

③ 有利于合理地控制并科学地评价施工质量。工程质量包括施工过程中的质量控制、竣工后的评定验收。

④ 对于使用中的各类工程、建筑物，随着使用时间的推移，不可避免地会出现老化和性能低下的现象。通过相应的试验检测可以对其性能进行合理的评估，从而在保障安全的同时，为养护加固提供依据。

无损检测是评估表面或内部缺陷或材料完整性的方法，不会以任何方式干扰材料的构造或改变其适用性。根据材料和组件的应用状态分为多种评估方法，各种各样的无损技术或方法可以在金属、塑料、陶瓷、复合材料、金属陶瓷和涂层测试上进行应用，以识别裂纹、内部空隙、表面空洞、分层、有缺陷的焊缝和其他任何可能导致结构或部件过早失效的缺陷。无损检测也适用于检测各种复合结构和管道中的缺陷。常用的无损检测如射线照相技术、磁粉检测技术、液体渗透测试技术等被广泛地应用于各种检测工程中。

10.2　无损检测基本理论

无损检测需要依靠相应的媒介，如光、电磁波、弹性波等，这些媒介大多具有波动性和振动性，可直接诱发测试对象的振动，通过分析其时域和频域动力响应，能够诊断和分析结构系统特性。因此了解和掌握振动的基本理论是十分重要的。

依据所依托的技术手段，工程无损检测技术大体可分为波动振动类（包括冲击弹性波、超声波、AE、打声法等）、电磁波类（包括雷达、电磁诱导、红外线、可见光、射线等）以及其他类等，如表 10-1 所示。本节主要对振动、波动及弹性波的理论进行介绍。

表 10-1　无损检测主要方法分类

分类	代表检测方法	检测量
波动振动类	冲击弹性波、超声波、AE、打声法	振幅、频率、相位、时间、速度
电磁波类	电磁诱导、微波（探地雷达）	振幅、频率、相位、时间、速度
	红外线、可见光（激光）	颜色、灰度、相干等
	X 射线法	射线的衰减
其他类	回弹法等	回弹值

10.2.1　振动

物体在一定位置附近来回往复运动，称为振动。对于连续介质，当某一质点振动时，该质点的振动能量就会传递到周围质点上，从而引起周围质点的振动。这种振动能量在介质内部的传播过程称为波动。振动和波动是既有区别又有联系的两种物理现象。振动是物质的一种运动形式，波动是振动的传播过程。

10.2.1.1　简谐振动

简谐振动是一种最基本、最简单的激振振动，同时也是一种周期振动，它可以视作一个物体或质点相对于基准位置做往复运动，在一定的间隔时间 T（周期）后，运动自身精确重复的振动。因此，周期振动可以用振动位移 $x(t)$ 为时间 t 的函数关系式(10-1)表示：

$$x(t) = x(t+T) \tag{10-1}$$

周期振动的波形形式各样，其中，单自由度体系正弦或余弦振动是周期振动中最简单的形式，也称为简谐振动。最典型的例子是单摆和弹簧悬挂重荷（质量-弹簧振动系统）的振动，单自由度简谐振动见图 10-1。

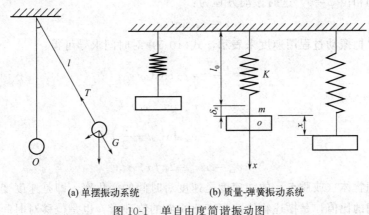

(a) 单摆振动系统　　　　(b) 质量-弹簧振动系统
图 10-1　单自由度简谐振动图

把质点 m 的位移运动规律用时间作横坐标绘成曲线，见图 10-2。

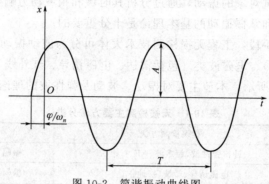

图 10-2   简谐振动曲线图

在振动中两个相邻的、完全相同的运动状态所经过的时间，称为振动的周期，用 T 表示，也指完全振动一次所需的时间。频率 f，为周期的倒数，即单位时间内完全振动的次数，其单位为 Hz（赫兹），即 s^{-1}。

$$f = \frac{1}{T} \tag{10-2}$$

位移、速度和加速度等的不同量值可以用来表征振动的大小。对于简谐振动，各参量之间为对应时间的微分或积分的关系。如果位移用 x 表示，时间用 t 表示，则简谐振动可表示为：

$$x = x_{\mathrm{m}} \sin\left(2\pi \frac{t}{T} + \varphi\right) \tag{10-3}$$

式(10-3) 也可写成：

$$\begin{aligned} x &= x_{\mathrm{m}} \sin(2\pi f t + \varphi) \\ &= x_{\mathrm{m}} \sin(\omega t + \varphi) \end{aligned} \tag{10-4}$$

式中 ω——角频率，$\omega = 2\pi f$；

x_{m}——离开基准位置的最大位移，即振幅；

φ——初相位角。

简谐振动的数学关系式也可用余弦来表示。

如振动的初相位 $\varphi = 0$，这时振动方程为：

$$x = x_{\mathrm{m}} \sin(\omega t) \tag{10-5}$$

显然，如果把振动过程用速度来表示，式(10-5) 对时间求导可得：

$$\begin{aligned} v &= \frac{\mathrm{d}x}{\mathrm{d}t} = \omega x_{\mathrm{m}} \cos(\omega t) \\ &= v_{\mathrm{m}} \cos(\omega t) \\ &= v_{\mathrm{m}} \sin\left(\omega t + \frac{\pi}{2}\right) \end{aligned} \tag{10-6}$$

$$v_{\mathrm{m}} = \omega x_{\mathrm{m}} = 2\pi f x_{\mathrm{m}}$$

同样，运动物体（或质点）的加速度是速度对时间的变化率，即是速度变化量与发生这一变化所用时间的比值，是描述物体速度变化快慢的物理量，也是位移对时间的二次导数。

$$a = \frac{\mathrm{d}v}{\mathrm{d}t} = \frac{\mathrm{d}^2 x}{\mathrm{d}t^2} = -\omega^2 x_{\mathrm{m}} \sin(\omega t)$$

$$= -a_{\mathrm{m}}\sin(\omega t)$$
$$= a_{\mathrm{m}}\sin(\omega t + \pi) \tag{10-7}$$
$$a_{\mathrm{m}} = \omega^2 x_{\mathrm{m}} = 4\pi^2 f^2 x_{\mathrm{m}}$$

由式(10-7)可以看出，在简谐振动中，其位移、速度和加速度的振动形式基本上是相似的，其周期也完全相同，只是相位角和幅值有所差别和不同。它们的相位角的关系是：速度超前位移 $\pi/2$（即 $90°$）的相位角；加速度超前位移 π（即 $180°$）的相位角，也就是与位移振动方向相反。幅值 x_{m}、v_{m} 和 a_{m} 用以作为振动大小的特征量，可以看出：加速度幅值 a_{m}、速度幅值 v_{m} 与位移幅值 x_{m} 之比分别等于 ω^2、ω。所以，对于 ω 较大的高频信号，加速度的幅值较之位移的幅值有很大的增加，有利于信号的检出。反之，对于 ω 较小的低频信号，测试位移或者速度更为适当。

10.2.1.2　振动量的描述

每一个振动量对时间坐标作出的波形，可以得到峰值、峰-峰值、有效值和平均绝对值等量值。其中峰值是指一个周期内信号最高值或最低值到平均值之间的差值。一般来说，峰值对上下对称的信号才有定义。峰 - 峰值是指一个周期内信号最高值和最低值之间的差值，就是最大和最小值之间的范围，它描述了信号值的变化范围的大小。有效值是指在一个周期内对信号平方后积分，再开方平均。

它们之间存在一定的关系。振动量的描述常用峰值表示，但在研究比较复杂的波形时，只用峰值描述振动过程是不够的。因为，峰值只能描述振动大小的瞬时值，不包含产生振动的时间过程。在考虑时间过程时的进一步描述，是平均绝对值和有效（均方根）值。

平均绝对值的定义为：

$$x_{平均} = \frac{1}{T}\int_0^T |x(t)| \,\mathrm{d}t \tag{10-8}$$

有效值定义为：

$$x_{有效} = \sqrt{\frac{1}{T}\int_0^T x^2(t)\,\mathrm{d}t} \tag{10-9}$$

简谐振动波形峰值、有效值和平均绝对值见图 10-3。

由图 10-3 可以看到，其实峰值等于峰 - 峰值的一半。其中，有效值因与振动的能量有直接关系，所以其使用较为普遍且使用价值较大。

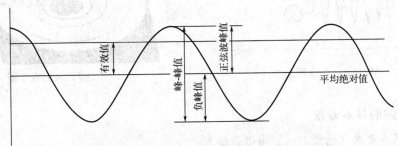

图 10-3　正弦波的峰值、有效值、平均绝对值示意图

10.2.1.3　简谐振动方程式

以图 10-1 所示的质量-弹簧振动系统为模型，如果忽略弹簧的质量，则根据达朗贝尔原

理，可以得到无阻尼单自由度系统的自由振动运动方程式：

$$m \frac{\mathrm{d}^2 x}{\mathrm{d}t^2} + Kx = 0 \tag{10-10}$$

式中　$m \dfrac{\mathrm{d}^2 x}{\mathrm{d}t^2}$——惯性力；

　　　Kx——弹性力；

　　　K——系统刚度。

设 $\omega^2 = \dfrac{K}{m}$，则式（10-10）可写为：

$$\frac{\mathrm{d}^2 x}{\mathrm{d}t^2} + \omega x^2 = 0 \tag{10-11}$$

式（10-11）为二阶常系数线性齐次微分方程，它的解为：

$$x = A_1 \cos\omega t + A_2 \sin\omega t \tag{10-12}$$

$$x = A\sin(\omega t + \varphi) \tag{10-13}$$

$$A = x_\mathrm{m}$$

将式（10-13）与式（10-4）比较，A 即最大位移。这是简谐振动常用的一种简单形式通解，也是无阻尼自由振动的通解。

$$A = \sqrt{A_1^2 + A_2^2} \tag{10-14}$$

$$\varphi = \arctan \frac{A_1}{A_2} \tag{10-15}$$

10.2.2　波动

波动与振动是密不可分的。振动表示局部粒子的运动，其粒子在平衡位置做往复运动，见图 10-4，而波动则是全体粒子运动的合成。简单而言，振动是一个质点的来回往复运动，而波动则是有联系的大量质点的运动合成，即宏观体现为波动（弹性波见图 10-5），而从微观、粒子的层面则体现为振动。

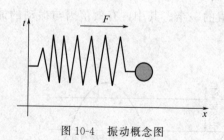

图 10-4　振动概念图　　　　　　　　图 10-5　弹性波的概念图

10.2.2.1　波的基本要素

波动的基本要素（见图 10-6）可以表示为：

① 波速 V，即波动单位在介质中传播的速度，也可说成单位时间内波形传播的距离，有 $V = L/(t_1 - t_0)$。

② 波长 λ，在波动中，对平衡位置的位移总是相等的两个相邻质点间的距离，即在一个周期内波动传播的距离：$\lambda = VT$，T 为粒子振动的周期。

③ 波数是指在波的传播方向上单位长度内的波的数目，常用 k 表示。其倒数称为波长，$k = 1/\lambda$，理论物理中定义为：$k = 2T/\lambda$，$2T$ 为长度上出现的全波数目；从相位的角度出发，可理解为：相位随距离的变化率（rad/m），即 $k = \omega/V$。

④ 相位 θ，对于一个波，是指特定的时刻在循环中的位置：一种是否在波峰、波谷或它们之间的某点的标度。相位是描述信号波形变化的度量，通常以度（角度）作为单位，又称为相角。当信号波形以周期的方式变化，波形循环一周即为 360°。与振动相似，描述波的起始位置。

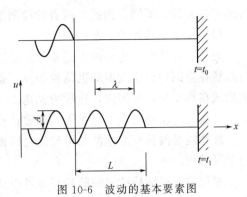

图 10-6　波动的基本要素图

10.2.2.2　波的分类

波是一种形式各样、种类繁多且普遍存在的物理现象。目前，与工程检测相关的波主要有以下几个方面。

（1）机械波与弹性波

机械振动在介质中的传播过程称为机械波。机械波产生的条件是：首先要有一个机械振动的质点作波源；其次要有能够传播振动的介质；此外，需要特别注意：当振动传播时，振动的质点并不随波而移走，只是在自己的平衡位置附近振动而已。

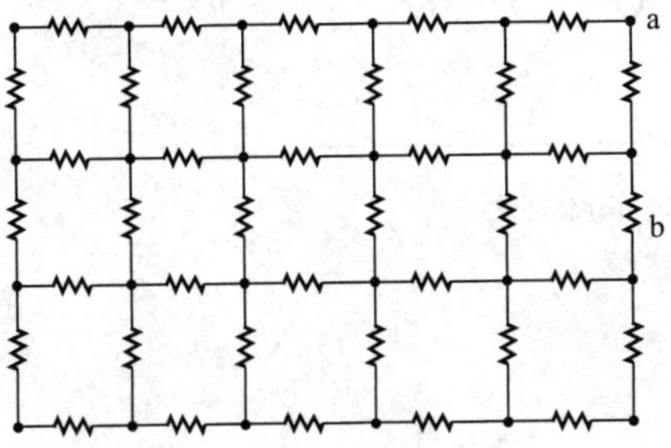

物体是由以弹性力保持平衡的各个质点所构成的，这种弹性体的简化模型见图 10-7。当某一质点受到外力的作用后，该质点就在其平衡位置附近振动。由于一切质点都彼此联系，振动质点的能量就能够传递给周围的质点而引起周围质点的振动，机械振动在上述弹性体中的传播就称为机械波。

图 10-7　弹性体的模型图
a—质点；b—弹性体的弹簧

（2）声波

声波是一种机械波，由物体振动产生，通过介质传播。

如果以频率范围来划分，以频率 f 来表征声波，则频率低于 20Hz（$f < 20$Hz）的声波称为次声波，频率在 20Hz～20kHz（20Hz$\leqslant f \leqslant 20$kHz）之间的声波称为可听声波，频率在 20kHz～1GHz（20kHz$< f \leqslant 1$GHz）的声波称为超声波，而频率大于 1GHz（$f > 1$GHz）的声波则称为特超声波或微波超声波。

在此，需要注意以下几点：

① 固体和气体及流体等在力学性质上的不同点在于固体具有剪切刚性，而气体和流体则不具有。因此，在空气、流体中传播的弹性波的成分单一，仅有 P 波（又称为纵波或疏密波）。相反，在固体中传播的弹性波的成分要复杂得多，即可以同时有纵波及横波等。

② 在工程检测中，绝大部分检测对象为固体。因此，即使采用超声波设备激发信号，在对象中传播的波仍然为弹性波。所以，从严格意义上讲，超声波检测应该属于弹性波检测的范畴，只是大家更习惯于称为超声波检测。但是，就检测设备而言，超声波检测与弹性波

第 10 章

检测却有着较大不同。因此，两者的检测范围、项目等也有许多差别。

（3）光波、红外线、电磁波

光波、红外线、电磁波也是重要的检测介质。其中，电磁波是由同相且互相垂直的电场与磁场在空间中衍生发射的振荡粒子波，是以波动的形式传播的电磁场，具有波粒二象性。电磁波在真空中速率固定，速度为光速。

光波是传统意义上的可见光，即波长在 $400\sim760\mathrm{nm}$ 之间的电磁波。

红外线是波长介于微波与可见光之间的电磁波，波长在 $760\mathrm{nm}\sim1\mathrm{mm}$ 之间，比红光长的非可见光。

根据波源振动持续时间的长短，可以将波分为连续波和脉冲波。连续波是指波源持续不断地振动，介质各质点振动持续时间为无穷的波动，其中最重要的特例是各质点都做同频率的谐振动，这种情况下的连续波称为简谐波（又称正弦波、余弦波）。而波源振动持续时间很短（通常是微秒数量级），则称脉冲波。目前弹性波检测中广泛采用的就是脉冲波。连续波与脉冲波的振动情况见图 10-8。

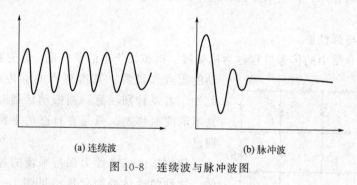

(a) 连续波   (b) 脉冲波

图 10-8   连续波与脉冲波图

10.2.3   弹性波的基本理论

10.2.3.1   冲击弹性波

弹性波能够直接反映材料的力学特性，是工程检测中最常用的媒介之一。无损检测领域中的常用媒介很多，例如超声波、放射线（如 X 射线、伽马射线、中子等）、电磁波（如电磁雷达等）、冲击弹性波等。其中冲击弹性波用锤或电磁激振装置冲击产生，具有激振能量大、操作简单、便于频谱分析等特点，且能够直接反映材料的力学特性，是一种非常适合工程无损检测的媒介。

10.2.3.2   弹性波的分类

根据弹性波波动的传播方向与粒子振动方向的关系，可以将其分类如下：

① P 波（纵波或疏密波）。当对无限均匀的弹性介质进行正弦作用的拉-压时，就会产生交替变化的压缩和拉伸变形，质点也就产生疏密相间的纵向波动。已振的质点又推动相邻的质点，在无限均匀的弹性介质中继续向前传播。这时，介质中质点振动方向与波的传播方向一致，这种波称为纵波（图 10-9），也称压缩波或疏密波，表示为 P 波。其在介质中传播时，仅使介质各点改变体积而无转动。

任何弹性介质在体积发生变化时，会产生弹性力。因此，P 波可以在任何弹性介质（气体、液体、固体）中传播。同时，由于质点发生振动的振动方向和传播方向一致，也使其在各种弹性波中波速最快，所以其应用十分广泛。

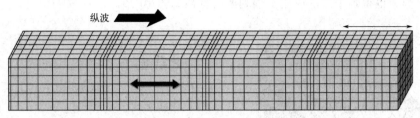

图 10-9　纵波（P 波）图

② S 波（横波或剪切波）。由于固体介质具有体积刚度和剪切刚度，因此，当对固体介质进行剪切应力作用时，将会产生相应的剪切变形，介质质点就会产生具有波峰和波谷的横向振动，并在介质中传播。这时，波的传播方向与介质质点的振动方向相垂直。这种波称为横波（图 10-10），又称剪切波，以符号 S 表示。其在介质中传播时，使介质各部分产生变形而体积不变。

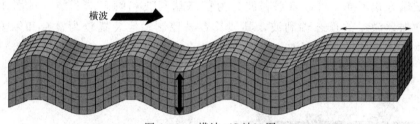

图 10-10　横波（S 波）图

由于液体、气体的剪切刚度很小，几乎趋近于零，因此其不存在 S 波。因而，在固体中传播的 S 波遇到液体、气体时几乎发生完全反射，所以 S 波也有较多的应用。P 波和 S 波可在物体内部和深处传播，存在于物体内部，因此又称为体波。

③ 瑞利波。当对固体半无限弹性介质进行表面扰动作用时，介质表面的质点就产生相应纵向振动和横向振动。其结果将导致质点的合成振动（纵向振动和横向振动），即绕其平衡位置作椭圆轨迹的振动，并作用于相邻的质点而在介质表面传播，这种波称为表面波（图 10-11）。

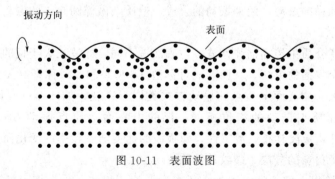

图 10-11　表面波图

表面波，主要成分是瑞利波（也称为瑞雷波），以符号 R 表示。图 10-11 表示的是各质点的振动方向及表面波的传播方向。同时，也显示了瑞利波的振幅随着深度的增加而迅速减小。

　　由于在表面振动的瑞利波，衰减较小，容易测试，且其传播深度大致相当于其波长，从而在工程检测中也得到了广泛应用。瑞利波的特性见图 10-12。

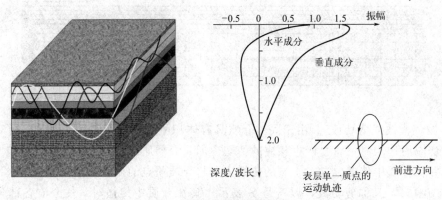

图 10-12　瑞利波的特性图

　　根据激振方式不同，可以将瑞利波分为稳态瑞利波和瞬态瑞利波（见图 10-13）。通常，采用激振器激振的稳态瑞利波，其波长容易控制，但装置较为复杂和笨重。利用锤击等方式激振产生的瞬态瑞利波，操作方便但波长不易控制，需要通过较为复杂的数学手段分析。

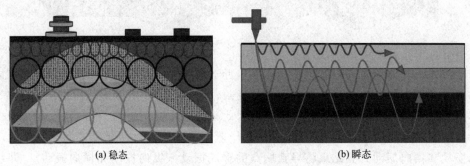

图 10-13　瑞利波的激振图

　　④ 板波（Lame 波）。当无限长宽的弹性板状介质受到表面扰动作用时，介质质点也将产生相应的纵向和横向振动。两种振动的合成，使质点做椭圆轨迹的振动并传播的波称为板波，以符号 L 表示。

　　板波是在板状介质中传播的弹性波，与表面波不同，即波长大于板的厚度。因此其在传播时，要受到两个界面的束缚，从而形成对称型（S 型）和非对称型（A 型）两种情况。在传播中的 S 型板波，中心面上质点的振动方式类似于纵波，如图 10-14(e)。在传播中的 A 型板波，上下表面质点振动的相位相同，板的中心面上质点振动方式类似于横波，如图 10-14(f)。此外，板波具有频散特性，即板波的速度随着频率的变化而变化。因此，板波主要用于探测薄板材料的分层、裂纹等缺陷。

　　⑤ 其他波。除以上叙述的波型外，还有弯曲波、爬波、乐夫波、楔波等几种类型。其中，当声波在棒或板中传播时，使棒或板做弯曲运动的弹性波称为弯曲波，可用于丝、板材料的探伤。

　　弹性波主要成分的特点见表 10-2，弹性波在介质中的传播示意图见图 10-14。

表 10-2　弹性波主要成分的特点

分类	P 波 (纵波、疏密波)	S 波 (横波、剪切波)	R 波 (瑞利波)	L 波 (板波)
波速	最快	约为 P 波波速的 60％左右	约为 P 波波速的 55％左右	随频率而变化
材料力学特性的依存性	主要依存于弹性模量 E	主要依存于剪切模量 G	主要依存于剪切模量 G	依存于 E、G

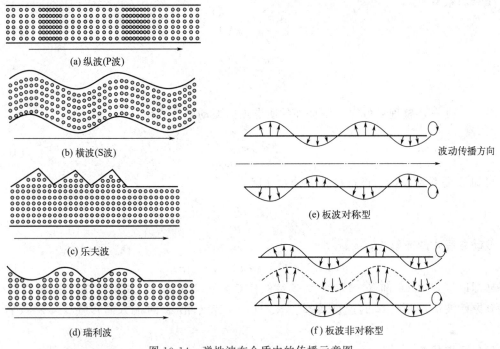

(a) 纵波(P波)

(b) 横波(S波)

(c) 乐夫波

(d) 瑞利波

波动传播方向

(e) 板波对称型

(f) 板波非对称型

图 10-14　弹性波在介质中的传播示意图

10.2.3.3　弹性波的基本方程

(1) 一维状态

测试对象的一维状态指对象物体的长度 $L > 5D$（直径），且激发的弹性波波长 $\lambda > 2D$。取一维杆的轴线作为 x 轴（图 10-15），设其为等截面，截面面积为 A，弹性模量为 E，密度为 ρ，且材质均匀连续。在任意截面处的微单元 $\mathrm{d}x$ 受纵向外力 P 扰动而发生自由振动，振动位移表示为 $u(x,t)$。

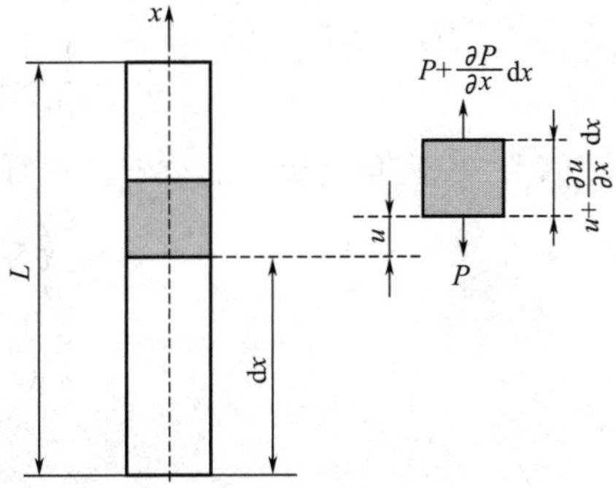

该微元 $\mathrm{d}x$ 在 x 处，受扰动后产生的纵向张力以 $P(x)$ 表示，则：

$$P(x) = AE\varepsilon(x) \tag{10-16}$$

$$\varepsilon(x) = \frac{\partial u}{\partial x} \tag{10-17}$$

于是式(10-16)可写为：

图 10-15　一维杆中质点纵向振动图

$$P(x) = AE\frac{\partial u}{\partial x} \tag{10-18}$$

而 $x+\mathrm{d}x$ 截面处的总张力为：

$$P+\frac{\partial P}{\partial x}\mathrm{d}x=AE\left(\frac{\partial u}{\partial x}+\frac{\partial^2 u}{\partial x^2}\mathrm{d}x\right) \tag{10-19}$$

据牛顿定律，不平衡力产生物体的加速度，即：

$$\frac{\partial P}{\partial x}\mathrm{d}x=\rho A\,\mathrm{d}x\,\frac{\partial^2 u}{\partial t^2} \tag{10-20}$$

整理后，有：

$$AE\,\mathrm{d}x\,\frac{\partial^2 u}{\partial x^2}=\rho A\,\mathrm{d}x\,\frac{\partial^2 u}{\partial t^2} \tag{10-21}$$

$$\frac{E}{\rho}\frac{\partial^2 u}{\partial x^2}=\frac{\partial^2 u}{\partial t^2}$$

令 $C=\sqrt{\dfrac{E}{\rho}}$ ，整理后可得一维杆件的质点纵向振动微分方程：

$$\frac{\partial^2 u}{\partial t^2}=C^2\frac{\partial^2 u}{\partial x^2} \tag{10-22}$$

可知 C 是弹性波沿一维杆件轴向传播速度：

$$C=\sqrt{\frac{E}{\rho}} \tag{10-23}$$

波动方程式的通解为：

$$u(x,t)=f(x-Ct)+g(x+Ct) \tag{10-24}$$

亦即以 $(x-Ct)$ 和 $(x+Ct)$ 为参数的任意函数均可满足上式，它表明初始的扰动将保持其原始波形，并以 C 的速度传播。$(x-Ct)$ 表示沿 x 的正方向传播，$(x+Ct)$ 则相反。

(2) 三维状态

通常在三维体中的弹性波的基本方程可以根据弹性体的运动方程导出

$$\rho\,\frac{\partial^2 u}{\partial t^2}=(\lambda+G)\frac{\partial\bar\varepsilon}{\partial x}+G\boldsymbol{\nabla}^2 u \tag{10-25a}$$

$$\rho\,\frac{\partial^2 v}{\partial t^2}=(\lambda+G)\frac{\partial\bar\varepsilon}{\partial y}+G\boldsymbol{\nabla}^2 v \tag{10-25b}$$

$$\rho\,\frac{\partial^2 w}{\partial t^2}=(\lambda+G)\frac{\partial\bar\varepsilon}{\partial z}+G\boldsymbol{\nabla}^2 w \tag{10-25c}$$

式中 $\boldsymbol{\nabla}^2$ ——直角坐标系的拉普拉斯算子，其定义如下：

$$\boldsymbol{\nabla}^2=\frac{\partial^2}{\partial x^2}+\frac{\partial^2}{\partial y^2}+\frac{\partial^2}{\partial z^2}$$

$$\lambda=\frac{\mu E}{(1+\mu)(1-2\mu)}$$

$$\bar\varepsilon=\varepsilon_x+\varepsilon_y+\varepsilon_z$$

式中 λ ——拉梅常数；

E、G、μ ——弹性模量、剪切模量和泊松比；

$\bar\varepsilon$ ——体积膨胀率。

上述弹性波基本方程，可以得到两种解。其一为三维膨胀的波（非旋转波），另一则为纯旋转波等体积的波。

将式（10-25）中的三个方程的左右两端分别对 x，y，z 微分后相加，即可得到关于膨胀波的波动方程式：

$$\frac{\partial^2 \bar{\varepsilon}}{\partial t^2} = \frac{(\lambda + 2G)}{\rho} \nabla^2 \bar{\varepsilon}$$
$$= V_P^2 \nabla^2 \bar{\varepsilon}$$

可以看出，$V_P = \sqrt{(\lambda + 2G)/\rho}$，即为体积膨胀在三维弹性体中的传播速度，也就是 P 波的波速。同样，将式（10-25b）对 y 微分，式（10-25）对微分后求差，并消去 $\bar{\varepsilon}$ 后，可得：

$$\frac{\partial^2}{\partial t^2}\left(\frac{\partial w}{\partial y} - \frac{\partial v}{\partial z}\right) = \frac{G}{\rho} \nabla^2 \left(\frac{\partial w}{\partial y} - \frac{\partial v}{\partial z}\right) \tag{10-26}$$

令 $\overline{\omega_x} = \left(\frac{\partial w}{\partial y} - \frac{\partial v}{\partial z}\right)$ 即为绕 x 轴的旋转，可得该旋转在三维弹性体中的传播速度也就是 S 波的波速：$V_S = \sqrt{\frac{G}{\rho}}$。可以看出，绕 y 轴、z 轴旋转的波速均为 $V_S = \sqrt{\frac{G}{\rho}}$。

10.3　无损检测的主要方法

在实际应用过程中，无损检测技术的工作效率较高，检测结果也较为精确。

无损检测技术应用的广泛程度在一定情况下可以反映出一个国家的技术能力水平。无损检测本身具有简便、快捷、容易操作等特点，是检测工程质量的有效方法。下面将详细讲解无损检测的主要方法，它包括超声和超声波技术、电磁检测技术、渗透检测技术、射线探伤技术、回弹检测技术等。

10.3.1　超声和超声波技术

用声学方法检测结构混凝土可以追溯到 20 世纪 30 年代，以锤击作为振源，测量声波在混凝土中的传播速度，粗略地判断混凝土质量。超声波脉冲法在土木工程领域的无损检测技术中有着广泛的应用，目前所采用的这种超声脉冲法始于 20 世纪 40 年代后期。

10.3.1.1　基本原理

超声检测，是指用超声波来检测材料和构件并以超声检测仪作为显示方式的一种无损检测方法。超声检测，利用超声波的众多特性（如反射和衍射），通过观察显示在超声检测仪上的有关超声波在被检材料或构件中发生的传播变化，来判定被检材料和构件的内部和表面是否存在缺陷，从而在不破坏或不损害被检材料和构件的情况下，评估其质量和使用价值。

因为超声波检测技术具备较高的穿透力，能够对建筑物的大部分实体结构进行穿透检测，且其灵敏性较高，不会对建筑物结构产生破坏，所以在建筑物内部质量检测工作中的应用较为广泛。现阶段，超声波检测技术在应用中，以高频率振荡检测为主，当其振动频率达到一定程度时，超声波就会出现。它经常应用于实心的建筑物结构检测中，且其检测结果的准确性能够得到保障，更利于检测人员对建筑物质量进行全面掌握。检测人员在应用超声波检测技术的过程中，要对建筑物结构的各项信息进行收集，并重点对建筑物内部结构进行检测，同时根据检测曲线图对建筑物质量的好坏进行准确判断。

电磁波的传播速度为 $3 \times 10^8 \, \text{m/s}$，而超声波在空气中的传播速度为 $340 \, \text{m/s}$，其速度相对电磁波是非常慢的。超声波在相同的传播介质里（如大气条件）传播速度相同，即在相当大的频率范围内声速不随频率变化，波动的传播方向与振动方向一致，是纵向振动的弹性机械波，它是借助于传播介质的分子运动而传播的，波动方程与电磁波类似，见以下公式：

$$A = A(x)\cos(\omega t + kx) \tag{10-27}$$

$$A(x) = A_0 e^{-\alpha x} \tag{10-28}$$

式中，$A(x)$ 为振幅，A_0 为常数，ω 为圆频率，t 为时间，x 为传播距离，$k = \dfrac{2\pi}{\lambda}$ 为波数，λ 为波长，α 为衰减系数。衰减系数与声波所在介质及频率的关系为：

$$\alpha = a f^2 \tag{10-29}$$

式中，a 为介质常数，f 为振动频率。在空气里，$\alpha = 2 \times 10^{-13}\,\mathrm{s^2/cm}$。当振动的声波频率 $f = 40\mathrm{kHz}$（超声波）时，代入式(10-29)，可得 $\alpha = 3.2 \times 10^{-4}\,\mathrm{s^2/cm}$，即 $\dfrac{1}{\alpha} = 31\mathrm{m}$；若 $f = 30\mathrm{kHz}$，则 $\dfrac{1}{\alpha} = 56\mathrm{m}$。它的物理意义是：在 $\dfrac{1}{\alpha}$ 长度上平面声波的振幅衰减为原来的 $\dfrac{1}{e}$，由此可以看出，频率越高，衰减得越厉害，传播的距离也越短。

声波在介质中传播的过程中，其振幅将随传播距离的增大而逐渐减小，这种现象称为衰减。声波衰减的大小及其变化不仅取决于所使用的超声频率及传播距离，也取决于被检测材料的内部结构及性能。因此，研究声波在介质中的衰减情况将有助于探测介质的内部结构及性能。

① 衰减系数，当平面波通过某介质后，其声压将随距离 x 的增加而衰减。衰减按指数规律变化。

$$p = p_0 e^{-\alpha x} \tag{10-30}$$

式中　　p_0——$x = 0$ 处的声压，即声源的声压；

　　　　p——距声源为 x 处的声压；

　　　　e——自然对数的底，$e = 2.71828$；

　　　　α——衰减系数。

如果不考虑声波的扩散，则衰减系数取决于介质的性质。它的大小表征介质对声波衰减的强弱。

对式(10-30)取自然对数，可得：

$$\alpha = \frac{1}{x} \ln \frac{p_0}{p} \tag{10-31}$$

α 的量纲应是长度单位的倒数与 $\ln \dfrac{p_0}{p}$ 量纲的乘积。而两声压比值（无量纲）的自然对数的单位是奈培（Np），故衰减系数的单位为 Np/cm，即单位长度的奈培数。

现在的单位制规定对衰减的度量用另一单位：分贝（dB）。分贝是两个同量纲的比值取常用对数再乘 20。这样，衰减系数的计算式为：

$$\alpha = \frac{1}{x} \cdot 20 \ln \frac{p_0}{p} \tag{10-32}$$

由于声波的声压与介质质点的振动位移幅值成正比，所以式(10-32)中的 p、p_0 可以用相应的振动位移 A、A_0 代替，衰减系数为：

$$\alpha = \frac{1}{x} \cdot 20\ln\frac{A_0}{A} \tag{10-33}$$

实际检测中，衰减系数通常是以示波屏上接收波的振幅值来度量计算的。这是因为示波屏上的波形振幅与接收换能器处介质的声压及振动位移值是相对应的。

② 固体材料中声波衰减的原因。

a. 吸收衰减。声波在固体介质中传播时，由于介质的黏滞性而造成质点之间的内摩擦，从而使一部分声能转化为热能；同时，由于介质的热传导，介质的稠密和稀疏部分之间进行热交换，从而导致声能的损耗，这就是介质的吸收现象。介质的这种衰减称为吸收衰减，以吸收衰减系数 α_a 来表征。通常认为，吸收衰减系数 α_a 与声波频率的一次方或平方成正比，通常在固体材料中与频率的一次方成正比，液体材料则与频率的平方成正比。

b. 散射衰减。介质中存在颗粒状结构（如液体中的悬浮粒子、气泡，固体介质中的颗粒状结构、缺陷、掺杂物等）而导致声波的衰减呈散射衰减，以散射衰减系数 α_s 来表征。对于混凝土来说，一方面是因为其中大的颗粒（粗集料）构成许多声学界面，使声波在这些界面上产生多层反射、折射和波型转换，另一方面是微小颗粒对声波的散射。同时，这些微小颗粒在相应频率的超声波作用下产生共振现象，其本身成为新的振源，向四周发射声波，使声波能量的扩散达到最大。散射衰减与散射粒子的形状、尺寸、数量和性质有关，其过程是很复杂的。通常认为，当颗粒的尺寸远小于波长时，散射衰减系数与频率的四次方成正比；当颗粒尺寸与波长相近时，散射衰减系数与频率平方成正比。

吸收衰减系数与散射衰减系数都取决于介质本身的性质。若介质本身引起的衰减系数为 α，它由吸收衰减与散射衰减两部分组成，即 $\alpha = \alpha_a + \alpha_s$。

综合上述衰减系数与频率的关系，对于固体介质来说，总的衰减系数与频率的关系通常可表示为：

$$\alpha = af + bf^2 + cf^4 \tag{10-34}$$

式中　a、b、c——由介质性质和散射物特性所决定的比例系数。

c. 扩散衰减。通常的声波辐射器（发射换能器）发出的超声波束都有一定的扩散角。因波束的扩散，声波能量逐渐分散，从而使单位面积的能量随传播距离的增加而减弱。声波的声压与声强均随其传播距离的增加而减弱。在混凝土超声检测中所采用的低频超声波，其扩散角很大。当超声波传播一定距离后，在混凝土中的超声波已近于球面波。远离声源的球面波的声压与其距声源的距离 r 成反比，即 r 越大，声压越小。这种因声波的扩散而引起的衰减称为扩散衰减。扩散衰减的大小仅取决于声波辐射器的扩散性能及波的几何形状，而与传播介质的性质无关。因此，在计算介质的衰减系数时总是希望将该项衰减修正消除或在测量时选取相同距离，使扩散衰减成为一恒量，使其不影响所测得的衰减系数结果，这样可以对比得出介质的衰减特性规律。

10.3.1.2　超声波检测仪器

超声波检测仪器类型有 C61 非金属超声波检测仪、混凝土超声波检测分析仪、超声波无损检测仪。超声波检测仪如图 10-16 所示。

(1) 用途

① 声波透射法检测基桩完整性。

② 超声法检测混凝土内部缺陷，如不密实区域、蜂窝空洞、结合面质量、表面损伤层厚度等。

图 10-16   超声波检测仪

③ 超声-回弹综合法检测混凝土抗压强度。

④ 超声法检测混凝土裂缝深度。

⑤ 地质勘查，岩体、混凝土等非金属材料力学性能检测。

（2）性能特点

① 快速、准确的声参量自动判读，实时动态波形显示，保证了检测的效率。

② 图形化显示测试结果。测试以后可以分析结果、可以图形化显示，用户可以直观地观察分析结果。

③ 可测试回弹值。C61 非金属超声波检测仪可直接外接回弹仪进行超声-回弹综合法测试，并分析及推定混凝土强度。

④ 信号接收能力强。在无缺陷混凝土中对测穿透距离可达 10m。

⑤ 仪器便携。体积小、质量小（约 1.75kg），携带方便。

⑥ 具备扩展功能。C61 非金属超声波检测仪可扩展冲击回波法测厚功能（可用于单面测量混凝土厚度）。

10.3.1.3   超声波检测的内容

（1）明确构件结构缺陷类型

混凝土结构因为施工时的特殊性，很容易就在内部造成缺陷，从而使工程的施工质量受到影响。在施工过程中，采用合理的检测技术，可以在不破坏混凝土结构的前提下准确地检测出其内部缺陷。我国当前检测技术中，应用最多的就是超声波检测技术，它主要就是利用超声波传出的声波信号来对混凝土内部结构进行检测，从而分析其内部结构混凝土的紧密程度。根据得到的数据情况，判断结构内部的缺陷程度。混凝土内部超声波传播原理如图 10-17 所示。

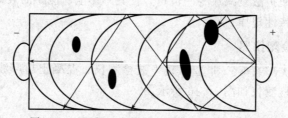

图 10-17   混凝土内部超声波传播原理示意图

当超声波检测到混凝土内部的缺陷位置时，会因为传播介质的不同而发生改变，声波的参数会发生一定程度上的变化。可由得出的声波参数的变化程度，来判断混凝土结构的内部情况。当混凝土结构内部有缺陷或者裂痕的时候，会使超声波的声速降低，但超声波声时的变化情况会随着声速的降低反而开始提升。超声波幅度的大小，也会反映出混凝土结构内部的缺陷，当幅度出现明显变小的时候，就意味着此位置出现内部的缺陷。因此，可以通过超声波来对钢筋混凝土内部结构进行判断。

（2）超声法检测混凝土强度

混凝土超声测强曲线因混凝土原材料的品种规格和含量、配合比和工艺条件的不同而有不同的试验结果。因此，按常用的原材料品种规格，采用不同的技术条件和测强范围进行试验；试验数据经适当的数学拟合和效果分析，建立超声波传播速度与混凝土抗压强度的相关关系；取参量的相关性好、统计误差小的曲线作为基准校正曲线；并经验证试验，取测强误差小的经验公式为超声测强之用。

超声测强有专用的校正曲线、地区曲线和统一曲线。校正曲线和地区曲线在试验设计中一般均考虑了影响因素，而校正试验的技术条件与工程检测的技术条件基本相同，曲线使用时，一般不要特殊地修正，因此，建议优先使用。在没有专用或地区曲线的情况下，如果应用统一曲线，则需验证，按不同的技术条件提出修正系数，使推算的结构混凝土强度的精度在允许范围内。这些修正系数也可根据各种不同的影响因素分项建立，以扩大适用范围。

10.3.2　电磁检测技术

电磁无损检测是以电磁场为基础，观察材料在电磁场影响下的电学或磁学性质变化，以此判断材料内部组织与性能的方法技术，是无损检测的重要分支。随着信息技术和科学手段的不断发展，电磁无损检测技术将得到很大的改进和发展。一是检测技术深入发展。识别、定位、定量化和预警是电磁检测材料缺陷的四个步骤阶段，当前，缺陷识别与定位检测研究已经较为深入，但确定缺陷形状与参数，并在材料未形成损伤之前通过改变性能增加使用寿命还存在很大的研究困难。二是提高检测探头的灵敏度。探针性能在电磁检测中有重要作用，除了从线圈式探头的机械结构与磁场传感器两个方面对探头进行优化设计外，还可以创新思维，从其他角度提高检测探头的灵敏度。三是与其他科学技术结合。电磁检测技术可以利用计算机仿真软件进行检测模拟试验分析，不仅方便快捷、节约时间和成本，还可为以后的试验研究积累经验并提供理论基础。此外，电磁检测技术还可能向自动化、高智能化以及标准化发展。电磁无损检测包括涡流检测、交流磁场检测以及金属磁记忆检测等。

10.3.2.1　涡流检测

涡流检测是以电磁感应为基础，通过测定被检工件内感生涡流的变化来无损地评定导电材料及其工件的某些性能，或发现其缺陷的无损检测方法（原理图见图 10-18），可用于检测金属导电率、涂层厚度、应力、位移等，但应用最为普遍的是探伤。

10.3.2.2　交流磁场检测

交流磁场检测是近年来无损检测的主要进展之一，主要用来检测覆有防腐涂层或绝缘层的水下结构表面缺陷。它采用均匀的感应场，并通过测量试件上方的磁场强度来实现缺陷检测。根据楞次定律，电磁波在导体中传播时，导体中将产生感应电流，而感应电流的分布及大小与导体的电导特性有关。如果让交变电流垂直于样品平面，当被测样品中无缺陷时感应电流均匀分布，电流线平行；如果存在缺陷，电流线会在缺陷边缘处产生汇聚和偏转，两端电流密度比激励电流要大得多，存在一定的奇异性，这种电流的变化会产生一个偶极子磁场，如图 10-19 所示。在缺陷两端电流最密集，会产生 2 个 B_z 峰值，根据两峰值之间的距离可以确定缺陷的长度；沿缺陷方向 B_x 值受扰动，在缺陷最深处达到最小值。因此交流磁场检测可以通过分析 B_z 和 B_x 后获得与缺陷有关的长度、深度等信息。

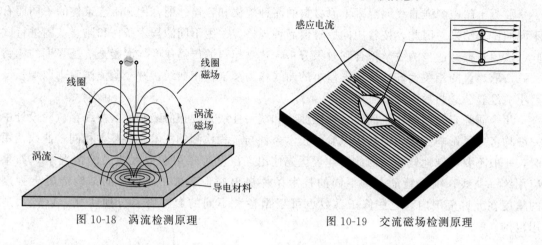

图 10-18　涡流检测原理　　　　　图 10-19　交流磁场检测原理

10.3.2.3　金属磁记忆检测

金属磁记忆（MMM）检测技术是 1999 年 10 月引入中国的一种新的无损检测手段，相较于当前应用较多的涡流检测、交变磁场检测具有不需磁化装置，探头提离效应小，不需耦合，可快速准确测定应力集中区，且检测灵敏度高（是目前唯一能以 1mm 精度确定应力集中区的方法）等优势，特别适合野外作业，在装备武器以及航空器缺陷快速准确定位中具有无可比拟的优势，在军事上具有广阔的应用前景。

设备出现运行性损坏之前，应力集中区金属组织的变化（腐蚀、疲劳、蠕变）有一个过程。相应地，金属的磁性强度也在随之变化，它反映着设备及其结构的实际应力变形状况。铁磁性材料工件，在地磁和交变荷载作用下，缺陷或应力集中部位的磁导率最小，其磁场切向分量具有最大值，而法向分量则改变符号，且具有零值点，如图 10-20 所示。而在工件表面会形成漏磁场，表面漏磁场"记忆"了部件的缺陷或应力集中的位置，即"磁记忆"效应。由于铁磁性材料表面上的磁场法向分量为零值时对应的区域与工件缺陷或应力集中部位对应，故对工件表面的漏磁场法向分量进行扫描检测，就能间接地判断出工件是否有缺陷或应力集中位置。

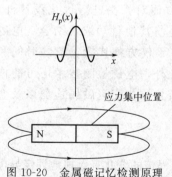

图 10-20　金属磁记忆检测原理

10.3.3　渗透检测技术

渗透检测是一种以毛细作用原理作为基础的检查表面开口缺陷的无损检测方法。该方法是 5 种常规无损检测方法，即超声检测、电磁检测、渗透检测、射线探伤检测、回弹检测其中之一，是一门综合性的科学技术。与其他无损检测方法一样，渗透检测也是在一个前提之下，即不破坏被检测对象使用性能，利用物理、化学、材料科学和工程理论对各种工程材料、零部件和产品进行有效检验，从而对其完整性、连续性和安全可靠性进行评价的检测方法。渗透检测是实现质量控制、节约原料、改进工艺、提高产品制造劳动生产率的重要手段，也是设备维修保养中必不可少的一种手段，主要用于检测非疏孔性的金属或非金属零部件的表面开口缺陷。

① 渗透检测的基本步骤：预处理、渗透、去除、干燥、显像和后处理。将渗透液借助毛细管作用渗入工件的表面开口缺陷中，用去除剂清除掉表面多余的渗透液，将显像剂喷涂在被检表面，经毛细管作用，缺陷中的渗透液被吸附出来并在表面显示。

② 渗透检测方法：荧光渗透检测和着色渗透检测。渗透检测适用于表面裂纹、折叠、冷隔、疏松等缺陷的检测，被广泛用于铁磁性和非铁磁性锻件、铸件、焊接件、机加工件、粉末冶金件、陶瓷、塑料和玻璃制品的检测。在建筑钢结构工程中，主要用于锻件、铸件、焊接件和奥氏体不锈钢的表面开口缺陷的检测。如图 10-21 为荧光渗透检测。

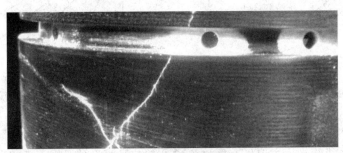

图 10-21　荧光渗透检测

渗透检测在使用和控制方面都相对简单。渗透检测所使用的设备可以是分别盛有渗透液、去除剂、显像剂的简单容器的组合，也可以是复杂的计算机控制自动处理系统。

③ 渗透检测的主要优点是：显示直观、操作简单、渗透检测的灵敏度很高、可检出开口小至 $1\mu m$ 的裂纹。渗透检测的主要局限：一是它只能检出表面开口缺陷；二是粗糙表面和孔隙会产生附加背景，从而对检测结果的识别产生干扰；对零件和环境有污染。

10.3.4　射线探伤技术

射线探伤是利用某种射线来检查焊缝内部缺陷的一种方法。常用的射线有 X 射线和 γ 射线两种。X 射线和 γ 射线能不同程度地透过金属材料，对照相胶片产生感光作用。利用这种性能，当射线通过被检查的焊缝时，因焊缝缺陷对射线的吸收能力不同，使射线落在胶片上的强度不一样，胶片感光程度也不一样，这样就能准确、可靠、非破坏性地显示缺陷的形状、位置和大小。

1895 年，物理学家伦琴发现了一种新的射线，这种肉眼不可见的射线最神奇的地方就是它具有使密封的胶片感光的本领，科学家们将这种射线命名为"X 射线"。X 射线的发现为无损检测工作开启了一个崭新的时代。X 射线透照时间短、速度快，检查厚度小于 30mm 时，显示缺陷的灵敏度高，但设备复杂、费用大，穿透能力比 γ 射线小。

自然界的某些矿石会产生天然射线。在磁场中，这些射线会分离成三束。其中两束会向相反的方向偏离，一束的运动方向与没有磁场时相同。这表明一束带正电，一束带负电，一束不带电，不带电的被称为 γ 射线。γ 射线能透照 300mm 厚的钢板，透照时不需要电源，方便野外工作。

10.3.4.1　X射线探伤

(1) X射线透射原理

X射线具备较强的穿透性，照射在物质上，会因为物质元素的种类、物体密度和厚度而产生不同程度的衰减。同时，射线源的能量强度也决定着透射的锐利性。因此，对于密度较大的大体积物体，射线发生器的功率要求也就较高。透射强度和透射厚度的关系曲线，如图 10-22 所示。同一物质下射线强度与透过率的关系，如图 10-23 所示。同功率下不同物质中的透过率，如图 10-24 所示。

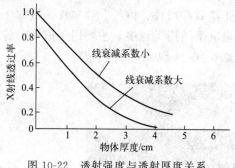

图 10-22　透射强度与透射厚度关系

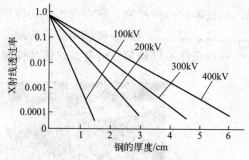

图 10-23　钢中透过率与射线强度关系

由曲线可知 X 射线对金属物质透射性能极差，金属粒子会吸收掉大部分的光波能量进行能级跃迁。而电缆绝缘层主要以交联聚乙烯这类的高聚合物为主，对 X 射线的能量损耗较小。低功率的 X 射线发生器即可满足探伤需求，技术难度和制造成本均得到了有效控制。

(2) X射线发生装置

采用高压真空二极管实现 X 射线发生，工作过程如下：

① 两极加载两千伏以上直流、交流电，对阴极丝极加热，产生热电子。

② 热电子受到电压产生的极大电场力，在管内高速发射，击中阳极的电子靶，碰撞释放的大部分能量转化为热能，小部分转变为电磁波，这部分即为 X 射线。高压真空二极管结构，大致如图 10-25 所示。

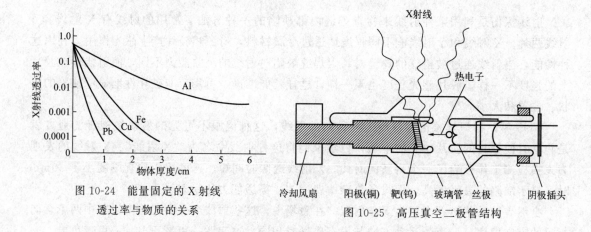

图 10-24　能量固定的 X 射线
透过率与物质的关系

图 10-25　高压真空二极管结构

(3) 直接摄影检测法

X 射线进行透射检测的方法主要有 3 种。最为直接的应用为 X 射线透射目标后在感光片上成像得到内部图像，如图 10-26 所示。

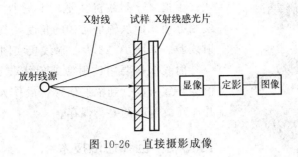

图 10-26　直接摄影成像

（4）间接摄影检测法

不采用感光片，而是用荧光板收集投射出来的 X 射线，在暗室或者暗箱中进行可视化处理，然后用装入感光片的相机间接拍摄成像。这种方法称为间接摄影检测法，装置如图 10-27 所示。

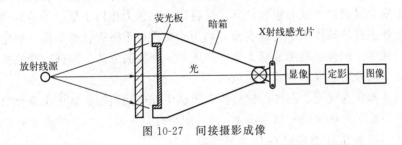

图 10-27　间接摄影成像

10.3.4.2　γ 射线探伤

（1）γ 射线透射原理

γ 射线由放射性同位素发出，具有很强的穿透能力，也被用作探伤和测厚的有力工具。放射性同位素种类很多，在探伤和测厚中经常使用的有：^{60}Co、^{137}Cs、^{170}Tm、^{192}Ir 等。

γ 射线探伤仪的结构基本上是由源的特性决定的，同 X 射线仪器相比，它的造价较低，更便于使用。因此，在工业射线探伤中也得到了广泛的应用。随着仪器和方法的进一步改进，其应用范围可能会进一步扩大。

目前的 γ 射线探伤仪器多数是采用照相法进行工作的，有手提式和移动式两种，最大的射线剂量已达到 2000Ci（居里），一般通用的多数是 1～100Ci 的仪器。

γ 射线探伤仪器有其使用方便的优点。但是，它的防护问题比射线严重得多，曝光时间一般比 X 射线长，尤其是探测缺陷的灵敏度要比 X 射线低。因此，对 γ 射线探伤仪器的应用问题必须按实际情况决定。对探测微细裂纹来说，清晰度就显得很重要，一般是用 X 射线或电子加速器检测；对探测铸造缺陷和对一些宽裂纹来说，γ 射线的清晰度和灵敏度是够用的。

（2）γ 射线机

γ 射线机用放射性同位素作为 γ 射线源辐射 γ 射线，它与 X 射线机的一个重要不同是 γ 射线源始终都在不断地辐射 γ 射线，而 X 射线机仅仅在开机并加上高压后才产生 X 射线，这就使 γ 射线机的结构具有了不同于 X 射线机的特点。γ 射线由放射性元素激发，能量不变。强度不能调节，只随时间呈指数倍减小。

图 10-28   γ 射线机

γ 射线探伤机分为三种类型：手提式、移动式、固定式。手提式 γ 射线机轻便，体积小、重量小，便于携带，使用方便。但从辐射防护的角度，其不能装备能量高的 γ 射线源。如图 10-28 为 γ 射线机实图。

射线探伤要用放射源或射线装置发出射线，操作不慎会导致人员受到辐射伤害。操作人员应做好辐射防护，并注意放射源的妥善保存。

10.3.5   回弹检测技术

回弹仪检测混凝土强度，是在结构和构件混凝土抗压强度与混凝土材料表面硬度相关基础上建立的一种测试方法。回弹仪检测混凝土强度，采用的是检测表面硬度法。检测表面硬度法有两种。其一是将恒定的标准压力作用于一个硬度较高的金属球上，金属球挤压材料表面形成凹痕，用凹痕直径的大小度量材料的硬度和强度；其二是将恒定的拉力作用于标准质量重锤上，用标准质量重锤撞击弹击杆使其作用于材料表面，利用标准质量重锤回弹的高低，确定材料的硬度和推定材料的强度。回弹法检测混凝土强度，属后一种检测方法，同样回弹法检测砌体块材强度、回弹法检测砂浆强度等也属于此范畴。

回弹检测技术在混凝土、砌体、钢结构等领域中都广泛适用。这里主要介绍回弹检测技术在混凝土中的检测。回弹仪实物见图 10-29。使用时，先轻压弹击杆使弹击杆伸出，挂钩钩住重锤，然后将弹击杆对准结构和构件混凝土表面，缓慢地将弹击杆压入套筒内，这一过程不可大力冲击。施压时，必须保持回弹仪与混凝土表面垂直，并不得按压按钮。此时，拉力弹簧处于拉伸储能状态。弹击杆抵住混凝土测试表面继续施压，使顶杆顶压挂钩，挂钩发生旋转后与重锤自动脱开，回弹仪开始弹击。回弹仪的重锤，在拉簧拉力的作用下沿导向杆急速运动，当重锤撞击弹击杆后，弹击杆撞击混凝土表面，而重锤向相反的方向回弹一定的距离，从刻度尺上的指针位置读取回弹值。回弹仪的基本测试原理就是利用拉力弹簧驱动重锤，通过弹击杆作用于混凝

图 10-29   回弹仪照片

土表面，以重锤回弹的距离与拉力弹簧初始拉伸长度比值的百倍整数值为被测混凝土的回弹值 R，再由回弹值与混凝土抗压强度间的相关关系推定混凝土的抗压强度。即：

$$R = \frac{y}{H} \times 100 \tag{10-35}$$

式中 H——弹簧的初始拉伸长度；

　　　y——重锤回弹的距离。

通常情况下，结构和构件混凝土抗压强度越高，混凝土表面的硬度就越大，测试获得的回弹值 R 也就越大。

10.4　其他检测媒介

除了上述检测技术外，无损检测方法还有红外热成像技术（TIR）、泄漏试验（LT）、交流场测量技术（ACFMT）、漏磁检验（MFL）、超声波衍射时差法（TOFD）等。

(1) 红外热成像技术

红外热成像运用光电技术检测物体热辐射的红外线特定波段信号，将该信号转换成可供人类视觉分辨的图像和图形，并可以进一步计算出温度值。红外热成像技术使人类超越了视觉障碍，由此人们可以看到物体表面的温度分布状况。随着红外热像仪技术的发展，越来越多的小型化、便携式红外热像仪在土木工程领域得到了应用。在建筑物的完整性、完好性、保温性等方面的检测越来越多，并且在道路、隧道地铁等大型工程的施工过程的监控中也发挥了极大的作用。本小节主要介绍红外检测技术在建筑物的外饰物质量检测中的应用。

避免建筑外墙装饰物坠落伤人的一个有效的方法就是定期对建筑物进行较全面的检查。而在众多的检查方法中，近年发展较快的红外无损检测技术已成为越来越受到重视的新技术。

建筑的外墙装饰物与其附着物可以看成是一个结构的两个组成部分，它们通过结合界面组合在一起。当外墙装饰物的表面被均匀加热时，一部分能量被反射，一部分进入外墙装饰物内部。进入内部的能量会通过结合界面向其附着物传导。当界面处存在缺陷和损伤，如分层、空鼓、脱黏、积水、结冰等异常情况，就会影响热传导，从而在该区域形成温度的升高，产生温度场的局部变化。该温度异常再反作用于建筑物的表面，在建筑物的外部即可观察到这个温度异常。红外热像仪接受物体的红外辐射，并把物体表面的温度差异以可视图像的形式显示出来，即得到物体的热图像。图像的灰度或伪彩色表示不同的温度。红外热像仪可以同时全场显示物体的温度分布状态。如果采用视频记录和计算机处理技术，可以对大量的数据进行分析处理。

建筑物内部不同的缺陷和损伤，会对红外热图像产生不同的影响。热流注入时，如果在建筑物表面的下方存在的是均质物体，能使得热流均匀进入建筑物内部，并且均匀地反射出来，则在建筑物该处的表面上所形成的温度场也是均匀的。当在建筑物内部存在一个隔热缺陷时，表面热流进入后，在缺陷处形成热量堆积，因而反射到表面的温度场在相应的区域产生一个温度高于周围其他区域的"热点"。反之，如果在建筑物内部有一个导热性缺陷，注入的热流在此处会得到更好的传导，表面的温度场就会在此形成一个低温点，这样，就可以通过红外热成像测试技术形象、直观地检测建筑物表层和浅表层的缺陷和损伤。

(2) 泄漏试验

泄漏试验，是指以气体为介质，在设计压力下，采用发泡剂、显色剂、气体分子感测仪或其他专门手段等检查管道系统中泄漏点的试验。

(3) 交流场测量技术

交流场测量技术是一种新型的无损检测和诊断技术，用于检测金属构件表面和近表面的裂纹缺陷，可以测量裂纹的长度和计算裂纹深度，具有非接触测量、受工件表面影响小的特点。该检测技术在海上设施的水下无损检测中有着愈来愈广泛的应用。

(4) 漏磁检验

漏磁检验是指铁磁材料被磁化后，因试件表面或近表面的缺陷而在其表面形成漏磁场，人们可以通过检测漏磁场的变化进而发现缺陷。

因为空气的磁导率比铁磁性材料的磁导率低，如果在铁磁性材料上有缺陷，那么磁感应线会先通过磁导率高的材料，当磁感应线经过缺陷下方时，会产生磁感应线被压缩的现象。因同性磁感线彼此排斥而材料内又只能存在一定数目的磁感应线，便造成部分磁感应线从缺陷中穿过，另一部分磁感应线进入空气绕过缺陷后回到材料中，从而产生漏磁场。漏磁检验便是通过仪器检验漏磁场的变化情况从而发现材料中的缺陷。

漏磁检验是十分重要的无损检测方法，应用十分广泛。当它与其他方法结合使用时能对铁磁性材料的工件提供快捷且廉价的评定。随着技术的进步，人们越来越注重检测过程的自动化。这不仅可以降低检测工作的劳动强度，还可提高检测结果的可靠性，减少人为因素的影响。

(5) 超声波衍射时差法（TOFD）

超声波衍射时差法，是一种依靠从待检试件内部结构（主要是指缺陷）的"端角"和"端点"处得到的衍射能量来检测缺陷的方法，用于缺陷的检测、定量和定位。TOFD 技术于 20 世纪 70 年代由英国哈威尔的国家无损检测中心 Silk 博士首先提出，其原理源于 Silk 博士对裂纹尖端衍射信号的研究。

① TOFD 的优点。TOFD 技术不仅具有很强的缺陷检出能力，还具有很高的缺陷定量精度，除此之外还具有很高的时效性和安全性，可永久保存其检测数据。

a. 效率高：该技术只需要做线性扫查就可以对焊缝完成扫查，很大程度上扩大了单组探头检测对焊缝的覆盖范围，远远超过了传统的检测方法。

b. 灵敏度高：该技术的衍射波信号具有很高的灵敏度，很大程度上保证了检出率。

c. 精度高：利用衍射时差计算方法，缺陷的高度可以得到精确的计算。

d. 影响小：该技术不会因焊缝结构或缺陷的方向性就左右最后的检测结果，其检测结果具有很高的稳定性，几乎不受其他因素的影响。

e. 漏检少：衍射波具有高灵敏度，通过图像记录完整检测数据，重复性好。

f. 数据全：检测结果的时效性很强，并且相关数据和资料会以存盘、打印出来等形式永久地保留下来，以便随时进行分析处理。

g. 更安全：采用该技术不会对相关人员造成人身伤害。

h. 更灵活：现场检测很方便，可以根据实际情况随意选择手动或自动方式。

i. 成本低：采用该技术不仅不需要其他耗材，还由于该技术不需要和工件直接接触，有效地减少了磨损，同时还能够耐高温接触（可达 200℃以上），评定缺陷时可在线应用相关的工程评定标准，修复缺陷时可最大限度地减少不必要的焊缝剖开，如此，有效地减少了检测生产的时间间隔，也最大程度地避免了其他不利问题的出现，其成本远远低于传统的超声波探伤方法。

② TOFD 的局限性。

a. 过高的灵敏度有时会夸大焊缝中的良性缺陷。

b. 焊缝两侧需要有放置探头的空间。

c. 存在检测盲区，即工件的近表面（一般为 2～10mm）。

d. 对相关工作人员的素质和能力要求很高。

e. TOFD 检测效率低：TOFD 扫查有两种方式。一种是非平行扫查，另一种是平行扫查。平行扫查效率极低，但定量精度高，一般不采用此扫查方式，仅在实验室或对某一缺陷精确定量和定位时采用。非平行扫查速度快，但不能判定缺陷在焊缝的哪一侧，给定位增加难度，有时需要进行多次扫查来确定缺陷的位置，致使检测效率降低。检测中常采用非平行扫查方式。

f. TOFD 缺陷的评定难度大：众所周知，TOFD 技术不是基于幅度法进行检测的，检出率远高于其他检测方法（例如手动超声波检测、机械超声波检测及射线检测等），不论是大缺陷还是小缺陷都能检出，这给缺陷评定增加了难度，控制不好返修率相当高，甚至会出现有的缺陷返修后看不见的现象。

思考题

在线题库

1. 简述超声波检测技术和射线检测技术的概念，对比二者的优缺点和适用范围。

2. 简述超声波有哪些基本波形和分类方法。

3. 何为超声场，它有哪些基本参量。

4. 试简述介质声参量的物理意义和数学表达式。

5. X 射线检测的原理是什么？

6. 何谓超声场的近场区、远场区和指向性？

第 10 章

第 11 章
建筑结构检测

11.1 概述

结构检测是为评定新建结构的工程质量或鉴定既有结构的性能等所实施的检测工作。检测技术以现场无损检测技术为主，即在不破坏结构或构件的前提下，在结构或构件的原位上对结构或构件的承载力、材料强度、结构缺陷、损伤变形及腐蚀情况等进行直接定量检测的技术，必要时应进行微破损或破损检测。本章从结构检测的方法入手，重点阐述了混凝土结构、砌体结构、钢结构的现场检测的内容、一般要求及相应的检测技术。

大量的结构检测技术是在现场运用的，当然也有部分检测是在实验室内完成的。现场的结构在经过检测后均要求能继续使用。因此，建筑结构检测单位对建筑物进行检测时，首先需要收集和研究结构的原始资料、设计计算书和施工质量状况，最后根据检测目的制订检测方案。检测程序按图 11-1 进行。

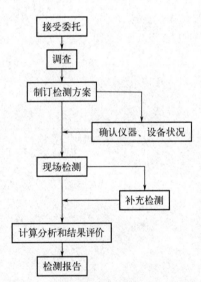

图 11-1 建筑结构检测工作程序图

(1) 现场和有关资料的调查

现场和有关资料的调查应包括收集被检测结构构件的设计图纸、设计变更、施工记录、施工验收和工程勘察等资料；调查被检测结构现况缺陷、环境条件、使用期间的加固与维修情况和用途与荷载等变更情况；向有关人员进行调查；进一步明确委托方的检测目的和具体要求，并了解是否已进行过检测。

(2) 制订检测方案

在初步调查的基础上，针对每一个具体的工程制订检测计划和完备的检测方案。检测方案应征求委托方的意见并应经过审定。检测方案主要内容包括概况（结构类型，工程量，设计、施工及监理单位，建造年代等）、检测目的或委托方的检测要求、检测依据（标准及有关的技术资料等）、检测项目和选用的检测方法、检测中的安全措施和环保措施。

(3) 仪器设备检查

应确保所使用的仪器设备在检定或校准周期内，并处于正常状态。仪器设备的精度应满足检测项目的要求。

(4) 检测人员

检测人员必须经过培训取得上岗资格，对特殊检测项目还应有相应的检测资格证书。现场检测工作，应由两名或两名以上检测人员承担。

（5）现场检测

检测内容根据其属性，可分为几何量（如结构的几何尺寸、地基沉降、结构变形、混凝土保护层厚度、钢筋位置和数量、裂缝宽度等）、物理力学性能（如材料强度，地基、桩、预制板的承载能力，结构自振周期等）和化学性能（混凝土碳化、钢筋锈蚀等）。

工程结构的检测应根据既有结构的设计质量、施工质量、使用环境类别等确定检测重点、检测项目和检测方法。检测的原始记录应记录在专用记录纸上，数据准确、字迹清晰、信息完整，不得追记、涂改，如有笔误，应进行更改。当采用自动记录时，应符合有关要求。原始记录必须由检测及记录人员签字。

（6）检测数据的整理与分析

检测数据的整理与分析在现场检测工作结束后进行，原始数据包括检测的原始记录和计算机采集的检测数据两部分。它们都是数据处理所需要的原始数据。将原始数据经过整理换算、统计分析及归纳演绎后，得到能反映结构性能的数据。

实施工程结构常规检测的单位，应向委托方提供有关结构安全性、使用安全性及结构耐久性等方面的有效检测数据和检测结论。

（7）检测报告

结构工程质量的检测报告应作出所检测项目是否符合设计文件要求或相应验收规范规定的评定，既有结构性能的检测报告，应给出所检测项目的评定结论，并能为结构的鉴定提供可靠的依据。检测报告应结论准确、用词规范、文字简练，对于当事方容易混淆的术语和概念可予以书面解释。建筑结构检测结果的评定应符合国家相应标准规范的规定。

11.2　混凝土结构检测

混凝土结构是常见的工程结构，由混凝土和钢筋组成。由于混凝土的材料组成会不同程度地影响混凝土的力学性能，导致其离散性较大。同时，混凝土结构中的钢筋品种、规格、数量及构造不能直观看到，因而混凝土结构的内部缺陷、强度和碳化程度等需要经过一定的测试手段并结合工程经验作出评定。

混凝土结构的检测可分为混凝土强度、混凝土构件外观质量与内部缺陷、混凝土结构耐久性、钢筋及其保护层检测等内容。

11.2.1　混凝土强度检测

混凝土强度是直接影响混凝土结构安全度的主要因素，在实际工程中，其抗压强度是反映混凝土质量的一个关键技术指标。当混凝土试块没有或缺乏代表性时，要反映结构混凝土的真实情况，往往要采取无损检测方法或半破损方法。结构或构件混凝土抗压强度的检测，常采用回弹法、钻芯法、超声法、超声回弹综合法、后装拔出法等方法，检测操作应分别遵守相应技术规程的规定。

① 采用回弹法时，被检测混凝土的表层质量应具有代表性，且混凝土的抗压强度和龄期不应超过相应技术规程限定的范围。

② 采用超声回弹综合法时，被检测混凝土的内外质量应无明显差异，且混凝土的抗压强度不应超过相应技术规程限定的范围。

③ 采用后装拔出法时，被检测混凝土的表层质量应具有代表性，且混凝土的抗压强度和混凝土粗骨料的最大粒径不应超过相应技术规程限定的范围。

④ 在回弹法、超声回弹综合法或后装拔出法适用的条件下宜进行钻芯修正或利用同条件养护立方体试块的抗压强度进行修正。

⑤ 当被检测混凝土的表层质量不具有代表性时，应采用钻芯法；当被检测混凝土的龄期或抗压强度超过回弹法、超声回弹综合法或后装拔出法等相应技术规程限定的范围时，可采用钻芯法或钻芯修正法。

⑥ 受到环境侵蚀或遭受火灾、高温等影响的构件中未受到影响部分的混凝土强度，可采用下列方法检测。

a. 采用钻芯法检测在加工芯样试件时应将芯样上混凝土受影响层切除。混凝土受影响层的厚度可依据具体情况分别按最大碳化深度、混凝土颜色产生变化的最大厚度、明显损伤层的最大厚度确定，也可按芯样侧表面硬度测试情况确定。

b. 混凝土受影响层能剔除时，可采用回弹法或回弹加钻芯修正的方法进行检测，但回弹测区的质量应符合相应技术规程的要求。

11.2.1.1　回弹法

(1) 基本原理

回弹法运用回弹仪的弹击拉簧驱动仪器内的弹击重锤，通过中心导杆，弹击混凝土表

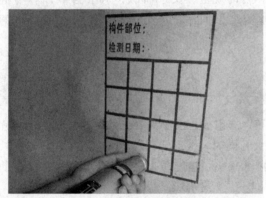

图 11-2　回弹法现场操作图

面，并测得重锤反弹的距离，以反弹距离与弹簧初始长度之比为回弹值 R，再由 R 与混凝土强度的相关关系来推算混凝土的强度，是混凝土结构现场检测中最常用的一种非破损检测方法。回弹仪于 1948 年由瑞士人 E. Schmidt（史密特）发明，其现场操作如图 11-2 所示，主要由弹击杆、重锤、拉力弹簧、压力弹簧及刻度尺等组成。

(2) 检测仪器

回弹仪是一种机械式的非破损检测仪器（如图 11-3），根据冲击能量的大小，回弹仪分为重型、中型、轻型和特轻型四种：

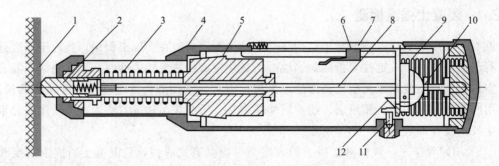

图 11-3　回弹仪的构造

1—构件表面；2—弹击杆；3—拉力弹簧；4—套筒；5—重锤；6—指针；7—刻度尺；8—导杆；

9—压力弹簧；10—调整螺丝；11—按钮；12—挂钩

重型：HT-3000 型回弹仪，冲击能量 29.4J，主要用于大体积普通混凝土结构的强度检测；

中型：HT-225 型回弹仪，冲击能量 2.21J，主要用于一般混凝土结构构件的强度检测；

轻型：HT-100 型回弹仪，冲击能量 0.98J，主要用于轻质混凝土和砖的强度检测；

特轻型：HT-28 型回弹仪，冲击能量 0.28J，主要用于砌体砂浆的强度检测。

中型回弹仪的标准状态为：水平弹击时，重锤脱钩的瞬间，回弹仪的标准能量应为 2.207J。重锤与弹击杆碰撞的瞬间，拉力弹簧应处于自由状态，此时重锤起跳点应相应于指针指示刻度尺上 "0" 处。在洛氏硬度 HRC 为 60±2 的钢砧上，回弹仪的率定值为 80±2。

按图 11-4，回弹值 R 可用公式(11-1) 表示：

$$R = \frac{L'}{L} \times 100\% \tag{11-1}$$

式中　L——拉力弹簧的初始拉伸长度；

　　　L'——重锤反弹位置或重锤回弹时弹簧的拉伸长度。

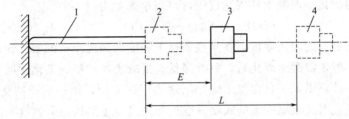

图 11-4　回弹法原理示意图

1—弹击杆；2—重锤弹击时的位置；3—重锤回跳最远位置；4—重锤发射前的位置

(3) 检测依据

检测按照《回弹法检测混凝土抗压强度技术规程》（JGJ/T 23—2011）和《建筑结构检测技术标准》（GB/T 50344—2019）进行。

(4) 检测步骤

构件混凝土强度的检测有两种方式：单个检测，适用于单个构件的检测；批量检测，适用于在相同的生产工艺条件下，混凝土强度等级相同，原材料、配合比、成型工艺、养护条件基本一致且龄期相近的同类结构或构件的检测。

按批进行检测的构件，抽检数量不得少于同批构件总数的 30%，且构件数量不得少于 10 件。抽检构件时，应随机抽取并使所选构件具有代表性。

① 测区布置。回弹法直接测试的是混凝土的表面硬度，但混凝土的表面硬度受表面平整度、碳化程度、表面含水量、试件尺寸和龄期、骨料的种类等因素的影响较大。现行《回弹法检测混凝土抗压强度技术规程》（JGJ/T 23—2011）限定了回弹法的适用条件，要求回弹测区满足以下要求：

a. 每一结构或构件测区数不应少于 10 个，对某一方向尺寸小于 4.5m 且另一方向小于 0.3m 的构件，其测区数量可适当减少，但不应少于 5 个。

b. 相邻两测区的间距应控制在 2m 以内，测区离构件端部或施工缝边缘的距离不宜大于 0.5m，且不宜小于 0.2m。

c. 测区应选在使回弹仪处于水平方向的混凝土浇筑侧面。当不能满足这一要求时，可使回弹仪处于非水平方向的混凝土浇筑侧面、表面或底面。

d. 测区宜选在构件的两个对称的可测面上，也可选在一个可测面上，且应均匀分布。

在构件的重要部位及薄弱部位必须布置测区，并应避开预埋件。

e. 测区的面积不宜大于 0.04m²。

f. 检测面应为混凝土原浆面，并应清洁、平整，不应有疏松层、浮浆、油垢、涂层以及蜂窝、麻面等，必要时可用砂轮清除疏松层和杂物，且不应有残留的粉末或碎屑。

g. 对弹击时产生颤动的薄壁、小型构件应进行固定。

② 回弹值测量。检测时，回弹仪应始终垂直于结构或构件的混凝土检测面，缓慢施压、准确读数、快速复位。测点宜在测区内均匀布置，测点间距不宜小于 20mm。测点距外露钢筋、预埋件的距离不小于 30mm。测点不应在气孔或外露石子上，同一测点只允许弹击一次。每一测区应记取 16 个回弹值，每一测点的回弹值读数应精确至 1。对体积小、刚度差以及测试部位的厚度小于 100mm 的构件，测试时应设置支撑加以固定，防止产生颤动而影响测量精度。

③ 碳化深度测量。在一般大气环境中，致使混凝土中性化的主要物质是二氧化碳，故又将这一过程称为碳化。混凝土的碳化过程可以简单表示为：

$$Ca(OH)_2 + CO_2 \longrightarrow CaCO_3 + H_2O$$

碳化能增加混凝土的表面硬度，在某些条件下还能增加混凝土的密实性，提高混凝土的抗化学腐蚀能力。但是混凝土碳化后，碱性降低。混凝土保护层的碳化深度直接影响混凝土中钢筋钝化膜的碱性环境，一旦混凝土碳化层达到钢筋表面，钢筋表面钝化膜就会被破坏，钢筋就会开始锈蚀。因此，混凝土的碳化深度检测是混凝土结构耐久性检测的重要参数。另外，碳化后混凝土硬度会有所提高，因此碳化深度对回弹法的测试结果影响很大，需要测试混凝土碳化深度来修正回弹法的测试结果。

在回弹值测量完毕后，应在有代表性的测区上测量碳化深度值，测点数不应少于构件测区数的 30%，应取其平均值作为该构件每个测区的碳化深度值。当碳化深度值极差大于 2.0mm 时，应在每一测区分别测量碳化深度值。

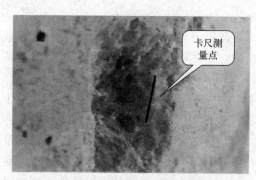

测试碳化深度一般采用专门设备钻出一定规格的检测孔（直径约 15mm），其深度应大于混凝土的碳化深度，清除孔洞中的粉末和碎屑，但不得用水擦洗，然后用 1%～2% 的酚酞溶液滴或喷洒于凹槽中，测试碳化深度，如图 11-5。未碳化的混凝土将变为红色，已碳化的混凝土则不变色。用游标卡尺或专用的碳化深度测定仪测量分界线至混凝土表面的垂直距离，并应测量 3 次，每次读数应精确至 0.25mm。每个测孔应在不同位置至少测量 3

图 11-5 在凿开的混凝土表面喷 1% 酚酞溶液

次，取其平均值作为该测孔的碳化深度值，精确至 0.5mm。

(5) 数据处理及强度推定

回弹法检测混凝土强度应以回弹仪水平方向垂直于结构或构件浇筑侧面为标准量测状态。测区的布置应符合规定，每一结构或构件测区数不少于 10 个，每个测区面积为 200mm× 200mm。每一测区设 16 个回弹点，相邻两点的间距一般不小于 30mm。一个测点只允许回弹一次，最后从测区的 16 个回弹值中分别剔除 3 个最大值和 3 个最小值，取余下 10 个有效回弹值的平均值作为该测区的回弹值，即公式(11-2)。

$$R_{\mathrm{m}} = \frac{\sum\limits_{i=1}^{10} R_i}{10} \tag{11-2}$$

式中　R_{m}——测区平均回弹值，精确至 0.1；

　　　R_i——第 i 个测点的回弹值。

当回弹仪测试位置非水平方向时，考虑到不同测试角度，回弹值应按公式(11-3)修正：

$$R_{\mathrm{m}} = R_{\mathrm{m}\alpha} + R_{\mathrm{a}\alpha} \tag{11-3}$$

式中　$R_{\mathrm{m}\alpha}$——非水平方向检测时测区的平均回弹值，精确至 0.1；

　　　$R_{\mathrm{a}\alpha}$——非水平方向检测时回弹修正值，按表 11-1 采用。

表 11-1　不同测试角度 α 的回弹修正值

$R_{\mathrm{m}\alpha}$	α 向上				α 向下			
	$+90°$	$+60°$	$+45°$	$+30°$	$-30°$	$-45°$	$-60°$	$-90°$
20	-6.0	-5.0	-4.0	-3.0	$+2.5$	$+3.0$	$+3.5$	$+4.0$
30	-5.0	-4.0	-3.5	-2.5	$+2.0$	$+2.5$	$+3.0$	$+3.5$
40	-4.0	-3.5	-3.0	-2.0	$+1.5$	$+2.0$	$+2.5$	$+3.0$
50	-3.5	-3.0	-2.5	-1.5	$+1.0$	$+1.5$	$+2.0$	$+2.5$

水平方向检测混凝土浇筑表面或浇筑底面时，测区的平均回弹值应按下列公式式(11-4)和式(11-5)修正：

$$R_{\mathrm{m}} = R_{\mathrm{m}}^{\mathrm{t}} + R_{\mathrm{a}}^{\mathrm{t}} \tag{11-4}$$

$$R_{\mathrm{m}} = R_{\mathrm{m}}^{\mathrm{b}} + R_{\mathrm{a}}^{\mathrm{b}} \tag{11-5}$$

式中　$R_{\mathrm{m}}^{\mathrm{t}}$、$R_{\mathrm{m}}^{\mathrm{b}}$——水平方向检测混凝土浇筑表面、底面时，测区的平均回弹值，精确至 0.1；

　　　$R_{\mathrm{a}}^{\mathrm{t}}$、$R_{\mathrm{a}}^{\mathrm{b}}$——混凝土浇筑表面、底面回弹值修正值，应按表 11-2 采用。

表 11-2　不同浇筑面的回弹修正值

$R_{\mathrm{m}}^{\mathrm{t}}$ 或 $R_{\mathrm{m}}^{\mathrm{b}}$	$R_{\mathrm{a}}^{\mathrm{t}}$	$R_{\mathrm{a}}^{\mathrm{b}}$	$R_{\mathrm{m}}^{\mathrm{t}}$ 或 $R_{\mathrm{m}}^{\mathrm{b}}$	$R_{\mathrm{a}}^{\mathrm{t}}$	$R_{\mathrm{a}}^{\mathrm{b}}$
20	$+2.5$	-3.0	36	$+0.9$	-1.4
21	$+2.4$	-2.9	37	$+0.8$	-1.3
22	$+2.3$	-2.8	38	$+0.7$	-1.2
23	$+2.2$	-2.7	39	$+0.6$	-1.1
24	$+2.1$	-2.6	40	$+0.5$	-1
25	$+2.0$	-2.5	41	$+0.4$	-0.9
26	$+1.9$	-2.4	42	$+0.3$	-0.8
27	$+1.8$	-2.3	43	$+0.2$	-0.7
28	$+1.7$	-2.2	44	$+0.1$	-0.6
29	$+1.6$	-2.1	45	$+0.0$	-0.5
30	$+1.5$	-2.0	46	0	-0.4
31	$+1.4$	-1.9	47	0	-0.3
32	$+1.3$	-1.8	48	0	-0.2
33	$+1.2$	-1.7	49	0	-0.1
34	$+1.1$	-1.6	50	0	0
35	$+1.0$	-1.5	—	—	—

　　构件的混凝土强度推定值是指相应于强度换算值总体分布中保证率不低于 95% 的构件中混凝土抗压强度值。构件的现龄期混凝土强度推定值（$f_{cu,e}$）应符合下列规定：

　　① 当构件测区数少于 10 个时，应按公式(11-6) 计算：

$$f_{cu,e} = f^c_{cu,min} \qquad (11\text{-}6)$$

式中　$f^c_{cu,min}$——构件在最小的测区混凝土强度换算值。

　　② 当构件的测区强度值中出现小于 10.0MPa 时，应按公式(11-7) 确定：

$$f_{cu,e} < 10.0 \text{MPa} \qquad (11\text{-}7)$$

　　③ 当构件测区数不少于 10 个时，应按公式(11-8) 计算：

$$f_{cu,e} = m_{f^c_{cu}} - 1.645 S_{f^c_{cu}} \qquad (11\text{-}8)$$

　　④ 当批量检测时，应按公式(11-9) 计算：

$$f_{cu,e} = m_{f^c_{cu}} - k S_{f^c_{cu}} \qquad (11\text{-}9)$$

式中　k——推定系数，宜取 1.645。当需要进行推定强度区间时，可按国家现行有关标准的规定取值。

11.2.1.2　钻芯法

　　用钻芯法检测混凝土的强度、裂缝、接缝、分层、孔洞、离析等缺陷，具有直观、精度高等特点，因而钻芯法被广泛应用于工业与民用建筑、水利工程、公路桥梁、机场跑道等混凝土结构或构筑物的质量检测。

(1) 基本原理

　　钻芯法是从混凝土结构中钻取标准芯样试件或小直径芯样试件，进行实验室抗压强度试验以检测混凝土强度或观察混凝土内部质量的方法。

　　由于钻芯取样会对结构混凝土造成局部损伤，因此也是一种局部破损的检测手段。采用回弹法与钻芯法的结合，即用芯样强度修正回弹法或综合法的结果，可以有效地提高现场检测混凝土强度的可靠性和检测的工作效率。

图 11-6　HZ-20 型混凝土
　　　　钻孔取芯机

(2) 检测仪器

　　钻取芯样采用专门的电动钻芯机，如图 11-6，钻头为金刚石或人造金刚石薄壁空心钻头。钻取芯样时，钻芯机主轴的径向跳动不应超过 0.1mm，并应采用冷却水冷却钻头和排除混凝土料屑，水流量宜为 3～5L/min，出口水温不宜超过 30℃。

(3) 检测依据

　　用钻芯法检测混凝土强度应严格按照《钻芯法检测混凝土强度技术规程》（JGJ/T 384—2016）和《混凝土物理力学性能试验方法标准》（GB/T 50081—2019）的要求执行。

(4) 检测步骤

　　① 芯样选取。

　　a. 芯样钻取。钻取芯样应在结构或构件受力较小和混凝土强度质量具有代表性的部位，该部位应便于钻芯机的安放与操作，且应避开主筋、预埋件和管线的位置，并尽量避开其他钢筋。在构件上钻取多个芯样时，芯样宜取自不同部位。用钻芯法与其他非破损检测方法综合测定混凝土强度时，芯样应与非破损法取自同一测区。

　　b. 芯样要求。抗压芯样试件的高径比（H/d）宜为 1。抗压芯样试件内不宜含有钢筋，也可有一根直径不大于 10mm 的钢筋，且钢筋应与芯样试件的轴线垂直并离开端面 10mm 以上。抗压芯样试件的端面处理，可采取在磨平机上磨平端面的处理方法，也可采用硫磺胶泥或环氧胶泥补平，补平层厚度不宜大于 2mm。抗压强度低于 30MPa 的芯样试件，不宜采用磨平端面的处理方法。抗压强度高于 60MPa 的芯样试件，不宜采用硫磺胶泥或环氧胶泥补平的处理方法。

　　② 芯样试验。芯样试件宜在与被检测结构或构件混凝土湿度基本一致的条件下进行抗压试验。

　　a. 结构工作条件比较干时，芯样在受压前应在室内自然干燥 3d，以自然干燥状态进行试验。

　　b. 结构工作条件比较潮湿时，则芯样应在（20±5）℃的清水中浸泡 40～48h，从水中取出后进行抗压试验。

　　c. 抗压芯样试件宜使用直径为 100mm 的芯样，且其直径不宜小于骨料最大粒径的 3 倍。也可采用小直径芯样，但其直径不应小于 70mm 且不得小于骨料最大粒径的 2 倍。

(5) 数据处理及强度推定

　　钻芯法可用于确定检测批或单个构件的混凝土抗压强度推定值，也可用于钻芯修正方法修正间接强度检测方法得到的混凝土抗压强度换算值。芯样试件抗压试验的操作应符合现行国家标准《混凝土物理力学性能试验方法标准》（GB/T 50081—2019）中对立方体试件抗压试验的规定。

　　芯样试件抗压强度值可按式(11-10)公式计算：

$$f_{cu,cor} = \beta_c F_c / A_c \tag{11-10}$$

式中　$f_{cu,cor}$——芯样试件抗压强度值，精确至 0.1，MPa；

　　　　β_c——芯样试件强度换算系数，取 1.0；

　　　　F_c——芯样试件抗压试验的破坏荷载，N；

　　　　A_c——芯样试件抗压截面面积，mm^2。

　　在使用钻芯法确定检测批的混凝土抗压强度推定值时，芯样试件的数量应根据检测批的容量确定。直径 100mm 的芯样试件的最小样本量不宜小于 15 个，小直径芯样试件的最小样本量不宜小于 20 个。芯样应从检测批的结构构件中随机抽取，每个芯样宜取自一个构件或结构的局部部位，取芯位置尚应符合前文芯样选取的规定。

　　检测批混凝土抗压强度的推定值应按照下列方法确定：

　　检测批的混凝土抗压强度推定值应计算推定区间，推定区间的上限值和下限值应按式(11-11)～式(11-14) 计算：

$$f_{cu,e1} = f_{cu,cor,m} - k_1 s_{cu} \tag{11-11}$$

$$f_{cu,e2} = f_{cu,cor,m} - k_2 s_{cu} \tag{11-12}$$

$$f_{cu,cor,m} = \frac{\sum\limits_{i=1}^{n} f_{cu,cor,i}}{n} \tag{11-13}$$

$$s_{cu} = \sqrt{\frac{\sum\limits_{i=1}^{n} (f_{cu,cor,i} - f_{cu,cor,m})^2}{n-1}} \tag{11-14}$$

式中 $f_{cu,e1}$——混凝土抗压强度推定上限值，精确至 0.1，MPa；

$f_{cu,e2}$——混凝土抗压强度推定下限值，精确至 0.1，MPa；

$f_{cu,cor,m}$——芯样试件抗压强度平均值，精确至 0.1，MPa；

$f_{cu,cor,i}$——单个芯样试件抗压强度，精确至 0.1，MPa；

k_1，k_2——推定区间上限值系数和下限值系数，按《钻芯法检测混凝土强度技术规程》（JGJ/T 384—2016）附录 A 查得；

s_{cu}——芯样试件抗压强度样本的标准差，精确至 0.1，MPa。

钻芯法确定单个构件混凝土抗压强度推定值时，芯样试件的数量不应少于 3 个。钻芯对构件工作性能影响较大的小尺寸构件，芯样试件的数量不得少于 2 个。单个构件的混凝土抗压强度推定值不再进行数据的舍弃，而应按芯样试件混凝土抗压强度值中的最小值确定。

混凝土结构经钻孔取芯后，对结构的承载能力会产生一定的影响，应该及时进行修补。通常采用比原设计强度提高一个等级的微膨胀水泥细石混凝土或采用以合成树脂为胶结料的细石聚合物混凝土填实。修补前应将孔壁凿毛，并清除孔内污物，修补后及时养护。一般情况下，修补后结构的承载能力仍有可能低于钻孔前的承载能力，因此钻孔法不宜普遍使用，更不能在一个受力区域内集中使用，最好是将钻芯法与其他非破损检测方法同时使用，以达到最好的结果。

11.2.1.3 超声法

结构混凝土的抗压强度与超声波在混凝土中的传播速度之间的关系是超声脉冲检测混凝土强度方法的理论基础，详细原理见 10.3.1 节。

(1) 基本原理

超声波脉冲实质上是超声检测仪的高频电振荡激励压电晶体发出的超声波在介质中的传播。混凝土的密度越大，强度越高，相应超声波声速也越大。经试验归纳，这种相关性可以用反映统计相关规律的非线性数学模型来拟合。

(2) 检测仪器

超声仪是超声检测的基本装置。它的作用是产生重复的电脉冲去激励发射换能器，发射换能器发射的超声波在混凝土中传播后被接收换能器接收，并转换成电信号放大后显示在示波屏上。超声仪除了产生、接收、显示超声波外，还具有量测超声波有关参数，如声传播时间、接收波振幅、频率等功能。

目前用于混凝土检测的超声波仪器可分为两大类：

① 模拟式：接收的超声信号为连续模拟量，可由时域波形信号测读参数，现已很少用。

② 数字式：接收的超声信号转换为离散数字量，具有采集、储存数字信号，测读声波参数和对数字信号处理的智能化功能。这是近几年发展起来的新技术，被广泛采用。

(3) 使用局限

由于超声法检测混凝土强度不确定影响因素较多，测试结果误差较大，所以目前已很少使用超声法检测混凝土强度，而广泛采用超声回弹综合法检测混凝土强度，以提高测试精度。

11.2.1.4 超声回弹综合法

(1) 基本原理

超声回弹综合法检测混凝土强度，实质上就是超声法与回弹法的综合测试方法，是建立在超声波在混凝土中的传播速度和混凝土表面硬度的回弹值与混凝土抗压强度之间的相关关系的基础上，以超声波声速值和回弹平均值综合反映混凝土抗压强度的检测方法。

在固体介质中，纵向波的传播速度与介质的密度、弹性模量、泊松比等性质有关。如果介质的弹性模量不同，声波的传播速度也是不同的。而弹性模量与介质的强度有关，因此，声波的传播速度间接地与介质的强度有相关性，可以采用统计方法反映其相关规律的非线性数学模型来拟合，通过试验建立混凝土强度与声速关系，这就是超声法测量混凝土强度的基本原理。

与单一的回弹法或超声法相比，超声回弹综合法具有以下优点：

① 混凝土的龄期和含水率对回弹值和声速都有影响。混凝土含水率大，超声波的声速偏高，而回弹值偏低。混凝土的龄期长，回弹值因混凝土表面碳化深度增加而增加，但超声波的声速随龄期增加的幅度有限。两者结合的综合法可以减少混凝土龄期和含水率的影响。

② 回弹法通过混凝土表层的弹性和硬度反映混凝土的强度，超声法通过整个截面的弹性特性反映混凝土的强度。回弹法测试低强度混凝土时，由于弹击可能产生较大的塑性变形，影响测试精度，而超声波的声速随混凝土强度增长到一定程度后，增长速度下降，因此超声法对较高强度的混凝土不敏感。采用超声回弹综合法，可以内外结合，相互弥补各自不足，较全面地反映了混凝土的实际强度。

当采用超声回弹综合法时，它既能反映混凝土的弹性，又能反映混凝土的塑性。既能反映混凝土的表层状态，又能反映混凝土的内部构造，可以不受混凝土龄期的限制，测试精度也有明显的提高。

（2）检测依据

用超声回弹法检测混凝土强度应按照《超声回弹综合法检测混凝土抗压强度技术规程》（T/CECS 02—2020）的要求执行。

（3）检测步骤

构件检测时，应在构件检测面上均匀布置测区，每个构件上的测区数不应少于 10 个。对于检测面一个方向尺寸不大于 4.5m，且另一个方向尺寸不大于 0.3m 的构件，测区数可适当减少，但不应少于 5 个。

① 构件的测区布置宜满足下列规定：

a. 在条件允许时，测区宜优先布置在构件混凝土浇筑方向的侧面；

b. 测区可在构件的两个对应面、相邻面或同一面上布置；

c. 测区宜均匀布置，相邻两测区的间距不宜大于 2m；

d. 测区应避开钢筋密集区和预埋件；

e. 测区尺寸宜为 200mm×200mm，采用平测时宜为 400mm×400mm；

f. 测试面应清洁、平整、干燥，不应有接缝、施工缝、饰面层、浮浆和油垢，并应避开蜂窝、麻面部位，必要时，可用砂轮片清除杂物和磨平不平整处，并擦净残留粉尘；

g. 测试时可能产生颤动的薄壁，小型构件，应对构件进行固定。

② 结构或构件上的测区应编号，并记录测区位置和外观质量情况。

③ 对结构或构件的每一测区，应先进行回弹测试，后进行超声测试。

④ 计算混凝土抗压强度换算值时，非同一测区内的回弹值和声速值不得混用。

（4）数据处理及强度推定

在混凝土浇筑方向的侧面对测时，测区声波传播速度按公式(11-15)计算：

$$v_d = \frac{1}{3} \sum_{i=1}^{3} \frac{l_i}{t_i - t_0} \tag{11-15}$$

式中 v_d——对测测区混凝土中声速代表值，km/s；

l_i——第 i 个测点的超声测距，mm，角测时 $l_i = \sqrt{l_1^2 + l_2^2}$；

t_i——第 i 个测点平均声时值，μs；

t_0——声时初读数，μs。

当在试件混凝土的浇筑表面或底面对测时，声速值应按公式(11-16) 作修正：

$$v_a = \beta v_d \tag{11-16}$$

式中 v_a——修正后的测区混凝土中声速代表值，km/s；

β——超声测试面的声速修正系数，取 $\beta = 1.034$。

当构件只有两个相邻测试面可供检测时，可采用角测法（图 11-7）测量混凝土中的声速。每个测区应布置 3 个测点，并应与相应测试面对应的 3 个测点的测距保持基本一致。

当构件只有一个测试面可供检测时，可采用平测法测量混凝土中的声速。

布置平测测点时，每个测区应布置一排超声测点，发射和接收换能器的连线与附近钢筋轴线宜呈 $40° \sim 50°$（图 11-8）。应以两个换能器内边距分别为 200mm、250mm、300mm、350mm、400mm、450mm、500mm 进行平测，逐点测读相应声时值 (t)，并用回归分析方法求出下列直线方程公式(11-17)：

$$l = a + ct \tag{11-17}$$

式中 c——平测测区混凝土中声速代表值 (v_p)。

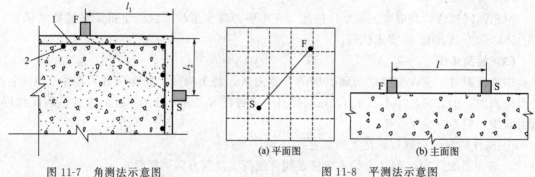

图 11-7   角测法示意图   图 11-8   平测法示意图
1—箍筋；2—主筋；F—发射换能器；
S—接收换能器

(a) 平面图   (b) 主面图

应选取有代表性且具有对测条件的构件，将平测测区混凝土中声速代表值 v_p，修正为对测测区混凝中声速代表值 v_d。在构件上采用对测法得到对测测区混凝土中声速代表值 v_d，并采用平测法得到平测时代表性构件混凝土中平测声速 v_{pp}，按公式(11-18) 计算平测声速修正系数：

$$\lambda = v_d / v_{pp} \tag{11-18}$$

式中 λ——平测声速修正系数；

v_d——对测测区混凝土中声速代表值，km/s；

v_{pp}——平测时代表性构件混凝土中平测声速，km/s。

平测法修正后的测区混凝土中声速代表值应按公式(11-19) 计算：

$$v_a = \lambda v_p \tag{11-19}$$

式中　v_a——修正后的测区混凝土中声速代表值，km/s；

　　　　v_p——平测测区混凝土中声速代表值，km/s；

　　　　λ——平测声速修正系数。

由于我国幅员辽阔、气候悬殊、混凝土品种繁多、工程及材料分散、施工条件和水平不一，且生产工艺又不断改进，欲在全国城乡建设工程中推广采用超声回弹综合法，除统一仪器标准测试技术、数据处理、强度推定方法外，还应尽量提高测强公式的精度，发挥各地区技术的作用。全国测强曲线很难适应全国各地的情况，各地除可使用全国测强曲线外，也应因地制宜结合具体条件和工程对象，采用专用测强曲线或地区测强曲线。

使用超声回弹综合法检测混凝土抗压强度的地区和部门，建议制定专用测强曲线或地区测强曲线，这两类曲线在经审定和批准后方可实施，并按专用测强曲线、地区测强曲线、全国测强曲线的次序选用。为提高混凝土抗压强度换算值的准确性和可靠性，规定先采用专用测强曲线或地区测强曲线进行计算。当无该类测强曲线时，《超声回弹综合法检测混凝土抗压强度技术规程》（T/CECS 02—2020）规定，可按下列全国统一测区混凝土抗压强度换算公式(11-20)计算：

$$f_{cu,i}^c = 0.0286 v_{ai}^{1.999} R_{ai}^{1.155} \tag{11-20}$$

式中　$f_{cu,i}^c$——第 i 个测区的混凝土抗压强度换算值，精确至 0.1，MPa；

　　　　R_{ai}——第 i 个测区修正后的测区回弹代表值；

　　　　v_{ai}——第 i 个测区修正后的测区声速代表值。

11.2.1.5　拔出法

(1) 基本原理

拔出法是用一金属锚固件预埋入未硬化的混凝土浇筑构件内，或在已硬化的混凝土构件上钻孔埋入一膨胀螺栓，然后测试锚固件或膨胀螺栓被拔出时的拉力，由被拔出的锥台形混凝土块的投影面积，确定混凝土的拔出强度，并由此推算混凝土的立方体抗压强度的检测方法，也是一种半破损试验的检测方法。

(2) 检测依据

拔出法在美国、俄罗斯、加拿大、丹麦等国家得到了广泛应用。我国于 1994 年由中国工程建设标准协会公布了第一版关于拔出法的技术规程《后装拔出法检测混凝土强度技术规程》（CECS 69：94），目前该规范已经废止，新版现行规范为《拔出法检测混凝土强度技术规程》（CECS 69—2011）。也有一些地方标准如天津市城乡建设委员会颁布的《后装拔出法检测混凝土强度技术规程》（DB/T 29—237—2016），可供检测技术人员参考。

(3) 检测仪器

拔出仪：由加荷装置、测力装置及反力支承圆环三部分组成，如图 11-9 所示。

在浇筑混凝土时预埋锚固件的方法，称为预埋法，或称 LOK 试验。在混凝土硬化后再钻孔埋入膨胀螺栓作为锚固件的方法，称为后装法，或称 CAPO 试验。预埋法常用于确定混凝土的停止养护、拆膜时间及施加后张法预应力

图 11-9　拔出仪实物图

的时间，按事先计划要求布置测点。后装法则较多用于已建结构混凝土强度的现场检测，检测混凝土的质量和判断硬化混凝土的现有实际强度。

拔出法试验用的锚固件膨胀螺栓，如图 11-10 所示。其中预埋的锚固件拉杆可以是拆卸式的，也可以是整体式的。

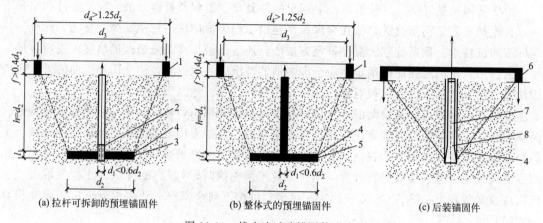

(a) 拉杆可拆卸的预埋锚固件　　(b) 整体式的预埋锚固件　　　(c) 后装锚固件

图 11-10　拔出法试验锚固件形式

1—承力环；2—可卸式拉杆；3—锚头；4—断裂线；5—整体锚固件；6—承力架；
7—后装式锚固件；8—后装钻孔

(4) 后装法检测步骤

① 测点数量。按照单个构件检测时，应在构件上均匀布置 3 个测点。当 3 个拔出力中最大拔出力和最小拔出力与中间值之差均小于中间值的 15% 时，仅布置 3 个测点即可。当最大拔出力和最小拔出力与中间值之差均大于中间值的 15% 时，应在最小拔出力测点附近再加 2 个测点。

当同批构件按批抽样检测时，抽检数量应符合《建筑结构检测技术标准》（GB/T 50344—2019）的有关规定，每个构件宜布置 1 个测点，且样本数不宜少于 15 个。

② 测点布置。测试面宜布置在构件混凝土成形的侧面，如不能满足，可布置在混凝土成形的表面或底面。测点应布置在构件受力较大及薄弱部位，相邻两测点的间距不应小于 250mm，圆环式测点距构件边缘不应小于 100mm，三点式测点距构件边缘不应小于 150mm，测试部位的混凝土厚度不宜小于 80mm。

测点应避开接缝、蜂窝、麻面部位和混凝土表层的钢筋、预埋件。测试面应平整、清洁、干燥，饰面层、浮浆等应予清除，必要时进行磨平处理。

③ 成孔要求。

a. 钻孔磨槽时应采用水冷却；

b. 在钻孔时，孔轴线与混凝土表面的垂直度偏差不应大于 3°；

c. 环形槽的形状应规整；

d. 钻孔直径 d 的允许偏差为 +1.0mm；

e. 钻孔深度 h_1 应比锚固深度 h 深 20~30mm；

f. 锚固深度 h 的允许误差为 ±0.5mm；

g. 环形槽深度 c 应不小于胀簧锚固台阶宽度 b。

④ 拔出试验。将锚固件的胀簧插入成型孔内，通过胀杆使胀簧锚固台阶完全嵌入环形

槽内，保证锚固可靠。拔出仪与锚固件用拉杆对中连接，并与混凝土表面垂直，然后以 0.5～1.0kN/s 的加载速度对拉杆均匀施加拔出力，直到混凝土开裂破坏、测力显示器读数不再增加为止，记录极限拔出力值。

（5）预装法检测步骤

① 测点数量。按照单个构件检测时，应在构件上均匀布置 3 个测点。当同批构件按批抽样检测时，抽检数量应符合《建筑结构检测技术标准》（GB/T 50344—2019）的有关规定，每个构件宜布置 1 个测点，且样本数不宜少于 15 个。

② 测点布置。预埋点的间距不应小于 250mm，且预埋点离混凝土构件边沿的距离不应小于 100mm。测试部位的混凝土厚度不宜小于 80mm。预埋件与钢筋边缘净距离不宜小于钢筋直径。

拔出试验前，应确认预埋件未受损伤，并检查拔出仪的工作状态是否正常。

③ 安装预埋件。锚盘、定位杆和连接圆盘组装成预埋件，在圆盘和定位杆外表面宜涂一层机油或其他隔离剂。浇筑混凝土之前，预埋件应安装在测点部位的模板内侧。当测点在浇筑面时，应将预埋件钉在连接圆盘的木板上，确保模板漂浮在混凝土表面。在模板内浇筑混凝土时，预埋点周围的混凝应与其他部位同样捣实，且不应损坏预埋件。拆模后应预先将定位杆旋松，拔出试验前应把连接圆盘和定位杆拆除。

④ 拔出试验。先将拔出仪和锚固件拉杆对中连接，反力支撑均匀地压紧混凝土测试面，并与拉杆和锚盘处于同一轴线，然后以 0.5～1.0kN/s 的加载速度对拉杆均匀施加拔出力，直到混凝土开裂破坏、测力显示器读数不再增加为止，记录极限拔出力值。

（6）数据处理及强度推定

混凝土强度换算值可按式(11-21)、式(11-22) 计算：

后装拔出法：

$$f_{cu}^c = 1.55F + 2.35 \tag{11-21}$$

预埋拔出法：

$$f_{cu}^c = 1.28F - 0.64 \tag{11-22}$$

式中　f_{cu}^c——混凝土强度换算值，精确至 0.1，MPa；

　　　F——拔出力代表值，精确至 0.1，kN。

当有地区测强曲线或专用测强曲线时，应按地区测强曲线或专用测强曲线计算。

采用拔出法作为混凝土强度的推定依据时，必须按已经建立的拔出力与立方体抗压强度之间的相关关系曲线，由拔出力确定混凝土的抗压强度。目前国内拔出法的测强曲线一般都采用一元回归直线方程。

拔出力 F 与抗压强度换算值 f_{cu}^c 呈线性关系，规程中混凝土强度换算值按公式(11-23)计算：

$$f_{cu}^c = aF + b \tag{11-23}$$

式中　f_{cu}^c——测点混凝土强度换算值，MPa；

　　　F——测点拔出力，kN；

　　　$a，b$——测强公式回归系数。$a，b$ 是由《拔出法检测混凝土强度技术规程》（CECS 69—2011）中的附录 A 的有关规定给出的，是有量纲的定值系数。

当混凝土强度对结构（如轴压、小偏心受压构件等）的可靠性起控制作用时，或者一种检测方法的检测结果离散性很大时，须用两种或两种以上方法进行检测，以综合确定混凝土强度。

11.2.1.6 射钉法

射钉法是根据用外力将钢钉射（压）入构件时所受到的贯入阻力与混凝土强度成正相关的原理而产生的一种检测方法。

(1) 基本原理

发射设备（如图 11-11）对准混凝土检测表面发射钢钉，子弹推动钢钉高速贯入混凝土中，一部分能量消耗于钢钉与混凝土之间的摩擦，另一部分能量由于混凝土受挤压、破碎而被消耗，子弹爆发的初始动能被全部吸收，因而阻止了钢钉的回弹作用。如果发射枪引发的子弹初始动能是固定的，钢钉的尺寸形状不变，则钢钉贯入混凝土中的深度取决于混凝土的力学性质，因此钢钉外露部分的长度即可确定混凝土的贯入阻力。通过试验，建立贯入阻力与混凝土强度的经验关系式，现场检测时，可根据事先建立的关系式推定混凝土的实际强度。

图 11-11   射钉枪实物图

(2) 检测步骤

具体试验流程如下：确定射钉位置→安装射钉枪→计算击发时间→击发射钉→切取含钉试样→加工试样→酸洗、硫印→测量厚度。

射钉法具有检测过程简便、快速的特点，其测点的布置与回弹法相似，几乎不受限制，对结构损伤较小。但射钉枪除有安全问题外，受火药及枪机零件质量等因素的影响较大，检测精度有时难以保证。此外，射钉法受混凝土表层中粗骨料的影响（通常石子强度大大高于混凝土中的砂浆），所得检测数据的离散性较大，故目前射钉法很少在国内工程上应用。

11.2.2 混凝土构件外观及内在质量与缺陷

混凝土缺陷主要包括：因施工管理不善，在结构施工过程中浇捣不密实造成的内部疏松蜂窝、空洞等；因混凝土收缩、环境温度变化、结构受力等产生的裂缝；以及由于化学侵蚀、冻融、火灾等引起的损伤。

这些混凝土的损伤或缺陷对构件的承载能力与耐久性会产生不同程度的影响，因此在工程验收、事故处理及既有结构的可靠性鉴定中混凝土缺陷检测属于不可或缺的检测项目。检测主要依据现行标准《混凝土结构工程施工质量验收规范》（GB 50204—2015）、《混凝土结构现场检测技术标准》（GB/T 50784—2013）、《超声法检测混凝土缺陷技术规程》（CEC S21—2000）等。

除了一些表面缺陷或损伤可以通过目测、敲击、卡尺、放大镜等简单工具进行检测外，大部分损伤或缺陷需要采用专门的无损检测仪器进行检测。超声波检测方法是最常见的无损检测方法，主要是采用低频超声仪，测量超声脉冲纵波或面波在混凝土中的传播速度、首波幅值或接收信号频率等声学参数，来了解混凝土的缺陷情况。当混凝土中存在缺陷或损伤时混凝土的密度、弹性模量等会降低，超声波在空洞、缺陷、损伤处产生绕射、反射等，使得这些声学参数发生变化，如声时增长、波速下降、波幅和频率明显降低等，因此，对比完整混凝土的测试数据，可以评定或判定混凝土的损伤或缺陷状况。

11.2.2.1　尺寸偏差

现浇混凝土结构及预制构件的尺寸，应以设计图纸规定的尺寸为基准确定尺寸的偏差，尺寸的检测方法和尺寸偏差的允许值应按《混凝土结构工程施工质量验收规范》（GB 50204—2015）确定。

尺寸偏差是制作和安装误差等施工偏差造成的，与时间和作用没有关系，评价指标一般由施工质量验收规范进行规定。一般构件尺寸偏差检测项目主要指截面尺寸偏差，必要时可进行构件截面尺寸、标高、轴线尺寸、预埋件位置、构件垂直度和表面平整度的检测。

单个构件截面尺寸及其偏差的检测应符合下列规定：

① 对于等截面构件和截面尺寸均匀变化的变截面构件，应分别在构件的中部和两端量取截面尺寸。对于其他变截面构件，应选取构件端部，截面突变的位置量取截面尺寸。

② 应将每个测点的尺寸实际值与设计图纸规定的尺寸进行比较，计算每个测点的尺寸偏差。

③ 应将每个测点的尺寸实测值作为该构件截面尺寸的代表值。

对于受到环境侵蚀和灾害影响的构件，其截面尺寸应在损伤最严重的部位量测，在检测报告中应提供量测的位置和必要的说明。

11.2.2.2　不密实区和空洞检测

超声检测混凝土内部的不密实区域或空洞是根据各测点的声时（或声速）、波幅或频率值的相对变化，确定异常测点的坐标位置，从而判定缺陷的范围。

(1) 被测部位要求

检测不密实区和空洞时构件的被测部位应满足下列要求：

① 被测部位应具有一对（或两对）互相平行的测试面；

② 测试范围除应大于有怀疑的区域外，还应有同条件的正常混凝土进行对比，且对比测点数不应少于 20 个。

(2) 检测方法

① 对测法。当结构具有两互相平行的测面时可采用对测法。在测区的两对相互平行的测试面上，分别画间距为 200~300mm 的网格，确定测点的位置，如图 11-12 所示。

② 斜测法。对于只有一对相互平行的测试面可采用斜测法，即在测区的两个相互平行的测试面上，分别画出交叉测试的两组测点位置，如图 11-13 所示。

③ 钻孔法。当结构测试距离较大时，可在测区的适当部位钻出平行于结构侧面的测试孔，直径范围为 45~50mm，其深度视测试需要决定。结构侧面采用厚度振动式换能器，用黄油或凡士林耦合。测孔中采用径向式换能器，用水耦合，换能器测点布置如图 11-14 所示。

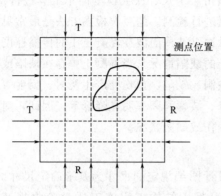

图 11-12　混凝土缺陷对测法测点位置
R、T—换能器

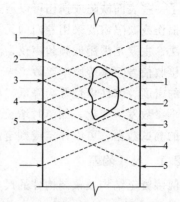

图 11-13　混凝土缺陷斜测法测点位置

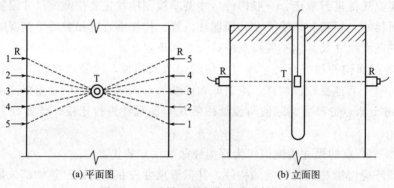

(a) 平面图　　　　　　(b) 立面图

图 11-14　混凝土缺陷钻孔法测点位置

测试时，记录每一测点的声时、波幅、频率和测距，当某些测点出现声时延长，声能被吸收和散射，波幅降低，高频部分明显衰减的异常情况时，通过对比同条件混凝土的声学参数，可确定混凝土内部存在的不密实区域和空洞范围。异常点的判定，通过与正常混凝土的对比并根据检测数据的统计分析来确定。

11.2.2.3　裂缝检测

(1) 裂缝类型和成因分析

从微观看，混凝土是带裂缝工作的，在凝结硬化产生并发展强度的过程中产生裂缝是不可避免的，重要的是如何避免可见裂缝，特别是对结构安全有影响的裂缝。在判断裂缝对钢筋混凝土结构安全性、耐久性等的影响，分析其危害性时，检测裂缝的宽度、深度固然重要，但分析裂缝的成因更为重要。使钢筋混凝土结构产生裂缝的原因很多，主要有：荷载作用、钢筋锈蚀、混凝土收缩、温度变化、地基不均匀沉降等。

荷载作用下结构混凝土的拉应力超过其抗拉强度时会产生裂缝，称为结构裂缝，主要有这几种情况：

① 受弯构件在弯矩较大区域产生的与受拉主筋垂直的裂缝；

② 受弯构件在剪力较大区域产生的接近 45°角的斜裂缝；

③ 受拉构件产生与受拉主筋垂直的裂缝；

④ 受压构件产生的接近 45°角的斜裂缝。

钢筋锈蚀膨胀会引起沿锈蚀钢筋方向的混凝土保护层开裂，严重时会掉落，这种裂缝，特征比较明显，容易辨别。

混凝土在浇筑完成后的 1～2 年内会产生一定的收缩，如结构构件端部受到较强的约束而不能自由伸缩时，可能会产生裂缝，这种裂缝一般垂直于构件纵轴线，并沿纵轴线分布较均匀，一般出现在钢筋较稀的部位，因受主筋的约束，接近主筋的位置裂缝很细，或者不会出现，如在梁中，收缩裂缝一般出现在截面中部，而板底和受拉主筋附近裂缝很细，甚至没有。

温度的变化也可能引起裂缝，一种情况是混凝土浇筑初期，由于水化热的作用，混凝土内外温度存在明显差异，可能引起混凝土表面开裂，一般裂缝较细并无规则，通常称为龟裂。混凝土养护不好，表面失水引起干缩产生也会产生龟裂。另一种情况是常年的气温下降，在有较强约束的情况下，也可能引起结构构件的开裂，其规律、形态与收缩裂缝类似。

过大的地基不均匀沉降会引起上部结构构件的开裂，一般梁端两柱有较大沉降差异时，沉降小的梁端附近可能出现斜裂缝，有时，柱子也会因沉降引起的附加弯矩而产生与主筋垂直的裂缝。

（2）裂缝检测

裂缝检测包括对裂缝分布、走向、长度、宽度、深度等的检查和量测。裂缝长度可用钢尺量测，深度可用超声脉冲波量测。裂缝宽度宜用刻度放大镜或裂缝卡等工具量测，可变作用大的结构需测量其裂缝宽度变化及最大开展宽度时，可以横跨裂缝安装仪表用动态应变仪量测，用记录仪记录；受力裂缝量测钢筋重心处的宽度，非受力裂缝量测钢筋处的宽度和最大宽度；最大裂宽取值的保证率为 95%，并应考虑检测时尚未作用的各种因素对裂宽的影响。检测中应绘制结构构件的裂缝分布图，并标注裂缝的各项参数，如需进一步观察裂缝内部情况，可在裂缝的适当部位钻取一定深度的小直径芯样。结构构件检测的一项主要任务就是寻找出现裂缝的部位及裂缝的各项参数。

通常，现场裂缝检测工作包括浅裂缝检测、深裂缝检测及裂缝宽度检测等。

① 浅裂缝检测。对于结构混凝土开裂深度小于或等于 500mm 的裂缝，可采用平测法或斜测法进行检测。如图 11-15 所示，将仪器的发射换能器和接收换能器对称布置在裂缝两侧，距离为 L，超声波传播所需时间为 t_c。再将换能器以相同距离 L 平置在完好的混凝土表面，测得传播时间为 t，则裂缝的深度 d_c 可按公式（11-24）进行计算：

$$d_c = \frac{L}{2}\sqrt{\left(\frac{t_c}{t}\right)^2 - 1} \tag{11-24}$$

式中　d_c——裂缝深度，mm；

　　　t，t_c——分别代表测距为 L 时不跨缝，跨缝平测的声时值，μs；

　　　L——平测时的超声传播距离，mm。

实际检测时，可进行不同测距的多次测量，取得的平均值作为该裂缝的深度值。布置测点时，应使换能器的连线避免与附近钢筋轴线平行，夹角应保持在 45°左右，目的是防止钢筋使声信号"短路"，读取的声时不能反映超声波绕过裂缝末端传播的声时。

当结构的裂缝部位有两个相互平行的测试表面时，可采用斜测法检测，如图 11-16 所示。将两个换能器分别置于对应测点 1，2，3…的位置，读取相应声时值 t_i、波幅值 A_i 和频率值 f_i。

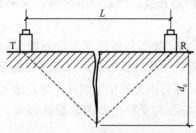

图 11-15　平测法检测裂缝深度

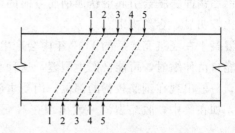

图 11-16　斜测法检测裂缝深度

当两换能器连线通过裂缝时，则接收信号的波幅和频率明显降低。对比各测点信号，根据波幅和频率的突变，可以判定裂缝的深度以及是否在平面方向贯通。

按上述方法检测时，在裂缝中不应有积水或泥浆。当结构或构件中有主钢筋穿过裂缝且与两换能器连线大致平行时，测点布置应使两换能器连线与钢筋轴线至少相距 1.5 倍的裂缝预计深度，以减少量测误差。

② 深裂缝检测。对于大体积混凝土且预计深度在 500mm 以上的深度裂缝，通常采用钻孔检测。测试时，可在混凝土裂缝测孔的一侧另钻一个深度较浅的比较孔，测试同样测距下无缝混凝土的声学参数，与裂缝部位的混凝土对比，进行判别。

在裂缝对应两侧钻两个测试孔（A、B），测试孔间距宜为 2000mm。孔径应比所用换能器直径大 5～10mm，孔深度（不小于裂缝预计深度）700mm。孔内粉末碎屑应清理干净。并在裂缝一侧多钻一个孔距相同的比较孔 C，通过 B、C 两孔间测试无裂缝混凝土的声学参数。

裂缝深度检测宜选用频率为 20～60kHz 的径向振动式换能器。测试前向测试孔内灌注清水，作为耦合介质。然后将 T、R 换能器分别置于裂缝两侧的测试孔中，以相同高程等间距（100～400mm）从上向下同步移动，逐点读取声时。钻孔法检测裂缝深度如图 11-17 所示。裂缝深度测试仪介绍见 4.6.3 节。

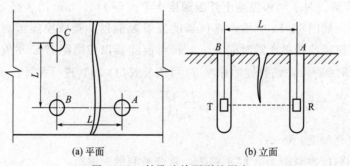

(a) 平面　　　　　　　(b) 立面

图 11-17　钻孔法检测裂缝深度

③ 裂缝宽度检测。以前常用裂缝对比卡（裂缝读数卡）、裂缝塞尺测量裂缝宽度，后来用光学读数显微镜测量，现在能够用电子裂缝观测仪测量。裂缝对比卡上面印有粗细不等、标注着宽度值的平行线，将其覆盖在裂缝上，可比较出裂缝的宽度，这种方法误差较大，目前已经淘汰。光学读数显微镜是配有刻度和游标的光学透镜，从镜中看到的是放大的裂缝，通过调节游标读出裂缝宽度。带摄像头的电子裂缝观测仪克服了人直接俯在裂缝上进行观测的诸多不便，颇受技术人员青睐。

11.2.2.4　表面损伤检测

混凝土表面损伤的主要原因有火灾、冻害及化学腐蚀，这些伤害都是由表及里进行的，损伤程度外重内轻，损伤层混凝土的强度显著降低，甚至完全丧失。损伤深度是结构鉴定加固的重要依据。

混凝土损伤层简易的检测方法是凿开或钻芯取样，从颜色和强度的区别可判别损伤层的深度，如损伤混凝土呈粉红色。另外，也可用超声波检测。超声波在损伤混凝土中的波速小于在未损伤混凝土中的波速。检测时，将两个换能器置于损伤层表面（图 11-18），一个保持位置不动，另一个逐点移位，每次移动距离不宜大于 100mm，读取不同传播路径的声速值，绘制出"时-距"直角坐标图（图 11-19）。"时-距"图为折线，其斜率分别为损伤层和未损伤层中的波速。折点的物理意义在于完全损伤层的传播时间与穿透损伤层并沿未损伤混凝土传播的时间相等，由公式(11-25) 求得损伤深度：

$$d = \frac{l_0}{2}\sqrt{\frac{v_2 - v_1}{v_2 + v_1}} \tag{11-25}$$

式中　d——损伤深度；

　　　l_0——"时-距"折点对应的测距；

　　　v_1——损伤混凝土中的波速；

　　　v_2——未损伤混凝土中的波速。

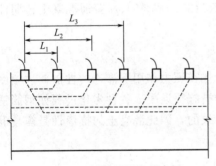

图 11-18　损伤层测点的布置

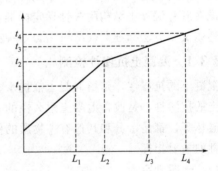

图 11-19　损伤层"时-距"直角坐标图

11.2.2.5　结构变形检测

结构变形有许多类型，以房屋为例，水平构件（如梁、板、屋架）会产生挠度；屋架及墙柱等竖向构件会产生倾斜或侧移；地基基础可能产生不均匀沉降并引起建筑物倾斜等。

混凝土构件的挠度，可采用激光测距仪、水准仪或拉线等方法检测。测量跨度较大的梁、屋架的挠度时，可用拉铁丝的简单方法，也可选取基准点用水准仪量测。测量楼板挠度时应扣除梁的挠度。

混凝土构件或结构的倾斜，可采用经纬仪、激光定位仪、三轴定位仪或吊锤的方法检测，宜区分倾斜中施工偏差造成的倾斜、变形造成的倾斜、灾害造成的倾斜等。屋架的倾斜变位测量，一般在屋架中部拉杆处。从上弦固定吊锤到下弦处，铅垂线到相应下弦的水平距离即为屋架的倾斜值，并记录倾斜方向。

混凝土结构基础的不均匀沉降，可用水准仪检测。当需要确定基础沉降的发展情况时，应在混凝土结构上布置测点进行观测。混凝土结构基础的累计沉降差，可参照首层的基准线推算。地基基础的不均匀沉降可根据建筑物水准点进行观测。观测点宜设置在建筑物四周角点、中点或转角处、沉降缝的两侧，一般沿建筑物周边每隔 10～20m 设置一点。可用经纬仪、水准仪测量水平和垂直方向的变形。对于旧房在建房时未埋设沉降观测点的建筑，不均匀沉降是无法测出的，这时可根据墙体是否出现沉降裂缝来判断地基基础是否发生了不均匀沉降。一般来说，当底层出现 45°方向的斜裂缝时，地基发生的可能是盆式沉降（中间下沉多）；当墙面的裂缝发生于顶层时，则端部的沉降多。

测量建筑物的倾斜量时，首先在建筑物垂直方向设置上、下两点或上、中、下三点作为观察点。观测时，在离建筑物距离大于其高度的地方放置经纬仪，以下观测点为基准，测量其他点的水平位移。倾斜观测，应在相互垂直的两个方向进行。

11.2.3　混凝土结构耐久性检测

混凝土是各类建筑工程中使用量最多、最广的材料，它的质量好坏直接关系到建筑工程项目的安全性、耐久性。混凝土的耐久性，是指混凝土在使用过程中经受各种破坏作用而能保持其使用性能的能力。混凝土的耐久性检测，是对结构进行耐久性评定和剩余寿命评估的重要前提。

影响混凝土耐久性的主要因素有：①冻融作用；②钢筋锈蚀；③碱集料反应；④硫酸盐侵蚀等。混凝土耐久性检验评定的项目主要包括：抗渗性、抗冻性能、抗硫酸盐侵蚀性能、抗氯离子渗透性能、碳化深度、早期抗裂性能、碱骨料反应和裂缝宽度等。检测主要依据现行标准《既有混凝土结构耐久性评定标准》（GB/T 51355—2019）、《普通混凝土长期性能和耐久性能试验方法标准》（GB/T 50082—2009）。

11.2.3.1　混凝土抗渗性检测

混凝土的抗渗性，是指混凝土抵抗水、油等液体在压力作用下渗透的性能。大幅度提高混凝土的抗渗性，是改善混凝土耐久性的一项关键措施。混凝土各种劣化过程如钢筋锈蚀和冻融破坏等，都是水分和其他有害物质的侵入而导致的，因此混凝土的抗渗性是衡量混凝土耐久性的主要指标。

（1）一般规定

① 结构混凝土抗渗性能、抗冻性能、抗氯离子渗透性能和抗硫酸盐侵蚀性能等长期耐久性能应采用取样法进行检测。

② 取样检测结构混凝土长期性能和耐久性能时，芯样最小直径应符合表 11-3 的规定。

表 11-3　芯样最小直径　　　　　　　　　　　　　　　单位：mm

骨料最大粒径	31.5	40.0	63.0
最小直径	100	150	200

③ 取样位置应在受检区域内随机选取，取样点应布置在无缺陷的部位。当受检区域存在明显劣化迹象时，取样深度应考虑劣化层的厚度。

④ 当委托方有要求时，可对特定部位的混凝土长期性能和耐久性能进行专项检测。

（2）取样法检测混凝土抗渗性能

① 取样法检测混凝土抗渗性能的操作与试件处理宜符合下列规定：

a. 每个受检取样不宜少于 1 组，每组宜由不少于 6 个直径为 150mm 的芯样构成；

b. 芯样的钻取方向宜与构件承受水压的方向一致；

c. 宜将内部无明显缺陷的芯样加工成符合现行国家标准《普通混凝土长期性能和耐久性能试验方法标准》(GB/T 50082—2009) 有关规定的抗渗试件,每组试件为 6 个。

② 逐级加压法检测混凝土抗渗性能应符合下列规定:

a. 应将同组的 6 个抗渗试件置于抗渗仪上进行封闭;

b. 应按现行国家标准《普通混凝土长期性能和耐久性能试验方法标准》(GB/T 50082—2009) 的逐级加压法对同组试件进行抗渗性能的检测;

c. 当 6 个试件中的 3 个试件表面出现渗水或检测的水压高于规定数值或设计指标,在 8h 内出现表面渗水的试样少于 3 个时可停止试验,并应记录此时的水压力 H。

③ 混凝土在检测龄期实际抗渗等级的推定值可按下列规定确定:

a. 当停止试验时,6 个试件中少于 2 个试件表面出现渗水,该组混凝土抗渗等级的推定值可按公式(11-26) 计算:

$$P_e > 10H \tag{11-26}$$

b. 当停止试验时,6 个试件中有 2 个试件表面出现渗水,该组混凝土抗渗等级的推定值可按公式(11-27) 计算:

$$P_e = 10H \tag{11-27}$$

c. 当停止试验时,6 个试件中有 3 个试件表面出现渗水,该组混凝土抗渗等级的推定值可按公式(11-28) 计算:

$$P_e = 10H - 1 \tag{11-28}$$

式中　P_e——结构混凝土在检测龄期实际抗渗等级的推定值;

　　　H——停止试验时的水压力,MPa。

11.2.3.2　混凝土抗冻融性能检测

混凝土的抗冻融性能指混凝土抵抗冻融破坏的能力,是混凝土耐久性的一项重要指标。北方寒冷地区有相当大的部分处于严寒地带,致使不少建筑物产生了冻融破坏现象,是工程中亟待解决的重要问题之一。

(1) 取样慢冻法检测混凝土抗冻融性能

① 取样慢冻法检测混凝土抗冻融性能时,取样和试样的处理应符合下列规定:

a. 在受检区域随机布置取样点,每个受检区域取样不应少于 1 组,每组应由不少于 6 个直径不小于 100mm 且长度不小于直径的芯样组成。

b. 将无明显缺陷的芯样加工成高径比为 1.0 的抗冻融试件,每组应由 6 个抗冻融试件组成。

c. 将 6 个试件同时放在 20±2℃的水中,浸泡 4d 后取出 3 个试件开始慢冻试验,余下 3 个试件用于强度比对,继续在水中养护。

② 慢冻试验应符合下列规定:

a. 应将浸泡好的试样用湿布擦除表面水分,编号并分别称取其质量。

b. 应按现行国家标准《普通混凝土长期性能和耐久性能试验方法标准》 (GB/T 50082—2009) 中慢冻法的有关规定进行冻融循环试验。

c. 在每次循环时应注意观察试样的表面损伤情况,当发现损伤时应称量试样的质量。

d. 当出现下列 3 种情况之一时,可停止试验,并应记录停止试验时的循环次数:

(a) 达到规定的冻融循环次数;

(b) 抗压强度损失率已达到 25%;

（c）试件质量损失率达到 5%。

e. 试件平均质量损失率应按公式（11-29）计算：

$$\Delta\omega = \frac{1}{3}\sum_{i=1}^{3}\frac{W_{0i}-W_{ni}}{W_{0i}}\times 100 \tag{11-29}$$

式中　$\Delta\omega$——N 次冻融循环后的平均质量损失率，精确至 0.1%；

　　　W_{ni}——N 次冻融循环后第 i 个芯样的质量，g；

　　　W_{0i}——冻融循环试验前第 i 个芯样的质量，g。

（2）取样快冻法检测混凝土抗冻融性能

① 取样快冻融法检测混凝土抗冻融性能时，取样和试样的处理应符合下列规定：

a. 在受检区域随机布置取样点，每个受检区域钻取芯样数量不应少于 3 个，芯样直径不宜小于 100mm，芯样高径比不应小于 4；

b. 将无明显缺陷的芯样加工成高径比为 4.0 的抗冻融试件，每组应由 3 个抗冻融试件组成；

c. 成型同样形状尺寸，中心埋有热电偶的测温试件，其所用混凝土的抗冻融性能应高于抗冻融试件；

d. 将 3 个抗冻融试件浸泡 4d 后开始进行快冻试验。

② 快冻试验应符合下列规定：

a. 将浸泡好的试件用湿布擦除表面水分，编号并分别称取其质量和检测动弹性模量；

b. 按现行国家标准《普通混凝土长期性能和耐久性能试验方法标准》（GB/T 50082—2009）中快冻法的有关规定进行冻融循环试验和中间的动弹性模量和质量损失率的检测；

c. 当出现下列 3 种情况之一时，可停止试验：

（a）达到规定的冻融循环次数；

（b）试件相对动弹性模量小于 60%；

（c）试件质量损失率达到 5%。

③ 混凝土在检测龄期实际抗冻融性能的检测值可采取下列方法表示：

a. 用符号 F_e 后加停止冻融循环时对应的冻融循环次数表示；

b. 用抗冻耐久性系数表示，抗冻耐久性系数推定值可按公式（11-30）计算：

$$DF_e = PN_d/300 \tag{11-30}$$

式中　DF_e——混凝土抗冻耐久性系数推定值；

　　　N_d——停止试验时冻融循环的次数；

　　　P——经 N 次冻融循环后一组试件的相对动弹性模量，%，精确至 0.1。

11.2.3.3　混凝土化学成分检测

混凝土化学成分检测主要用于受腐蚀的混凝土，一般而言，受腐蚀的混凝土化学成分会发生相应的变化。分析混凝土的化学成分不仅可以分析腐蚀的程度，而且还可以分析腐蚀的原因。常用的分析方法有 X 射线衍射分析、电子显微镜扫描分析、荧光法分析等。

X 射线衍射分析是利用 X 射线可被晶体衍射的原理，对混凝土进行衍射分析，取得混凝土的衍射图，然后与标准的衍射图谱比较，分析混凝土固相物质的含量，进而分析混凝土中有害成分、腐蚀程度和碳化情况。

电子显微镜扫描分析就是利用电子显微镜观察混凝土的矿物组成和显微结构，分析混凝土的损伤情况。

碱集料反应物除了利用 X 射线衍射法分析外，还可以用荧光法分析。该检测方法将酸离子沾染到混凝土上，在紫外线短波辐射下若集料发出黄绿色的荧光，则此集料为碱集料。

11.2.3.4　混凝土含湿量检测

检测混凝土含湿量可采用微波法、电阻法和中子散射法，也可以在混凝土构件上取一混凝土试样，用烘干法测定。

(1) 微波法

微波法是利用水具有吸收微波的特性、通过检测微波穿过混凝土后的衰减量而确定混凝土的含湿量。

(2) 电阻法

混凝土含水量越高，其电阻就越低，所以通过测量混凝土的电阻值也可以确定混凝土的含湿量。

(3) 中子散射法

中子散射法是利用中子含湿量测定仪测量混凝土含湿量的方法。氢是快中子的减速剂，当快中子通过混凝土时，记录快中子衰减成慢中子的数量可确定混凝土的含湿量。

11.2.3.5　混凝土氯离子检测

(1) 氯离子含量检测

在氯离子侵蚀环境下，结构周围环境中氯离子的含量一般较高，对结构混凝土中钢筋易造成严重的腐蚀损伤。氯离子侵蚀使钢筋表面的钝化层遭到破坏，并能导致钢筋的腐蚀、混凝土的开裂，在严重的情况下，还能导致混凝土保护层的脱落。裂缝的形式一般是沿主受力钢筋的直线方向开裂。因此，混凝土中氯离子含量是氯盐环境下混凝土结构锈裂损伤评估的重要参数。腐蚀过程的主要反应式如下：

$$Fe \longrightarrow Fe^{2+} + 2e^-$$
$$Fe^{2+} + 2Cl^- + 4H_2O \longrightarrow FeCl_2 \cdot 4H_2O$$
$$FeCl_2 \cdot 4H_2O \longrightarrow Fe(OH)_2 \downarrow + 2Cl^- + 2H^+ + 2H_2O$$
$$4Fe(OH)_2 + O_2 + 2H_2O \longrightarrow 4Fe(OH)_3 \downarrow$$

氯离子本身并不构成腐蚀产物，也不消耗，但为整个腐蚀过程的进行起到了加速催化的作用。为分析混凝土结构中钢筋的腐蚀情况，往往要分析混凝土中氯离子的含量与侵入深度。对在服役混凝土结构取样时，首先要清除混凝土表面污垢和粉刷层等，用取芯机或冲击钻在混凝土构件具有代表性的部位取混凝土试样，然后将混凝土试样研磨至全部通过 0.08mm 筛子后，用 105℃烘箱烘干，取出放入干燥器皿中冷却至室温备用。混凝土中氯离子含量可用硝酸银滴定法或硫氰酸钾溶液滴定法测定。

(2) 抗氯离子渗透试验

现行国家标准《普通混凝土长期性能和耐久性能试验方法标准》（GB/T 50082—2009）给出的结构混凝土抗氯离子渗透性能检测方法有两种，可采用快速氯离子迁移系数法（或称 RCM 法）和电通量法检测。

采用快速检测氯离子迁移系数法时，取样与测试应符合下列规定：

① 在受检区域随机布置取样点，每个受检区域取样不应少于 1 组，每组应由不少于 3 个直径 100mm 且长度不小于 120mm 的芯样组成；

② 将无明显缺陷的芯样从中间切成两半，加工成 2 个高度为 50mm±2mm 的试件，分

别标记为内部试件和外部试件。将 3 个外部试件作为一组，对应的 3 个内部试件作为另一组；

③ 按现行国家标准《普通混凝土长期性能和耐久性能试验方法标准》（GB/T 50082—2009）的有关规定分别对两组试件进行试验，试验面为中间切割面；

④ 按规定进行数据取舍后，分别确定两组氯离子迁移系数测定值；

⑤ 当两组氯离子迁移系数测定值相差不超过 15％时，应以两组平均值作为结构混凝土在检测龄期氯离子迁移系数推定值；

⑥ 当两组氯离子迁移系数测定值相差超过 15％时，应分别给出两组氯离子迁移系数测定值，作为结构混凝土内部和外部在检测龄期氯离子迁移系数推定值。

采用电通量法时，取样与测试应符合下列规定：

① 在受检区域随机布置取样点，每个受检区域取样不应少于 1 组，每组应由不少于 3 个直径 100mm 且长度不小于 120mm 的芯样组成；

② 应将无明显缺陷且无钢筋、无钢纤维的芯样从中间切成两半，加工成 2 个高度为 50mm±2mm 的试件，分别标记为内部试件和外部试件。将 3 个外部试件作为一组，对应的 3 个内部试件作为另一组；

③ 应按现行国家标准《普通混凝土长期性能和耐久性能试验方法标准》（GB/T 50082—2009）的有关规定分别对两组试件进行试验，试验面应为中间切割面；

④ 按规定进行数据取舍后，应分别确定两组电通量测定值；

⑤ 当两组电通量测定值相差不超过 15％时，应以两组平均值作为结构混凝土在检测龄期电通量推定值；

⑥ 当两组氯离子迁移系数测定值相差超过 15％时，应分别给出两组电通量测定值，作为结构混凝土内部和外部在检测龄期电通量推定值。

11.2.3.6 混凝土抗硫酸盐侵蚀性能检测

① 取样检测抗硫酸盐侵蚀性能时，取样与测试应符合下列规定：

a. 在受检区域随机布置取样点，每个受检区域取样不应少于 1 组；每组应由不少于 6 个直径不小于 100mm 且长度不小于直径的芯样组成；

b. 应将无明显缺陷的芯样加工成 6 个高度为（100±2）mm 的试件，取 3 个做抗硫酸盐侵蚀试验，另外 3 个作为抗压强度对比试件；

c. 应按现行国家标准《普通混凝土长期性能和耐久性能试验方法标准》（GB/T 50082—2009）有关规定进行硫酸盐溶液干湿交替的试验；

d. 当试件出现明显损伤或干湿交替次数超过预期次数时，应停止试验，进行抗压强度检测，并应计算混凝土强度耐腐蚀系数。

② 抗压强度及强度耐蚀系数应按下列规定检测：

a. 将 3 个硫酸盐侵蚀试件与 3 个比对试件晾干，同时进行端面修整，使 6 个试件承压面的平整度、端面平行度及端面垂直度符合国家现行标准《混凝土物理力学性能试验方法标准》（GB/T 50081—2019）的有关规定；

b. 测试试件的抗压强度，应分别计算 3 个硫酸盐侵蚀试件和 3 个比对试件的抗压强度平均值。

强度耐蚀系数应按公式(11-31)计算：

$$K_f = \frac{f_{\text{cor,s,m}}}{f_{\text{cor,s,m0}}} \times 100 \qquad (11\text{-}31)$$

式中　K_f——强度耐蚀系数，精确至 0.1%；

　　$f_{\text{cor,s,m}}$——3 个对比试件的抗压强度平均值，精确至 0.1MPa；

　　$f_{\text{cor,s,m0}}$——3 个硫酸盐侵蚀试件抗压强度平均值，精确至 0.1MPa。

③ 混凝土抗硫酸盐等级可按下列规定进行推定：

a. 当强度耐蚀系数在 75%±5% 范围时，混凝土抗硫酸盐等级可用停止试验时的干湿循环次数表示；

b. 当强度耐蚀系数超过 75%±5% 范围时，混凝土抗硫酸盐等级可按公式（11-32）计算：

$$N_{\text{SR}} = N_S K_f / 0.75 \qquad (11\text{-}32)$$

式中　N_{SR}——推定的混凝土抗硫酸盐等级；

　　N_S——停止试验时的干湿循环次数。

11.2.4　混凝土结构内部钢筋检测

混凝土结构钢筋检测的主要内容包括钢筋的材质、位置、直径、保护层厚度和钢筋的锈蚀检测等。有相应的检测要求时，可对钢筋的锚固与搭接、框架节点及柱加密区箍筋和框架柱与墙体的拉结筋进行检测。

对已建混凝土结构作施工质量诊断及可靠性鉴定时，要求确定钢筋位置、布筋情况，正确测量混凝土保护层厚度和估测钢筋的直径。当采用钻芯法检测混凝土强度时，为在钻芯部位避开钢筋，也须做钢筋位置的检测。

根据国家颁布的《混凝土结构现场检测技术标准》（GB/T 50784—2013）的一般规定，对混凝土中的钢筋检测分为钢筋数量和间距、钢筋保护层、钢筋直径和钢筋锈蚀状况等检测，采用非破损检测方法时，宜通过凿开混凝土后的实际测量或取样检测的方法进行验证，并根据验证结果进行适当修正。

11.2.4.1　混凝土中钢筋力学性能检测

在实际工程中，当存在下列情况之一时，应进行钢筋力学性能检测：

① 缺乏钢筋进场抽检试验报告；

② 缺乏相关设计资料；

③ 对钢筋力学性能存在怀疑时。

可按下列方法检测：

① 当工程尚有与结构中同批的钢筋时，可按有关产品标准的规定进行钢筋力学性能检验或化学成分分析；

② 需要检测结构中的钢筋时，可在构件中截取钢筋进行力学性能检验或化学成分分析，进行钢筋力学性能的检验时，同一规格钢筋的抽检数量应不少于一组；

③ 钢筋力学性能和化学成分的评定指标，应按有关钢筋产品标准确定；

④ 钢筋力学性能试验，包括拉伸试验、冷弯试验、金属应力松弛试验等。

既有结构钢筋抗拉强度的检测，可采用钢筋表面硬度等非破损检测方法与取样检验相结合的方法。对于钢筋实际强度的检测常采用取样试验法，由于现场钢筋取样对结构承载力有影响，因此应尽量在非重要构件或构件的非重要部位取样。现场取样应考虑到所取的试样必须具有代表性，同时又得尽可能使取样对结构的损伤达到最小，所以取样部位应为钢筋混凝土结构中受力较小处。取样后应采取补强措施。每类型钢筋取 3 根，以 3 根钢筋试样的试验质量平均值作为该类钢筋的强度评定。

需要检测锈蚀钢筋、受火灾影响等钢筋的性能时，可在构件中截取钢筋进行力学性能检测。在检测报告中，应对测试方法与标准方法的不符合程度和检测结果的适用范围等予以说明。

11.2.4.2　混凝土中钢筋位置检测

对已建混凝土结构作施工质量诊断及可靠性鉴定时，要求确定钢筋位置、布筋情况，正确测量混凝土保护层厚度和估测钢筋的直径。当采用钻芯法检测混凝土强度时，为在钻芯部位避开钢筋，需进行钢筋位置的检测。

钢筋探测仪利用电磁感应原理进行检测。图 11-20 所示为 JW-GY71 一体式钢筋扫描仪，在现场可通过无线传输并将钢筋分布情况立即转成可阅读图像，可测定钢筋的保护层厚度及直径。

电磁感应法检测比较适用于配筋稀疏、混凝土保护层不大的钢筋检测，同时在同一平面或不同平面内钢筋布置距离较大时，可取得较为不错的效果，图 11-21 为柱钢筋布置情况检测。

图 11-20　JW-GY71 一体式钢筋扫描仪

图 11-21　柱钢筋布置情况现场检测

11.2.4.3　混凝土中钢筋直径检测

钢筋公称直径的检测可采用直接法或取样称量法。

对构件内钢筋进行截取时，应符合下列规定：

① 应选择受力较小的构件进行随机抽样，并应在抽样构件中受力较小的部位截取钢筋；
② 每个梁、柱构件上截取 1 根钢筋，墙、板构件每个受力方向截取 1 根钢筋；
③ 所选择的钢筋应表面完好，无明显锈蚀现象；
④ 钢筋的截断宜采用机械切割方式；
⑤ 截取的钢筋试件长度应符合钢筋力学性能试验的规定。

（1）采用直接法实测钢筋直径

在剔凿混凝土保护层厚度验证基础上，用游标卡尺测量钢筋直径。在同一部位重复测量三次，以三次测量平均值作为钢筋直径实测检测值。

（2）采用取样称量法，确定实测钢筋直径

在剔凿混凝土保护层验证时，直接取出钢筋试样，试样长度应大于等于 300mm。试样按《混凝土中钢筋检测技术标准》（JGJ/T 152—2019）规程规定清洗处理后，用天平称重。

钢筋直径按公式(11-33)计算;

$$d = 12.7\sqrt{W/L} \tag{11-33}$$

式中 d——钢筋试样实际直径,精确至 0.01mm;

      W——钢筋试样重量,精确至 0.01g;

      L——钢筋试样长度,精确至 0.01;

11.2.4.4 混凝土保护层厚度和钢筋间距检测

混凝土结构钢筋保护层是指混凝土结构构件中,最外层钢筋的外缘至混凝土表面之间的混凝土层。从钢筋黏结锚固角度对混凝土保护层提出要求,是为了保证钢筋与其周围混凝土能共同工作,使钢筋充分发挥计算所需强度。因此在设计规范和设计文件中,对结构的混凝土保护厚度都会作出具体规定,在相关施工规范和验收规范中均会对混凝土保护层厚度的检测方法、评定方法和合格标准提出具体要求。

在进行检测时,检测面选择应便于仪器操作并应避开金属预埋件,且检测面应清洁平整,检测部位应无饰面层,有饰面层时应清除。当进行钢筋间距检测时,检测部位宜选择无饰面层或饰面层影响较小的部位。检测所进行的钻孔、剔凿等不得损坏钢筋。混凝土保护层厚度的直接量测精度不应低于 0.1mm,钢筋间距的直接量测精度不应低于 1mm。

用于混凝土保护层厚度检测的仪器,当混凝土保护层厚度为 10～50mm 时,保护层厚度检测的允许偏差应为 ±1mm;当混凝土保护层厚度大于 50mm 时,保护层厚度检测允许偏差应为 ±2mm。

目前钢筋位置和钢筋保护层厚度检测分为电磁感应法,雷达法和直接法。

(1) 电磁感应法

检测前应进行预扫描,电磁感应法钢筋探测仪的探头在检测面上沿探测方向移动,直到仪器保护层厚度示值最小,此时探头中心线与钢筋轴线应重合,在相应位置做好标记,并初步了解钢筋埋设深度。重复上述步骤将相邻的其他钢筋位置逐一标出。

钢筋混凝土保护层厚度的检测应按下列步骤进行:

① 应根据预扫描结果设定仪器量程范围,根据原位实测结果或设计资料设定仪器的钢筋直径参数。沿被测钢筋轴线选择相邻钢筋影响较小的位置,在预扫描的基础上进行扫描探测,确定钢筋的准确位置,将探头放在与钢筋轴线重合的检测面上读取保护层厚度检测值。

② 应对同一根钢筋同一处检测两次,读取的两个保护层厚度值相差不大于 1mm 时,取两次检测数据的平均值为保护层厚度值,精确至 1mm。相差大于 1mm 时,该次检测数据无效,并应查明原因,在该处重新进行两次检测,仍不符合规定时,应该更换电磁感应法钢筋探测仪进行检测或采用直接法进行检测。

③ 当实际保护层厚度值小于仪器最小示值时,应采用在探头下附加垫块的方法进行检测。垫块对仪器检测结果不应产生干扰,表面应光滑平整,其各方向厚度值偏差不应大于 0.1mm。垫块应与探头紧密接触,不得有间隙。所加垫块厚度在计算保护层厚度时应予扣除。

钢筋间距的检测应按下列步骤进行:

① 根据预扫描的结果,设定仪器量程范围,在预扫描的基础上进行扫描,确定钢筋的准确位置;

② 检测钢筋间距时,应将检测范围内的设计间距相同的连续相邻钢筋逐一标出,并应

逐个量测钢筋的间距。当同一构件检测的钢筋数量较多时，应对钢筋间距进行连续量测，且不宜少于6个。

（2）雷达法

雷达法宜用于结构或构件中钢筋间距和位置的大面积扫描检测以及多层钢筋的扫描检测。当检测仪器的精度符合前文用于混凝土保护层厚度检测的仪器的规定时，也可用于混凝土保护层厚度检测。

钢筋间距和位置和混凝土保护层厚度检测应按下列步骤进行：

① 根据检测构件的钢筋位置选定合适的天线中心频率。天线中心频率的选定应在满足探测深度的前提下，使用较高分辨率天线的雷达仪。

② 根据检测构件中钢筋的排列方向，雷达仪探头或天线沿垂直于选定的被测钢筋轴线方向扫描采集数据。场地允许的情况下，宜使用天线阵雷达进行网格状扫描，根据钢筋的反射回波在波幅及波形上的变化形成图像，来确定钢筋间距、位置和混凝土保护层厚度检测值，并可对被检测区域的钢筋进行三维立体显示。

（3）直接法

混凝土保护层厚度检测应按下列步骤进行：

① 采用无损检测方法确定被测钢筋位置；

② 采用空心钻头钻孔或剔凿去除钢筋外层混凝土直至被测钢筋直径方向完全暴露，且沿钢筋长度方向不宜小于2倍钢筋直径；

③ 采用游标卡尺测量钢筋外轮廓至混凝土表面最小距离。

钢筋检测应按下列步骤进行：

① 在垂直于被测钢筋长度方向上对混凝土进行连续剔凿直至钢筋直径方向完全暴露，暴露的钢筋连续分布且设计间距相同的钢筋不宜少于6根。当钢筋数量少于6根时，应全部剔凿。

② 采用钢卷尺逐个量测钢筋的间距。

11.2.4.5 混凝土中钢筋锈蚀检测

（1）混凝土中钢筋锈蚀机理与过程

混凝土长期暴露于大气中，混凝土表面受到空气中二氧化碳的作用会逐渐形成碳酸钙，使水泥石的pH值降低，这个过程称为混凝土的碳化。混凝土碳化深度达到钢筋表面时，水泥石将失去对钢筋的保护作用，特别是存在有害气体和液体介质以及潮湿环境中的混凝土内部的钢筋会很快锈蚀，如游泳馆内的混凝土构件在没有有效保护的情况下极易出现钢筋锈蚀。锈蚀发展到一定程度，混凝土表面会出现沿钢筋（主筋）方向的纵向裂缝。纵向裂缝出现后，钢筋即与外界接触而锈蚀迅速发展，致使混凝土保护层脱落、掉角及露筋，甚至混凝土表面呈现酥松剥落，从外观即可判别。如图11-22所示，某游泳馆钢筋混凝土梁（内部）钢筋严重锈蚀。

钢筋在锈蚀的过程中体积增大，会导致混凝土的胀裂、剥落，与混凝土之间的黏结力降低，严重时可能导致结构破坏或耐久性降低。通常对既有建筑物进行结构鉴定和可靠性诊断时，必须对钢筋的锈蚀情况进行检测。

（2）钢筋锈蚀检测

钢筋保护层破损和混凝土碳化将引起钢筋锈蚀，而钢筋的锈蚀将导致混凝土保护层胀裂、剥落及钢筋有效截面削弱等结构破坏现象，直接影响结构的使用寿命。混凝土中钢筋锈

图 11-22　某游泳馆梁钢筋锈蚀

蚀状况可以采用三种方法检测：局部凿开法、直观检测法、自然电位法。

① 局部凿开法。对检测部位的混凝土构件，首先敲掉混凝土的保护层，露出钢筋，直接用卡尺测量钢筋的锈蚀层厚度和钢筋的剩余直径。或者现场截取钢筋样品，将截取的样品钢筋端部锯平或磨平，用游标卡尺测量样品的长度，把样品放在氢氧化钠溶液中通电除锈，将除锈后的钢筋样品试样放在天平上称出残余质量，残余质量与该种钢筋公称质量之比，即为钢筋的剩余截面率；除锈前钢筋样品的质量与除锈后钢筋样品的质量之差，即为钢筋的锈蚀量。

② 直观检测法。观察被检测的混凝土构件表面有无锈痕，特别注意是否出现沿钢筋方向的纵向裂缝，顺着钢筋的裂缝长度和宽度可以反映钢筋的锈蚀程度。

③ 自然电位法。钢筋因腐蚀而在表面有腐蚀电流存在，使电位发生变化。当混凝土结构中的钢筋锈蚀时，钢筋的表面便有腐蚀电流，钢筋表面与混凝土表面间就存在着电位差，电位差的大小与钢筋的锈蚀程度有关，运用电位测量装置，可以判断钢筋锈蚀范围以及严重程度。以下对自然电位法进行详细介绍。

a. 检测方法与原理。混凝土中钢筋的锈蚀是一个电化学反应的过程。钢筋因锈蚀而在表面有腐蚀电流存在，使电位发生变化。检测时采用铜-硫酸铜作为参考电极的半电池探头的钢筋锈蚀测量仪，用半电池电位法测量钢筋表面与探头之间的电位并建立一定的关系，由电位高低变化的规律，可以判断钢筋是否锈蚀以及其锈蚀程度。

b. 检测依据。应当严格遵守《混凝土中钢筋检测技术标准》（JGJ/T 152—2019）中的相关规定。

c. 检测设备。

（a）钢筋锈蚀检测仪和钢筋探测仪。钢筋锈蚀检测仪由铜-硫酸铜半电池、电压仪和导线构成。铜-硫酸铜半电池如图 11-23 所示。

（b）饱和硫酸铜溶液应采用分析纯硫酸铜晶体溶入蒸馏水中制备。应使刚性管的底部积存少量未溶解的硫酸铜晶体。

（c）半电池的电连接垫（海绵）应预先润湿，电压仪满量程不小于 1000mV，测试允许误差 ±3%；导线宜为铜线，长度不宜超过 150m，截面积宜大于 $0.75mm^2$。

（d）钢筋锈蚀检测仪使用后应及时清洗刚性管、铜棒和多孔塞。硫酸铜溶液应根据使用时间给予更换，更换后宜采用甘汞电极进行校准。在室温（22 ± 1）℃时；铜-硫酸铜电极

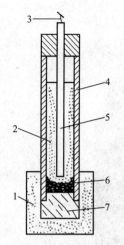

图 11-23　铜-硫酸铜半电池

1—电连接垫（海绵）；2—饱和硫酸铜
溶液；3—与电压仪导线连接的插头；
4—刚性管；5—铜棒；6—少许硫酸铜
结晶；7—多孔塞（软木塞）

与甘汞电极之间的电位差应为（68±10)mV。

d. 检测步骤。

（a）测区选择：每个测区不宜大于 5m×5m，划分 100mm×100mm～500mm×500mm 的网格。每个网格节点为电位测点。每个结构或构件的自然电位法测点数不应少于 30 个。

（b）钢筋定位：采用钢筋探测仪检测钢筋分布情况，并在适当位置剔凿出钢筋。

（c）连接系统：导线与钢筋连接，导线的一端接电压仪的负输入端，另一端接钢筋。导线与半电池连接：导线的一端接电压仪的正输入端，另一端接半电池。

（d）测区润湿：测区混凝土应预先充分润湿。可在水中加入 2%洗涤剂配置的导电溶液，在测区喷洒。

（e）半电池检测系统稳定检查：在同一测点用相同半电池重复测量两次，两次电位差应小于 10mV；用两只不同的半电池同点测得的电位差应小于 20mV。

（f）逐点测量：将半电池依次放在各电位测点上，检测并记录各点的电位值。测试时注意：半电池及多孔塞与混凝土表面形成通路，半电池中的溶液与多孔塞和铜棒完全接触。

e. 数据处理及强度推定。当检测环境温度在（22±5)℃之外时，测试电位值应按公式(11-34) 和式(11-35) 修正：

当 $T \geqslant 27℃$ 时：

$$V = k(T - 27.0) + V_R \tag{11-34}$$

当 $T \leqslant 17℃$ 时：

$$V = k(T - 17.0) + V_R \tag{11-35}$$

式中　V——温度修正后的电位值，精确至 1mV；

　　　V_R——温度修正前的电位值，精确至 1mV；

　　　T——检测环境温度，精确至 1℃；

　　　k——系数，mV/℃。

根据测点的半电池电位值检测结果，按表 11-4 判别钢筋锈蚀情况。

表 11-4　钢筋锈蚀状况的判别标准

仪器测定电位水平/mV	钢筋锈蚀状态判别
>−200	不发生锈蚀的概率＞90%
−200～−350	锈蚀性状不确定
<−350	发生锈蚀的概率大于90%

钢筋锈蚀可导致断面削弱，在进行结构承载能力验算时应予以考虑。一般的折算方法是：用锈蚀后的钢筋面积乘以原材料强度作为钢筋所能承担的极限拉（压）力，然后按现行设计规范验算结构的承载能力。测量锈蚀钢筋的断面面积常用称重法或用卡尺量取锈蚀最严重处的钢筋直径。

11.3　砌体结构检测

砌体由块材和砂浆砌筑而成,与钢结构、钢筋混凝土结构相比,砌体结构虽然具有易于就地取材、造价低、施工简便、有很好的耐火性、较好的化学稳定性和大气稳定性、保温性、隔热性等优点,但砌体结构也具有自重大,砂浆和砌块间的黏结力较弱,抗拉、抗弯和抗剪强度低,材料变异性、整体性、抗震性差,地基不均匀沉降或有温度变形作用时极易产生各种裂缝的缺点。《砌体结构设计规范》(GB 50003—2011)规定,对砌体结构构件仅需进行承载能力极限状态验算,正常使用极限状态则通过构造要求来保证,也即不进行构件的裂缝和变形验算。但实际使用中,由于结构设计不当,施工质量低劣,或由于地基不均匀沉降、温度收缩变形的作用,砌体结构构件往往存在各种裂缝、变形(包括墙的倾斜)而影响房屋的正常使用。因此,对砌体结构构件鉴定时,也应对正常使用功能进行评价,即按构件承载力、裂缝、变形(包括墙柱的倾斜)及构造四个子项进行评价。砌体结构的问题往往就是在这些方面出现,是检测的重点。

11.3.1　砌体结构检测的主要内容及方法

砌体结构检测的主要内容及方法有很多,其中包括砌体结构块材的强度检测、砌体砂浆的强度检测、砌体的强度检测、砌筑质量与构造、结构构件的损伤等,由于砌体结构具有造价低、建筑性能良好、施工简便等优点,我国绝大部分工业厂房墙体和中低层民用建筑均采用砌体结构。但砌体结构的强度低、变异性较大、整体性和抗震性能差,许多砖石砌体房屋在长期使用过程中产生了不同程度的损伤和破坏,对砌体结构房屋进行定期或应急的可靠性鉴定,及时采取维护措施,可消除隐患,延长房屋使用寿命,对确保结构安全,发挥房屋的经济效益有重要意义。

11.3.1.1　砌体结构的特点

① 砌体结构的自重较大,其基础通常采用墙下条形基础和柱下独立基础,对地基不均匀沉降的调节有限,容易发生不均匀沉降现象。

② 砌体具有承重和维护的双重功能,但强度相对较低,易于出现裂缝,且承重及维护砌体的裂缝极易互相影响。

③ 砌体结构通常采用钢筋混凝土楼、屋盖,由于砌体材料和混凝土材料的热膨胀系数存在显著差别,砌体结构的顶层墙体常常因较大的温度变形而开裂。

④ 由于砌体结构强度较低,难以形成较大的空间及较大的洞口。当洞口较大、洞口间墙太小时往往出现压碎、拉裂或剪断现象。

⑤ 砌体结构易受潮,使用环境较差或长期有水时极易出现风化、冻融、腐蚀等耐久性损伤。

⑥ 砌体结构墙体一般由多人砌筑而成,不同部位施工质量差异较大,有时会出现局部的问题。

⑦ 易于出现因温度、收缩、变形或地基不均匀沉降等引起的裂缝及轻微的非受力裂缝。

11.3.1.2　砌体结构检测要点

目前,国内外提出的许多砌体结构的现场原位非破损或微破损检测方法,主要是用于检测砌体抗压强度、砌体抗剪强度和砌筑砂浆强度等。我国已于 2011 年颁布了国家标准《砌体工程现场检测技术标准》（GB/T 50315—2011），纳入的方法主要有：用于砌体强度检测的原位轴压法、扁顶法、原位单剪法和原位单砖双剪法，用于砂浆强度检测的推出法、筒压法、砂浆片剪切法、回弹法、点荷法，相关检测方法见表11-5，这些方法在实际应用中应根据检测目的、设备及环境条件等具体情况加以选择和运用。

表 11-5 检测方法一览表

序号	检测方法	特点	用途	限制条件
1	原位轴压法	1. 属原位检测，直接在墙体上测试，检测结果综合反映材料质量和施工质量； 2. 直观性、可比性强； 3. 设备较重 4. 检测部位有较大局部破损	1. 检测普通砖和多孔砖砌体的抗压强度； 2. 火灾、环境侵蚀后的砌体剩余抗压强度	1. 槽间砌体每侧的墙体宽度不应小于1.5m，测点宜选在墙体长度方向的中部； 2. 限用于240mm厚砖墙
2	扁顶法	1. 属原位检测，直接在墙体上测试，检测结果综合反映了材料和施工质量； 2. 直观性、可比性较强； 3. 扁顶重复使用率较低； 4. 砌体强度较高或轴向变形较大时，难以测出抗压强度； 5. 设备较轻； 6. 检测部位局部破损	1. 检测普通砖和多孔砖砌体的抗压强度； 2. 检测古建筑和重要建筑的受压工作应力； 3. 检测砌体弹性模量； 4. 火灾、环境侵蚀后的砌体剩余抗压强度	1. 槽间砌体每侧的墙体宽度不应小于1.5m，测点宜选在墙体长度方向的中部； 2. 不适用于测试墙体破坏荷载大于400kN的墙体
3	切制抗压试件法	1. 属取样检测，检测结果综合反映了材料质量和施工质量； 2. 试件尺寸与标准抗压试件相同，直观性、可比性较强； 3. 设备较重，现场取样时有水污染； 4. 取样部位有较大局部破损，需切割、搬运试件； 5. 检测结果不需换算	1. 检测普通砖和多孔砖砌体的抗压强度； 2. 火灾、环境侵蚀后的砌体剩余抗压强度	取样部位每侧的墙体宽度不应小于1.5m，且应为墙体长度方向的中部或受力较小处
4	原位单剪法	1. 属原位检测，直接在墙体上测试，检测结果综合反映了材料质量和施工质量； 2. 直观性强； 3. 检测部位有较大局部破损	检测各种砖砌体的抗剪强度	测点选在窗下墙部位，且承受反作用力的墙体应有足够长度
5	原位双剪法	1. 属原位检测，直接在墙体上测试，检测结果综合反映了材料质量和施工质量； 2. 直观性较强； 3. 设备较轻便； 4. 检测部位局部破损	检测烧结普通砖和烧结多孔砖砌体的抗剪强度	—
6	推出法	1. 属原位检测，直接在墙体上测试，检测结果综合反映了材料质量和施工质量； 2. 设备较轻便； 3. 检测部位局部破损	检测烧结普通砖、烧结多孔砖、蒸压灰砂砖或蒸压粉煤灰砖墙体的砂浆强度	当水平灰缝的砂浆饱满度低于65%时，不宜选用
7	筒压法	1. 属取样检测； 2. 仅需利用一般混凝土实验室的常用设备； 3. 取样部位局部损伤	检测烧结普通砖和烧结多孔砖墙体中的砂浆强度	—
8	砂浆片剪切法	1. 属取样检测； 2. 专用的砂浆测强仪及其标定仪，较为轻便； 3. 测试工作较简便； 4. 取样部位局部损伤	检测烧结普通砖和烧结多孔砖墙体中的砂浆强度	—

序号	检测方法	特点	用途	限制条件
9	砂浆回弹法	1. 属原位无损检测,测区选择不受限制; 2. 回弹仪有定型产品,性能较稳定,操作简便; 3. 检测部位的装修面层仅局部损伤	1. 检测烧结普通砖和烧结多孔砖墙体中的砂浆强度; 2. 主要用于砂浆强度均质性检查	1. 不适用砂浆强度小于2MPa墙体; 2. 水平灰缝表面粗糙且难以磨平时,不得采用
10	点荷法	1. 属取样检测; 2. 测试工作较简便; 3. 取样部位局部损伤	检测烧结普通砖和烧结多孔砖墙体中砂浆强度	不适用于砂浆强度小于2MPa的墙体
11	砂浆片局压法	1. 属取样检测; 2. 局压仪有定型产品,性能较稳定,操作简便; 3. 取样部位局部损伤	检测烧结普通砖和烧结多孔砖墙体中的砂浆强度	适用范围限于: 1. 水泥石灰砂浆强度为1~10MPa; 2. 水泥砂浆强度为1~20MPa
12	烧结砖回弹法	1. 属原位无损检测,测区选择不受限制; 2. 回弹仪有定型产品,性能较稳定,操作简便; 3. 检测部位的装修面层仅局部损伤	检测烧结普通砖和烧结多孔砖墙体中的砖强度	适用范围限于:6~30MPa

① 砌筑块材强度,主要检测抗压强度、抗折强度。砌体强度的现场检测需对检测部位进行必要的加工,在加工过程中极易对砂浆及砌块造成扰动。因此,对试验部位的加工应小心谨慎,如不慎出现扰动应另换部位。大部分的强度检测将对墙体产生一定甚至较大的损伤,检测完成后应进行必要的修复。砖强度的现场检测一般可在不影响使用的房间或窗台下或屋顶从墙体上直接取样送回实验室进行抗压、抗折试验。为使试验具有代表性,应在不同层的不同部位均取样。

② 砌筑砂浆强度:砂浆的强度检测可用砂浆回弹法、推出法、筒压法、砂浆片剪切法、点荷法、砂浆片局压法等中的一种或多种方法进行检测。最好采用现场取样的方法,强度的均质性可采用非破损方式。检查砌块及砂浆的风化、腐蚀、冻融等损伤,在建或新建砌体结构,应按国家或部颁建筑材料标准,定期对原材料进行随机抽样检验;对于已建造多年的旧砌体结构,应检查砌体材料(如砖、砌块、石头、砂浆)的强度及其腐蚀、风化和冻融破坏,或取样进行测试或现场测试。特别是对于经常处于潮湿和腐蚀条件下的墙基、柱基和外露砌体,应严格进行关键检查和试验。

③ 砌体强度采用取样或者现场原位方法检测,但是取样不得构成结构构件安全问题。砌体强度分砌体抗压强度和砌体抗剪强度两种。砌体抗压强度可用原位轴压法、扁顶法等方法检测,砌体抗剪强度可用原位单剪法、原位双剪法等方法检测。砌体抗压强度、抗剪强度和抗拉强度还可以根据砌筑砂浆和砖的强度等级进行推断。钢结构强度相比混凝土强度离散性大,砌体强度与混凝土强度相比,其检测结果离散性更大。由于离散性太大,砂浆、砌体强度的检测往往需要大量的测点,且用一种检测方法很难准确确定,现场检测往往用几种方法进行实测后综合推断,并合理剔除操作不当可能产生的偶然误差。

④ 砌筑质量与构造。

a. 连接检测。墙体与墙;垫块与墙及梁;屋架,屋面板,楼面梁、板与墙、柱的连接点应作为检查的重点。主要检查墙体的垂直和水平连接、垫块的设置以及连接件的滑动、松动和损坏。应特别注意屋顶特拉斯支架处的连接。

　　b. 构造检查。圈梁的布置、构造是否合理，有无裂缝或断裂应作为检查的重点。主要检查圈梁的布置、连接和结构要求是否合理，同时检查原材料（主要是混凝土的强度和强度等级）。检查构造柱是否有蜂窝漏筋现象，主筋箍筋位置是否准确，钢筋是否错位。检查芯柱使用混凝土是否达标，钢筋是否达标以及裂缝处理。

　　c. 墙体稳定性检测。主要测定支撑约束条件和高厚比，重点是墙与墙、墙与主体结构的拉结，特别是纵横墙、围护墙与柱、山墙顶与屋盖的拉结等。

　　d. 变形检测。检测高大的墙体、柱、梁的变形及倾斜。重点关注承重墙、高墙和柱的变形，如凸形、凹形变形和倾斜位移。

　　⑤ 构件损伤检测。详细检查墙体、梁、柱、板、散水、地面出现的裂缝及裂缝的各项参数，绘制裂缝分布图，分析裂缝出现的可能原因。详细记录构件的各种损伤。重点检查墙、柱受力较大的部位（如梁下砌体，墙、柱变截面，基础不均匀沉降，变形明显的部位）。应仔细测量裂缝产生部位的裂缝宽度、长度和分布。

11.3.2　砌筑块材的强度检测

　　砌筑块材的检测，可分为砌筑块材的强度及强度等级、尺寸偏差、外观质量、抗冻性能、块材品种等检测项目。强度检测，一般可采用取样法、回弹法、取样结合回弹的方法或钻芯的方法检测。砌块强度试验要求：

　　① 对于砌块强度试验，应将具有相同类型、强度等级、质量和环境的砌体构件分为一个试验批次。每个试验批次的砌体体积不得超过 $250m^3$。

　　② 当根据砌块和砌筑砂浆的强度确定砌体强度时，砌块强度检测位置应与砌筑砂浆强度检测位置相对应。

　　③ 除特殊测试目的外，用于砌块强度测试的取样砌块样品的外观质量应符合相应产品标准的合格要求。不得选择受灾害或环境侵蚀影响的区块作为样本或回弹测试区域。试块的芯样不得有明显缺陷。

　　④ 砖和砌块的尺寸和外观质量可通过取样或现场测试进行测试。对于砖和砌块的尺寸检验，每个检验批可随机抽取 20 块砌块，仅可抽取暴露表面进行现场检验；砖和砌块外观质量检查可分为缺边、缺角、裂缝、弯曲等。现场检查可检查砖或砌块的外露表面；检验方法和评价指标应根据现行相应的产品标准确定。检验批应根据建筑结构检验技术标准中规定的方法判定是否合格。如果砌块的外观质量不符合要求，可根据不合规程度降低砌块的抗压强度；当砌块尺寸为负偏差时，构件的实测截面尺寸应作为构件安全验算和结构评估的参数。

　　砌块强度检测最理想的方法是在结构上截取块材，由抗压试验确定相应的强度指标。但受现场条件限制，有时采用回弹法、取样结合回弹的方法或钻芯的方法检测、推断块材强度。下面主要介绍回弹法。

　　回弹法检测砖块强度基本原理，与混凝土强度检测的回弹法相同。采用专门的 HT-75K 型砖块回弹仪分别量测砖砌体内砖块回弹值。对检测批的检测，每个检测批中可布置 5～10 个检测单元，共抽取 50～100 块砖进行检测。回弹测点应布置在外观质量合格的砖的条面上，每块砖的条面布置 5 个回弹测点。测点应避开气孔等，且测点之间应留有一定的间距。

　　以每块砖的回弹测试平均值 R_m 为计算参数，按相应的测强曲线计算单块砖的抗压强度换算值；当没有相应的换算强度曲线时，经过试验验证后，可按式(11-36)～(11-38) 计算单块砖的抗压强度换算值：

黏土砖：
$$f_{1,i} = 1.08R_{m,i} - 32.5 \tag{11-36}$$

页岩砖：
$$f_{1,i} = 1.06R_{m,i} - 31.4（精确至小数点后一位） \tag{11-37}$$

煤矸石砖：
$$f_{1,i} = 1.05R_{m,i} - 27.0 \tag{11-38}$$

式中　$R_{m,i}$——第 i 块砖回弹测试平均值；

　　　$f_{1,i}$——第 i 块砖抗压强度换算值。

抗压强度的推定，以每块砖的抗压强度换算值为代表值。

回弹法检测烧结普通砖的抗压强度时，宜配合取样检验的验证。

11.3.3　砌筑砂浆的强度检测

砌筑砂浆的试验项目可分为砂浆强度、品种、抗冻性和有害元素含量检测。应采用取样方法（如推出法、圆筒挤压法、砂浆切片剪切法、点荷载法等）测试砌筑砂浆的强度；砌体砂浆的强度均匀性可通过无损检测方法进行检测，如回弹法、渗透法、超声波法、超声波回弹综合法等。当使用这些方法检测现有建筑砌体砂浆强度时，建议使用抽样方法。以下是一些主要的检测方法。

（1）推出法

该方法是一种估算砌体砂浆抗压强度的方法，通过使用推进器将单个集管水平推离墙壁，测量推进器下的水平推力和砂浆饱和度。

① 试验对象和试验设备。推出仪由钢件、传感器、推出力峰值测试仪等组成（图 11-24）。在检测过程中，将推杆放在墙上的孔中。测点应均匀布置在墙上，避开施工中预留孔洞；推送集管的承压面可用砂轮打磨光滑并清洁；顶推集管下方的水平灰缝厚度应为 8～12mm；试验前，应对推压集管进行编号，并详细记录墙体外观。

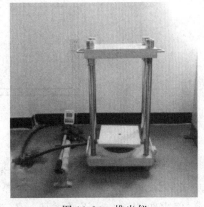

图 11-24　推出仪

② 测试方法。取出被推丁砖上部的两块顺砖，并遵守下列规定：

a. 试件准备。使用冲击钻在图 11-25(a) 所示 A 点打出约 40mm 的孔洞；用锯条自 A 至 B 点锯开灰缝；将扁铲打入上一层灰缝，取出两块顺砖；用锯条锯切被推丁砖两侧的竖向灰缝，直至下皮砖顶面；开洞及清缝时，不得扰动被推丁砖。

b. 安装推出仪图 11-25(b)、(c)。用尺测量前梁两端与墙面距离，使其误差小于 3mm。传感器的作用点，在水平方向应位于被推丁砖中间，铅垂方向应距被推丁砖下表面之上 15mm 处。

c. 加载试验。旋转加荷螺杆对试件施加荷载，加荷速度宜控制在 5kN/min。当被推丁砖与砌体间发生相对位移，试件达到破坏状态时记录推出力 N_{ij}；取下被推丁砖，用百格网测试砂浆饱满度 B_{ij}。

（2）筒压法

将取样的砂浆压碎、干燥并筛分成符合一定级配要求的颗粒，将其装入压力缸中并施加缸压力荷载，然后测试损坏程度，用气缸压力比表示，以估计抗压强度。

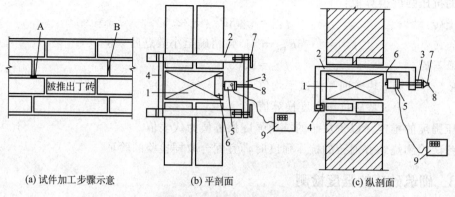

图 11-25　推出仪测试安装

1—被推出丁砖；2—支架；3—前梁；4—后梁；5—传感器；6—垫片；7—调平螺丝；

8—加荷螺杆；9—推出力峰值测定仪

① 试验对象和试验设备。砂浆样本取自砖墙，并在实验室进行圆柱体压力荷载试验，以测试圆柱体压力比，然后将其转换为砂浆强度。压力筒（图 11-26）可以由普通碳钢或合金钢制成，也可以用测量轻骨料筒抗压强度的压力筒代替。

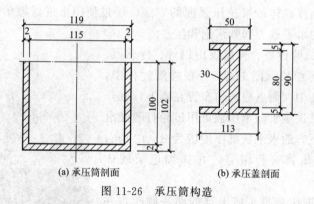

图 11-26　承压筒构造

② 测试方法。在每个测量区域，从距墙面 20mm 范围内的水平砂浆接缝处凿出约 4000g 砂浆，砂浆板（块）的最小厚度不得小于 5mm。

每次取约 1000g 干燥样品，置于由孔径为 5mm、10mm 和 15mm 的标准筛组成的一组筛子中，机械摇动筛子 2min 或手动摇动筛子 1.5min。分别称取粒径为 5～10mm 和 10～15mm 的砂浆颗粒 250g，混合均匀，制成试样。应制备三个样品。每个样品应分两次装入压力缸。每次安装约 1/2 的设备，在水泥跳台上进行 5 次振动。第二次加载和振动跳跃后，平整表面并安装压力盖。

将加载的压力缸放在试验机上，盖上压力盖，启动压力试验机，在 20～40 秒内均匀加载至规定的缸压力荷载值后立即卸载。水泥砂浆和石粉砂浆不同类型砂浆的筒压荷载值分别为 20kN；水泥石灰混合砂浆和粉煤灰砂浆为 10kN。将加压样品倒入由孔径为 5mm 和 10mm 的标准筛组成的一组筛子中，放入振动筛中振动 2min 或手动振动 1.5min，每 5s 筛一次，直到筛量基本相等。

称量保留在每个筛子上的样品重量（精确至 0.1g）。与筛分前的样品重量相比，每个筛子上的筛渣和筛底残渣的总和不得超过样品重量的 0.5%；如果超过，应再次进行测试。

（3）砂浆片剪切法

砂浆片剪切法是采用砂浆测强仪检测砂浆片的抗剪强度，以此推定砌筑砂浆抗压强度的方法。

① 试验对象及测试设备。从砖墙中抽取砂浆片试样，从每个测点处，宜取出两个砂浆片，一片用于检测，一片备用。采用砂浆测强仪测试其抗剪强度，然后换算为砂浆强度。砂浆测强仪的工作原理如图 11-27 所示。

② 测试方法。从测点处的单块砖大面上取下的原状砂浆大片应编号；同一个测区的砂浆片，应加工成尺寸接近的片状体，大面、条面均匀平整，单个试件的各向尺寸宜为厚度 7～15mm、宽度 15～50mm、长度按净跨度不小于 22mm 确定。砂浆试件含水率，应与砌体正常工作时的含水率基本一致。

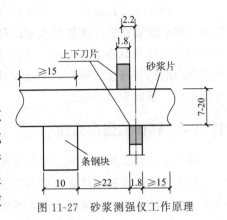

图 11-27　砂浆测强仪工作原理

调平砂浆测强仪，使水准泡居中；将砂浆试件置于砂浆测强仪内，并用上刀片压紧；开动砂浆测强仪，对试件匀速连续施加荷载，加荷速度不宜大于 10N/s，直至试件破坏；试件破坏后，应记读压力表指针读数，并根据砂浆测强仪的校验结果换算成剪切荷载值；用游标卡尺或最小刻度为 0.5mm 的钢板尺量测试件破坏截面尺寸，每个方向量测两次，分别取平均值。

试件未沿刀片刃口破坏时，此次试验作废，应取备用试件补测。

（4）回弹法

砂浆回弹仪用于检测墙体中砂浆的表面硬度，并根据回弹值和碳化深度估计其强度。

① 试验对象和试验设备。用回弹仪测定砂浆表面硬度，用酚酞试剂测定砂浆碳化深度。根据这两个指标计算砂浆强度。一般情况下，检测单位对每层楼采用相同材料类型和设计强度等级的砌体，总量不超过 250m³。在一个检测单位中，根据检测方法的要求随机布置的一个或多个检测区域可以作为一个构件（单墙、柱）的检测区域。每个测量区域的测量位数不得少于 5 位。测量位置应选择在承重墙的可测量表面上，并避免靠近门窗洞口和预埋件的墙壁。墙上每个测量位置的面积应大于 0.3m²。

② 测试方法。测量位置的抹灰层、勾缝砂浆和污垢应清理干净，冲击点处的砂浆表面应仔细打磨平整，清除浮灰。每个测量位置均匀布置 12 个弹头点，选择的弹头点应避开砖块边缘、气孔或松散的砂浆，相邻两个弹头点之间的距离不得小于 20mm。在每个冲击点上，使用回弹仪连续击打 3 次，不要读取第一次和第二次回弹值，只记录第三次回弹值，精确到 1 个刻度。试验过程中，回弹仪应始终保持水平，其轴线应垂直于砂浆表面，无位移。在每个测量位置，选择 1～3 个砂浆接缝，用游标卡尺和 1%酚酞试剂测量砂浆的碳化深度，读数应精确到 0.5mm。

（5）点荷法

点荷法是在砂浆片的大面上施加点荷载，以此推定砌筑砂浆抗压强度的方法。

① 试验对象和试验设备。从砖墙中抽取砂浆片试样，采用小吨位压力试验机测试其点荷载值，然后换算为砂浆强度。从每个测点处，宜取出两个砂浆大片，一片用于检测，一片备用。

② 测试方法。从每个测点处剥离出砂浆大片。加工或选取的砂浆试件，应符合下列要求：厚度为5～12mm，预估荷载作用半径为15～25mm，大面应平整，但其边缘不要求非常规则。在砂浆试件上画出作用点，量测其厚度，精确至0.1mm。

在小吨位压力试验机上、下压板上，分别安装上、下加荷头，两个加荷头应对齐；将砂浆试件水平放置在上、下加荷头对准预先画好的作用点，并使上加荷头轻轻压紧试件，然后缓慢匀速施加荷载至试件破坏。试件可能破坏成数个小块。记录荷载值，精确至0.1kN。将破坏后的试件拼接成原样，测量荷载实际作用点中心到试件破坏线边缘的最短距离即荷载作用半径。精确至0.1mm。

11.3.4　砌体的强度检测

砌体结构强度测试方法主要有扁顶法、原位轴压法、原位单剪法和原位单砖双剪法。

砌体强度可通过取样或现场方法进行测试。取样方法是从砌体上切割试件，并在实验室中测量试件的强度；现场方法是在现场测试砌体的强度。烧结普通砖砌体的抗压强度可采用扁压法或原位轴压法进行测试；烧结普通砖砌体的抗剪强度可采用原位双剪法或单剪法进行测试。

砌体强度的取样和测试应符合以下规定：

① 抽样检查不应构成结构或部件的安全问题；

② 试件的尺寸和强度试验方法应符合《砌体基本力学性能试验方法标准》（GB/T 50129—2011）的规定；

③ 取样操作应采用无振动切割法，试样数量应根据试验目的确定；

④ 试验前，应对试件的局部损坏进行修复，严重损坏的样品不得用作试件；

⑤ 砌体强度的估算可以确定平均值的估算区间；当砌体强度标准值的估算范围不符合要求时，也可根据试件试验强度的最小值确定砌体强度标准。此时，试样数量不得少于3个，也不得超过6个，且不得丢弃数据。

（1）扁顶法

扁顶法的试验装置，由扁式液压加载器及液压加载系统组成，图11-28所示为扁顶法的试验装置。试验时，在待测砌体部位按所取试样高度的上下两端垂直于主应力方向，沿水平灰缝将砂浆掏空，形成两个水平空槽，并将扁式加载器的液囊放入灰缝的空槽内。当扁式加载器进油时，液囊膨胀对砌体产生压力，随着压力的增加，试件受载增大，直到开裂破坏。

扁式加载器的压应力值经修正后，即为砌体的抗压强度。扁顶法，除可直接测量砌体强度外，当在被试砌体部位布置测点进行应变量测时，尚可测量砌体的应力-应变曲线和砌体原始主应力值。

（2）原位轴压法

原位轴压法的试验装置，由扁式加载器、自平衡反力架和液压加载系统组成（图11-29）。测试时先在砌体测试部位垂直方向按试样高度上下两端各开凿一个相当于扁式加载器尺寸的水平槽，在槽内各嵌入一扁式加载器，并用自平衡反力架固定。也可用一个加载器，另一个用特制的钢板代替。通过加载系统对试体分级加载，直到试件受压开裂破坏，求得砌体的极限抗压强度。目前较多采用的也有在被测试体上下端各开240mm×240mm方孔，内嵌自平衡加载架及扁千斤顶，直接对砌体加载。

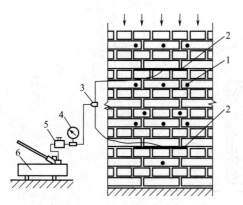

图 11-28　扁顶法的试验装置

1—变形测点角标；2—扁式液压加载器；3—三通
接头；4—液压表；5—溢流阀；6—手动油泵

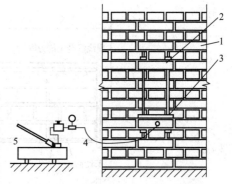

图 11-29　原位轴压法的试验装置

1—墙体；2—自平衡反力架；3—扁式
加载器；4—油管；5—加载油泵

扁顶法与原位轴压法在原理上是完全相同的，都是在砌体内直接抽样，测得破坏荷载，可按式(11-39)计算砌体轴心抗压强度。

$$f = KF/A \qquad (11\text{-}39)$$

式中　f——砌体轴心抗压强度，MPa；

F——试样的破坏荷载，N；

A——试样的截面尺寸，mm^2；

K——对应于标准试件的强度换算系数。

现场实测时，对于 240mm 墙体试样尺寸其宽度可与墙厚相等，高度为 420mm（约 7 皮砖）；对于 370mm 墙体，宽度为 240mm，高度为 480mm（约 8 皮砖）。

砌体原位轴心抗压强度测定法，是在原始状态下进行检测，砌体不受扰动，所以它可以全面考虑砖材和砂浆变异及砌筑质量等对砌体抗压强度的影响。这对结构改建、抗震修复加固、灾害事故分析以及对已建砌体结构的可靠性评定等尤为适用。此外，这种方法以局部破损应力作为砌体强度的推算依据，结果较为可靠。更由于它是一种半破损的试验方法，对砌体所造成的局部损伤易于修复。

(3) 原位单剪法

原位单剪法是在墙体上沿单个水平灰缝进行砌体抗剪强度试验的方法。

① 试验对象及测试设备。本方法适用于推定砖砌体沿通缝截面的抗剪强度。检测时，测试部位宜选在窗洞口或其他洞口下三皮砖范围内。

测试设备，包括螺旋千斤顶或卧式液压千斤顶、荷载传感器及数字荷载表等。试件的预估破坏荷载值，应在千斤顶、传感器最大测量值的 20%～80% 之间。检测前，应率定荷载传感器及数字荷载表，其示值相对误差不应大于 3%。

② 测试方法。在选定墙体上采用振动较小的工具加工切口，并现浇传力体（图 11-30）其过程为：

a. 测量被测灰缝的受剪面尺寸，精确至 1mm。

b. 安装千斤顶及测试仪表。千斤顶的加力轴线与被测灰缝顶面应对齐（图 11-31）。

③ 应匀速施加水平荷载，并控制试件在 2～5min 内破坏。当试件沿受剪面滑动、千斤顶开始卸荷时，即判定试件达到破坏状态。记录破坏荷载值，结束试验。在预定剪切面（灰

缝）破坏，此次试验有效。

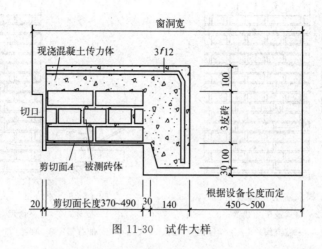

图 11-30　试件大样

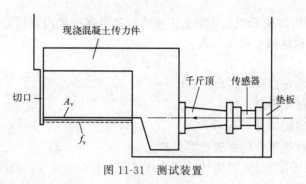

图 11-31　测试装置

④ 加荷试验结束后，翻转已破坏的试件，检查剪切面破坏特征及砌体砌筑质量，并详细记录。

（4）原位单砖双剪法

原位单砖双剪法是采用原位剪切仪在墙体上对单块顺砖进行双面受剪试验，检测抗剪强度的方法，适用于推定烧结普通砖砌体的抗剪强度。检测时，将原位剪切仪的主机安放在墙体的槽孔内。并宜选用释放受剪面上部压力作用下的试验方案；当能准确计算上部压应力时，也可选用在上部压应力作用下的试验方案。

在测区内选择测点，应符合下列规定：

① 每个测区随机布置的 n 个测点，在墙体两面的数量宜接近或相等。以一块完整的顺砖及其上下两条水平灰缝作为一个测点（试件）。

② 试件两个受剪面的水平灰缝厚度应为 8~12mm。

③ 下列部位不应布设测点：门、窗洞口侧边 120mm 范围内；后补的施工洞口和经修补的砌体；独立砖柱和窗间墙。

同一墙体的各测点之间，水平方向净距不应小于 0.62m，垂直方向净距不应小于 0.5m。

原位剪切仪的主机，为一个附有活动承压钢板的小型千斤顶。

其成套设备如图 11-32 所示。

当采用带有上部压应力作用的试验方案时，应按图 11-33 要求，将剪切试件相邻一端的一块砖掏出，清除四周的灰缝，制备出安放主机的孔洞，其截面尺寸不得小于 115mm×65mm，掏空、清除剪切试件另一端的竖缝。

图 11-32　原位剪切仪

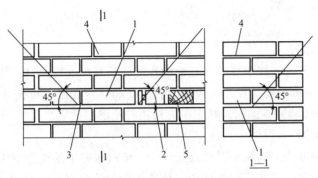

图 11-33　释放应力方案示意图

1—试样；2—剪切仪主机；3—掏空竖缝；4—掏空水平缝；5—垫块

当采用释放试件上部压应力的试验方案时，掏空水平灰缝，掏空范围由剪切试件的两端向上按 45°角扩散至灰缝 4，掏空长度应大于 620mm，深度应大于 240mm。

试件两端的灰缝应清理干净。开凿清理过程中，严禁扰动试件；如发现被推砖块有明显缺棱掉角或上下灰缝有明显松动现象时，应舍去该试件。将剪切仪主机（图 11-32）放入开凿好的孔洞中，使仪器的承压板与试件的砖块顶面重合，仪器轴线与砖块轴线吻合。若开凿孔洞过长，在仪器尾部应另加垫块。

操作剪切仪，匀速施加水平荷载，直至试件和砌体之间出现相对位移，试件达到破坏状态。加荷的全过程宜为 1～3min。记录试件破坏时剪切仪测力计的最大读数，精确至 0.1 个分度值。采用无量纲指示仪表的剪切仪时，尚应按剪切仪的校验结果换算成以 N 为单位的破坏荷载。

11.3.5　砌筑质量与构造

砌筑构件的砌筑质量检测，可分为砌筑方法、灰缝质量、砌体偏差等项目。砌体结构的构造检测，可分为砌筑构件的高厚比，梁垫、壁柱、预制构件的搁置长度，大型构件端部的锚固措施，圈梁、构造柱或芯柱、砌体局部尺寸及钢筋网片和拉结筋等项目。既有砌筑构件砌筑方法、留槎、砌筑偏差和灰缝质量等，可采取剔凿表面抹灰的方法检测。当构件砌筑质量存在问题时，可降低该构件的砌体强度。

（1）砌筑方法检测

砌筑方法的检测主要应检测上、下错缝，内外搭砌等是否符合要求。砌体中常见的砌筑方法有一顺一丁、三顺一丁等，如图 11-34。

图 11-34　一顺一丁、三顺一丁示意图

（2）灰缝质量检测

灰缝质量检测可分为灰缝厚度、灰缝饱满程度和平直程度等项目。其中，灰缝厚度的代表值，应按 10 皮砖砌体高度折算；灰缝的饱满程度和平直程度，可按《砌体结构工程施工质量验收规范》（GB 50203—2011）规定的方法进行检测。

（3）砌体偏差检测

砌体偏差的检测可分为砌筑偏差和放线偏差。砌筑偏差中的构件轴线位移和构件垂直度的检测方法和评定标准，可按《砌体结构工程施工质量验收规范》（GB 50203—2011）的规定执行。对于无法准确测定构件轴线绝对位移和放线偏差的既有结构，可测定构件轴线的相对位移或相对放线偏差。

（4）砌体中的钢筋检测

可按本章节中混凝土结构钢筋检测方法进行。砌体中拉结筋的间距，应取 2~3 个连续间距的平均间距作为代表值。

（5）砌体构造检测

砌筑构件高厚比中的厚度值，应取构件厚度的实测值；跨度较大的屋架和梁支承面下的垫块和锚固措施，可采取剔除表面抹灰的方法检测；预制钢筋混凝土板的支承长度，可采用剔凿楼面面层及垫层的方法检测；跨度较大门窗洞口的混凝土过梁的设置状况，可通过测定过梁钢筋状况判定，也可采取剔凿表面抹灰的方法检测；砌体墙梁的构造，可采取剔凿表面抹灰和用尺量测的方法检测；圈梁、构造柱或芯柱的设置，可通过测定钢筋状况判定；圈梁、构造柱或芯柱的混凝土施工质量，可根据混凝土强度检测方法进行检测。

11.3.6　结构构件的损伤

结构构件损伤的检测，可分为裂缝、倾斜、基础不均匀沉降、环境侵蚀损伤、灾害损伤、钢筋和钢配件锈蚀及人为损伤等项目。

（1）砌体结构裂缝检测

① 结构或构件上的裂缝，应测定裂缝的位置、长度、宽度和数量，如图 11-35 和

图 11-36；

② 必要时应剔除构件抹灰，以确定砌筑方法、留槎、线管及预制构件对裂缝的影响；

③ 对于仍在发展的裂缝，应进行定期的观测，提供裂缝扩展速度的数据。

图 11-35　砌体结构裂缝图片之一

图 11-36　砌体结构裂缝图片之二

（2）砌筑构件或砌体结构的倾斜

可采用经纬仪、激光定位仪、三轴定位仪或吊锤的方法检测，宜区分施工偏差造成的倾斜、变形造成的倾斜、灾害造成的倾斜等。

（3）基础的不均匀沉降

可用水准仪检测，当需要确定基础沉降的发展情况时，应在结构上布置测点进行观测。基础的累计沉降差，可参照首层的基准线推算。

（4）砌体结构损伤检测

对砌体结构受到的损伤进行检测时，应确定损伤对砌体结构安全性的影响。对于不同原因造成的损伤可按下列规定进行检测：

① 对环境侵蚀，应确定侵蚀源、侵蚀程度和侵蚀速度。

② 对冻融损伤，应测定冻融损伤深度、面积。检测部位，宜选在檐口、房屋的勒脚、散水附近和出现渗漏的部位，可参考图 11-37 为受冻融损伤的墙脚。必要时应进行砌筑块材的冻融试验。

③ 对火灾等造成的损伤，应确定受灾害影响的区域和受灾害影响的构件，确定影响程度，如图 11-38 为某受火灾的单层砌体房屋。

④ 对于人为的损伤，应确定损伤程度。

图 11-37　冻融损伤

图 11-38　火灾损伤

第11章

11.4 钢结构检测

钢结构检测项目可分为钢材力学性能、连接、节点、尺寸与偏差、变形与损伤、构造与稳定、涂装防护检测等。钢材与混凝土相比具有诸多优点：强度高、塑性和韧性好、材质均匀、力学计算的假定与实际受力比较符合、制造简便、施工周期短、质量轻。但钢结构也有耐腐蚀性差、耐高温性能差等缺点，在结构构件中可能出现失稳破坏、脆性破坏、连接破坏和疲劳破坏。这些问题是检测鉴定时应着重注意的。

11.4.1 钢材力学性能检测

钢结构中构件钢材的力学性能检验，可分为屈服强度、抗拉强度、伸长率、冷弯和冲击韧性等检测项目。当工程尚有与结构同批的钢结构时，可以将其加工成试件，进行钢结构力学性能检验。当工程没有与结构同批的钢结构时，可在构件上截取试样，但应确保结构构件的安全；既有钢结构取样难度较大时，也可采用表面硬度法、直读光谱法判定钢材的强度等级。结构验算时，材料强度的取值不宜大于国家有关标准规定的强度标准值。一般而言，当发现以下问题时，应该对力学性能进行检测：

a. 钢材有分层或层状撕裂；

b. 钢材有非金属夹杂或夹层；

c. 钢材有明显的偏析；

d. 钢材检验资料缺失或对检验结果有异议等。

11.4.1.1 钢材力学性能检测

了解钢材的基本性能是将钢材应用于实际工程的基础，也是对结构安全的重要保障。其中力学性能是钢材的重要性能之一，直接影响着产品的使用价值。钢材力学性能检验试件的取样数量、取样方法、试验方法和评定标准应符合表 11-6 的规定。

表 11-6 钢材力学性能检验项目和方法

检验项目	取样数量/(个/批)	取样方法	试验方法	评定标准
屈服强度、抗拉强度、伸长率	1	《钢及钢产品 力学性能试验取样位置及试样制备》(GB/T 2975—2018)	《金属材料 拉伸试验 第 1 部分：室温试验方法》(GB/T 228.1—2021)	《碳素结构钢》(GB/T 700—2006)；《低合金高强度结构钢》(GB/T 1591—2018)；其他钢结构产品标准
冷弯	1		《金属材料 弯曲试验方法》(GB/T 232—2010)	
冲击韧性	3		《金属材料 夏比摆锤冲击试验方法》(GB/T 229—2020)	

11.4.1.2 既有钢结构力学性能检测

对既有钢结构进行检测时，钢材抗拉强度是重要的测定内容。最理想的方法是在结构非主要受力部位截取试样，由拉伸试验确定相应的强度指标。但这同样会损伤结构，影响它的正常工作。由于金属材料的硬度与强度之间存在对应关系，一般来讲，材料的硬度值越高，强度也就越高。因此，可以通过硬度计测量材料表面硬度，间接推断钢材强度。硬度测量主要有压入法和回跳法两种。压入法测量材料的布氏硬度 HB、洛氏硬度 HR 和维氏硬度 HV，硬度值表征材料表面抵抗另一物体压入时所引起的塑性变形的能力；HV 精度较高，

HB 次之，HR 稍差。回跳法测量材料的肖氏硬度 HS 和里氏硬度 HL，硬度值表征金属弹性变形的大小，精度不如压入法，但比压入法要方便。

建筑结构工程中钢材表面硬度检测常测量钢材的里氏硬度，《建筑结构检测技术标准》（GB/T 50344—2019）已将里氏硬度法收录其中，用于指导实际工程中钢材强度检测，可用于建筑中的 H 型钢、钢管等钢构件钢材抗拉强度的现场无损检测，不适用于表层或内部强度有明显差异或内部存在缺陷钢材强度的测试。以下将对里氏硬度法进行简单介绍：

（1）基本原理

1978 年，瑞士人 Leeb 博士首次提出了一种全新的测硬方法，它的基本原理是用具有一定质量的冲击体在一定的试验力作用下冲击试样表面，利用电磁原理，感应与速度成正比的电压，测量冲击体距试样表面 1mm 处的冲击速度与回跳速度。用规定质量的冲击体在弹簧力作用下以一定的速度垂直冲击试样表面，以冲击体在距试件表面 1mm 处的回弹速度（v_r）与冲击速度（v_A）的比值来表示材料的里氏硬度。

（2）检测仪器

测定里氏硬度值的仪器，宜采用数显式的里氏硬度计（图 11-39）。里氏硬度计必须具有制造厂的产品合格证及检定单位的检定合格证，并应在硬度计的明显位置上具有下列标志：名称、产品型号、制造厂名称（或商标）、出厂编号、出厂日期和中国计量器具制造许可证 CMC 及许可证号等。

（3）检测步骤

① 检测面打磨处理。里氏硬度值测量前，应对钢材或钢筋表面进行打磨处理，可用钢锉或角磨机等设备打磨构件表面，除去表面涂层、氧化皮、污物或者其他表面不规则处，再分别用粗、细砂纸打磨构件表面直至露出金属光泽。型钢每个测区打磨区域不应小于 30mm×30mm，混凝

图 11-39 里氏硬度计

土内钢筋测区打磨区域不应小于 10mm×50mm。

② 粗糙度值测量。打磨后用粗糙度测量仪测量检测面的粗糙度值，测量不应少于 5 次，取其平均值。每次读数精确至 0.01m。测试表面粗糙度应小于 1.60μm。

③ 硬度测试时，应按以下程序进行：

a. 向下推动加载套或用其他方式锁住冲击体；

b. 将冲击装置支承环紧压在试样表面，冲击方向应与测试面垂直；

c. 平稳地按动冲击装置释放钮；

d. 读取硬度示值。

④ 对于表面为凸圆柱面等曲面的构件，当其表面曲率半径小于 50mm 时，应安装支承环，以确保检测面与冲击装置间不产生相对运动，检测面与支承环表面应清洁，无氧化皮、润滑剂、尘土等污物。

⑤ 测点在测区范围内均匀分布，任意两压痕中心之间距离应大于 4mm，任一压痕中心距试样边缘距离不应小于 5mm。同一测点只能测试一次。每一测区应测试 9 个值，每一测点的里氏硬度值精确至 1。

（4）钢材的强度推定及强度等级划分

测区里氏硬度的平均值应从 9 个里氏硬度测试值中剔除 2 个最大值和 2 个最小值，剩下

的 5 个里氏硬度测试值应按式(11-40) 计算平均值：

$$HL_m = \frac{\sum_{i=1}^{5} HL_i}{5}$$ (11-40)

式中 HL_m——测区里氏硬度的测试平均值，精确到 $1HL$；

HL_i——测区余下 5 个测试值中第 i 个测点的里氏硬度值。

当测区的里氏硬度测试数据无须进行角度、方向以及钢板厚度的修正时，可将里氏硬度测试值的平均值作为换算钢材抗拉强度的代表值。

非垂直方向检测钢结构构件表面时，应按式(11-41) 对测区里的硬度平均值进行弹击角度和弹击方向的修正：

$$HL_{dm} = HL_m + HL_a$$ (11-41)

式中 HL_{dm}——修正后的垂直方向里氏硬度平均值；

HL_m——非垂直方向检测时测区里氏硬度的平均值；

HL_a——非垂直方向检测时测区里氏硬度的修正值，修正值可见《建筑结构检测技术标准》(GB/T 50344—2019)。

既有钢结构抗拉强度可依据测区里氏硬度的代表值进行换算，换算表格参见《建筑结构检测技术标准》(GB/T 50344—2019)。

单个构件钢材抗拉强度的推定应符合下列规定：

① 该构件钢材抗拉强度推定范围宜取 3 个测区换算抗拉强度最小值 $f_{b,min}$ 的平均值作为推定范围的下限值，宜取 3 个测区换算抗拉强度最大值 $f_{b,max}$ 的平均值作为推定范围的上限值。

② 该构件抗拉强度的推定值，可取构件推定范围上限值与下限值的平均值。

11.4.2 钢结构连接

钢结构的连接有三种基本形式：焊缝连接、螺栓连接、铆钉连接。例如图 11-40。螺栓连接又分为普通螺栓连接和高强度螺栓连接，铆钉连接由于费工、费钢，目前已很少采用。

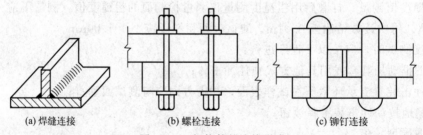

(a) 焊缝连接   (b) 螺栓连接   (c) 铆钉连接

图 11-40 钢构件的连接形式

11.4.2.1 螺栓连接

螺栓连接包括受剪连接和受拉连接两种基本形式。受剪螺栓连接有五种破坏形式：螺杆剪切破坏、孔壁挤压破坏、连接截面破坏、端孔剪切破坏和螺杆弯曲变形。对于高强度螺栓摩擦型连接，其承载能力极限状态以接触面不产生滑移为标志，如果使用过程中接触面出现滑移，则意味着连接破坏。对于高强度螺栓承压型连接，其承载能力极限状态同普通螺栓，但正常使用极限状态以接触面不产生滑移为标志，如果使用过程中接触面出现滑移，则意味着连接不满足正常使用的要求（承载力可能满足要求）。受拉螺栓连接的破坏形式主要是螺栓断裂。高强度螺栓的破坏原因除强度外，还可能因延迟断裂而破坏。

扭剪型高强度螺栓连接的材料性能和预拉力的检验方法与检验规则应按《钢结构用扭剪型高强度螺栓连接副》（GB/T 3632—2008）和《钢结构工程施工质量验收标准》（GB 50205—2020）。对扭剪型高强度螺栓连接质量，可检查螺栓端部的梅花头是否已拧掉，除因构造原因无法使用专用扳手拧掉梅花头者外，未在终拧中拧掉梅花头的螺栓数不应大于该节点螺栓数的 5%。抽样检验时，应按主控项目正常一次性抽样或主控项目正常二次性抽样进行检测批的合格判定。

对高强度螺栓连接质量的检测，可检查外露丝扣，丝扣外露应为 2 至 3 扣，允许有 10% 的螺栓丝扣外露 1 扣或 4 扣。抽样检验时，应按一般项目正常一次性抽样或一般项目正常二次性抽样进行检测批的合格判定。

11.4.2.2 焊缝连接

对接焊缝的破坏部位通常不在焊缝上，而在焊缝附近的母材上。如果对接焊缝存在气孔、夹渣、咬边、未焊透等缺陷，焊缝的抗拉强度将受到显著影响，当缺陷面积与焊件截面面积之比超过一定比例时，对接焊缝的抗拉强度将明显下降，这时的破坏部位则可能出现在焊缝上。

角焊缝的应力状态比较复杂，且端缝和侧缝有较大区别，其焊根有明显的应力集中现象，因此焊缝通常起源于焊根，经扩展而导致焊缝截面断裂，破坏通常在焊喉附近。侧焊缝的应力分布比较复杂，其裂缝通常起源于端部，破坏面也多为焊喉附近。焊缝连接具有连续性，局部一旦出现裂缝，极易延伸、扩展。图 11-41 为对接焊缝。

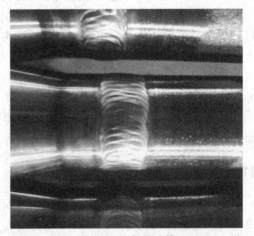

图 11-41 焊缝连接

(1) 焊缝外观质量检查

对钢结构工程的所有焊缝都应进行外观检查；对既有钢结构检测时，可采取抽样检测焊缝外观质量的方法，也可采取按委托方指定范围抽查的方法。焊缝的外形尺寸和外观缺陷检测方法和评定标准，应按《钢结构工程施工质量验收标准》（GB 50205—2020）确定。

(2) 焊缝内部质量检测

对设计上要求全焊透的一、二级焊缝和设计上没有要求的钢结构等强对焊拼接焊缝的质量，可采用超声波探伤的方法检测，并应符合下列规定：

① 对钢结构工程质量，应按《钢结构工程施工质量验收标准》（GB 50205—2020）的规定进行检测；

② 对既有钢结构性能，可采取抽样超声波探伤检测；抽样数量不应少于标准规定的样本最小容量；

③ 焊缝缺陷分级，应按《焊缝无损检测 超声检测 技术、检测等级和评定》（GB/T 11345—2013）确定。

(3) 焊缝的力学性能检测

① 检验项目分为拉伸、面弯和背弯等项目。

② 取样方法和数量可采取截取试样的方法，应采取措施确保安全。每个检验项目各取两个试样。

③ 检验方法按照《金属材料焊缝破坏性试验 横向拉伸试验》（GB/T 2651—2023）和《焊接接头弯曲试验方法》（GB/T 2653—2008）等确定。

④ 焊接接头焊缝的强度不应低于母材强度的最低保证值。

（4）焊缝探伤检测方法及要求

焊缝连接缺陷包括内部缺陷、外观质量和尺寸偏差三个方面。内部缺陷一般采用超声波探伤、射线探伤、渗透探伤或磁粉探伤进行检验；外观质量一般采用肉眼观察，或用放大镜、焊缝量规和钢尺检查，必要时可采用渗透或磁粉探伤进行检查；尺寸偏差一般采用肉眼观察或用焊缝量规检查。

焊缝内部缺陷的检测，应考虑被检焊缝的材质、焊接方法、表面状态等，预计可能产生的缺陷种类、形状、部位和方向等因素。设计要求全熔透的一、二级焊缝应采用超声波进行内部缺陷的检测，对不适合超声检测的缺陷，可采用射线检测。

根据质量要求，超声检测的检验等级可按下列规定划分为 A、B、C 三级：

A 级检验：采用一种角度探头在焊缝的单面单侧进行检验。只对能扫查到的焊缝截面进行探测。一般可不要求做横向缺陷的检验。母材厚度大于 50mm 时，不得采用 A 级检验。

B 级检验：采用一种角度探头在焊缝的单面双侧进行检验，当受构件的几何条件限制时，应在焊缝单面单侧采用两种角度的探头（两角度之差大于 15°）进行检验；母材厚度大于 100mm 时，应采用双面双侧检验，当受构件的几何条件限制时，可在焊缝的双面单侧采用两种角度的探头（两角度之差大于 15°）进行检验。应对整个焊缝截面进行探测。条件允许时应做横向缺陷的检验。

C 级检验：至少应采用两种角度探头在焊缝的单面双侧进行检验。同时应做两个扫查方向和两种探头角度的横向缺陷检验。母材厚度大于 100mm 时，宜采用双面双侧检验。

11.4.3 尺寸和偏差

钢结构的偏差检测主要检测屋架、天窗架和托架的垂直度，受压杆件在主受力平面的弯曲矢高，实腹梁的侧弯矢高，吊车轨道中心对吊车梁轴线的偏差等。这些数据一般可采用常规仪器进行量测，如全站仪、游标卡尺、钢尺等。

尺寸检测的范围，应检测所抽样构件的全部尺寸，每个尺寸在构件的 3 个部位量测，取 3 处测试值的平均值作为该尺寸的代表值；尺寸量测的方法，可按相关规范规定的方法进行量测，其中钢结构的厚度可用超声测厚仪测定。钢构件的尺寸偏差，应以设计图纸规定的尺寸为基准计算尺寸偏差。偏差的允许值，应按《钢结构工程施工质量验收标准》（GB 50205—2020）确定。

钢构件安装偏差的检测项目和检测方法，应按《钢结构工程施工质量验收标准》（GB 50205—2020）确定。

11.4.4 变形和损伤

11.4.4.1 变形检测

钢结构变形检测主要针对钢梁、吊车梁、钢架、檩条、天窗架等构件的平面内垂直变形（挠度）与平面外侧向变形，钢柱身倾斜与挠曲，板件局部变形，整个结构的整体垂直度

（建筑物倾斜）与整体平面弯曲以及基础不均匀沉降等。

钢结构的变形有整体变形和局部变形，整体变形主要检测构件的挠度、偏斜、扭转和整体失稳等；局部变形主要检测局部挠曲、外因扭曲（撞、烤等）和失稳。这些数据均可用靠尺、水准仪、经纬仪、直尺、线锤等进行量测。变形评定可按现行《钢结构工程施工质量验收标准》（GB 50205—2020）的规定执行。

钢结构构件的挠度，可以用拉线、激光测距仪、水准仪和钢尺等方法检测。钢构件或结构的倾斜，可采用经纬仪、激光定位仪、三轴定位仪或吊锤的方法检测，宜区分倾斜中施工偏差造成的倾斜、变形造成的倾斜、灾害造成的倾斜等。钢结构主体结构的整体垂直度和整体平面弯曲可采用经纬仪、全站仪等测量。基础不均匀沉降，可用水准仪检测；当需要确定基础沉降的发展情况时，应在结构上布置测点进行观测，观测操作应遵守《建筑变形测量规范》（JGJ 8—2016）的规定；结构基础的累计沉降差，可参照首层的基准线推算。

11.4.4.2　损伤检测

因受设计、施工（制作、安装）、材料及使用等因素影响，钢结构构件在施工和使用阶段会产生一定的损伤，构件的损伤应包括：锈蚀、碰撞变形与撞击痕迹、火灾后强度损失与损伤，以及累积损伤等造成的裂纹等。锈蚀、裂纹和疲劳是在用钢结构最普遍的问题，也是许多钢结构最终退役或失效的重要原因。

（1）锈蚀检测

钢结构由于与外界介质相互作用而产生的损坏过程称之为腐蚀，也叫锈蚀。钢结构锈蚀分为化学腐蚀和电化学腐蚀。化学腐蚀是大气或工业废气中含的氧气、碳酸气、硫酸气或非电解质液体与钢结构表面作用（氧化作用）产生氧化物引起的锈蚀。电化学腐蚀是由于钢结构内部有其他金属杂质，具有不同电极电位，与电解质或含杂质的水、潮湿气体接触时，产生原电池作用，使钢结构腐蚀。绝大多数钢结构锈蚀是电化学腐蚀或化学腐蚀与电化学腐蚀同时作用形成。在没有侵蚀性介质的环境中，钢结构经过彻底除锈并涂刷合格的油漆后，锈蚀问题一般并不严重。但在局部有水的使用环境中，钢结构的腐蚀便成为一个严重的问题，在这种部位钢结构极易发生腐蚀，应定期检查。

钢结构腐蚀的检测比较简单，肉眼直观观察即可发现是否锈蚀，进一步的锈蚀参数（如锈层厚度、钢结构锈蚀损失率、锈后剩余厚度、坑蚀平均深度及最大深度等）的检测则需借助一定的专用工具进行。值得指出的是，有些严重锈蚀部位表面看起来仅仅是表面有一层锈层，但实际上清除表面锈层后其内部可能锈蚀很严重，甚至钢结构已锈穿。锈蚀检测虽然简单但仍需仔细、认真、彻底地全面检测，并查明锈蚀原因，以便有针对性地提出处理建议。一般来说，焊缝的耐蚀性较母材好，但当钢结构锈蚀较严重时，焊缝亦可能锈蚀，焊缝的锈蚀程度可用焊规测量。钢结构锈蚀原因除了水以外，储存酸液的罐外泄液体或气体也是可能的腐蚀原因。具体锈蚀检测方法可参照《涂覆涂料前钢材表面处理 表面清洁度的目视评定 第 1 部分：未涂覆过的钢材表面和全面清除原有涂层后的钢材表面的锈蚀等级和处理等级》（GB/T 8923.1—2011）确定锈蚀等级，对 D 级锈蚀，还应量测钢板厚度的削弱程度。

钢材表面的锈蚀程度分别以 A、B、C 和 D 四个锈蚀等级表示：

A：大面积覆盖着氧化皮而几乎没有铁锈的钢材表面。

B：已发生锈蚀，并且氧化皮已开始剥落的钢材表面。

C：氧化皮已因锈蚀而剥落，或者可以刮除，并且在正常视力观察下可见轻微点蚀的钢材表面。

D：氧化皮已因锈蚀而剥落，并且在正常视力观察下可见普遍发生点蚀的钢材表面。

（2）裂纹检测

可采用观察的方法和渗透法检测。采用渗透法检测时，应用砂轮和砂纸将检测部位的表面及其周围 20mm 范围内打磨光滑，不得有氧化皮、焊渣、飞溅、污垢等；用清洗剂将打磨表面清洗干净，干燥后喷涂渗透剂，渗透时间不应少于 10min；然后再用浓度为 10％ 的酒精溶液将表面多余的渗透剂清除；最后喷涂显示剂，停留 10～30min 后，通过肉眼观察并借助标准样板、量规和放大镜等工具进行检测，观察是否有裂纹。

① 敲击法：当采用橡皮木锤敲击法时，应敲击构件的多个部位。当敲击声音不清脆、传音不均时，可判断构件裂纹存在。

② 放大镜检查：当采用 10 倍以上放大镜检查时，应在有裂纹的构件表面划出方格网，进行观察。

③ 滴油扩散法：当采用滴油扩散法时，构件表面滴油剂呈圆弧状扩散可判定无裂纹；油渍呈线状扩散且有渗入，可判定有裂纹。

④ 折断面法：采用折断面法进行检测时，应预先在裂纹表面沿裂纹方向刻一条长约为构件厚度 1/3 的沟槽，然后用拉力机或锤子将试样折断，并保证裂纹在沟槽处断开。（当进行局部破坏性检验时，可采用折断面法进行检测，或采用对裂纹进行局部钻孔检查的方法检查焊缝内部的裂纹）

钢材或连接部分裂纹的检测还可采用磁粉、渗透或超声波探伤等方法，详见 11.4.2 钢结构连接部分中焊缝相关检测方法。

（3）疲劳断裂检测

疲劳破坏属于脆性破坏，疲劳破坏塑性变形极小，是一种没有明显变形的突然破坏，危险性较大。结构的疲劳断裂是钢结构或焊缝中的微观裂缝在重复荷载作用下不断扩展直至断裂的脆性破坏。断裂可能贯穿于母材，可能贯穿于连接焊缝，也可能同时贯穿于两者。出现疲劳断裂时，截面上的应力低于材料的抗拉强度，甚至低于屈服强度。疲劳破坏一般常出现在承受反复荷载作用的结构，常见于钢吊车梁，特别是重级工作制作用下的吊车梁。出现的部位一般是已出现质量缺陷、应力集中现象的部位和焊缝区域以及截面突然变化处。焊接工字型钢吊车梁变截面处受拉翼缘（下翼缘）与腹板之间、加劲肋与上翼缘、加劲肋与腹板之间等部位是最容易出现疲劳裂缝的位置。疲劳裂缝开展初期长度往往较短，需对易于出现疲劳裂缝的部位认真、仔细检查，以防遗漏。疲劳破坏的表现形式是出现断裂裂缝，往往在断口上面一部分呈现半椭圆形光滑区，其余部分则为粗糙区。钢构件的疲劳破坏与很多因素有关，当存在较大缺陷和复杂的高峰应力、残余应力时，承受动力荷载的构件会发生疲劳破坏。此时，应重点检查钢构件中易出现质量缺陷、应力集中的部位和焊缝区域。同时，不正常的使用也会降低构件的抗疲劳能力，如超负荷使用、随意施焊等，检测中应对异常作用和损伤进行详细的调查和检测。

疲劳裂缝的检测包括裂缝出现的部位（分布）、裂缝的走向、裂缝的长度和宽度。观察裂缝的分布和走向，可绘制裂缝分布图。裂缝宽度的检测主要用 10～20 倍读数放大镜、裂缝对比卡及塞尺等工具。裂缝长度可用钢尺测量。裂缝深度可用极薄的钢片插入裂缝，粗略地测量也可沿裂缝方向取芯或用超声仪检测。判断裂缝是否发展可用粘贴石膏法，将厚 10mm 左右，宽约 50～80mm 的石膏饼牢固地粘贴在裂缝处，观察石膏是否裂开；也可以在裂缝的两侧粘贴几对手持式应变仪的头子，用手持式应变仪量测裂缝是否发展。

11.4.5　构造和稳定

　　钢结构构造应包括支撑的设置、支撑中杆件的长细比、构件杆件的长细比和保证构件局部稳定的加劲肋。钢构件壁厚小而长度大，在承载过程中会因持续快速增长的变形而在短时间内失效，发生失稳破坏。这种破坏主要出现于受压构件、受弯构件和压弯构件中。钢结构的失稳分两类：整体失稳和局部失稳。两类失稳形式都将影响结构或构件的正常承载和使用或引发结构的其他形式破坏。钢构件的稳定问题突出，其稳定性与端部约束、侧向支承、板件边缘质量、几何偏差等因素都有很大关系，且较敏感。如果设计、施工中处理不当或使用中因意外原因而导致这些因素变化，则可能对构件的稳定性造成较大威胁。检测中应注意对相关构造、质量缺陷和几何偏差的检查。同时，钢构件的稳定性对割伤、锈蚀等造成的截面缺损，碰撞、悬挂吊物等引起的局部变形及意外的横向荷载等也较敏感，还应注意对构件损伤和意外作用的调查和检测，包括对防撞设施的检查。丧失稳定的构件可通过检查构件的平整度、扭曲度及侧移来发现，对于严重丧失稳定的构件可直接用肉眼观察。

　　主要注意以下几条：
　　① 钢结构构件截面的宽厚比应按构件的实测尺寸进行核算。
　　② 钢结构支撑杆件和构件杆件宜按受压杆件考虑长细比，平面类杆件尚应考虑平面内和平面外长细比的区别。
　　③ 网架球节点间的杆件出现弯曲宜初步判定尚存在稳定性问题，在进行计算分析时，应考虑不同荷载组合下杆件的内力，以及施工过程造成的附加内力等。
　　④ 平面屋架的杆件出现平面外的弯曲，节点板出现平面外的位移或变形时，可初步评价存在失稳的问题。
　　⑤ 钢构件腹板出现侧弯时，应评定为局部稳定问题。
　　⑥ 当对网架中杆件、平面屋架杆件和钢构件腹板等的稳定有疑问时，宜进行实荷检验或模型试验。

11.4.6　涂装防护

　　钢结构的涂装防护检测主要包括防腐涂层检测和防火涂层检测。防腐涂层检测主要包括涂层外观质量、涂层厚度、涂层附着力的检测；防火涂层检测包含涂层外观质量、涂层完整性、涂层厚度的检测。目前钢结构防腐涂层主要分为油漆类防腐、金属热喷涂防腐、热浸镀锌防腐涂层，建筑钢结构多以为有机类防腐为主。对防腐效果的判定以涂层厚度和涂层附着力为指标。本节主要针对涂层厚度和涂层附着力检测作一定介绍。

11.4.6.1　防腐涂层检测

　　防腐涂层涂装质量检测可分为涂层外观质量和完整性、涂层厚度、涂层附着力等检测项目。

（1）涂层外观质量和完整性检测

　　钢结构涂层外观质量和完整性采用观察的方法进行检查，宜全数检查，对于存在问题的构件或杆件，逐根进行检测或记录。检查涂层是否均匀、有无皱皮、流坠、针眼、气泡、漏点、空鼓、脱层等外观质量缺陷。如图 11-42 为某钢网架工程防腐涂层开裂、起皮。

　　对于金属热喷涂涂层，尚应检查涂层是否有气孔、裸露母材的斑点、附着不牢的金属熔融颗粒、裂纹或影响使用寿命的其他缺陷；对于既有钢结构，尚应检查涂层是否有变色失

图 11-42　涂层开裂、起皮

光、起泡、粉化、霉变、开裂和脱落及涂层缺失处钢材腐蚀等现象，检查涂层的完整程度，应对检测结果进行分类汇总，汇总结果可列表或图示表示，并宜反映外观质量缺陷在受检范围内的分布特征。

（2）涂层厚度检测

不同类型涂料的防腐涂层厚度，应分别采用不同方法检测：

钢结构防腐涂层主要指油漆类涂层厚度检测，也可用于钢结构表面其他覆盖层（珐琅、橡胶、塑料等）厚度检测，检测方法：每个构件检测 5 处，每处以 3 个相距不小于 50mm 的测点的平均值作为该处涂层厚度的代表值。检测涂层厚度采用涂层测厚仪检测。其最大测量值不应小于 $1200\mu m$；最小分辨率不大于 $2\mu m$，示值相对误差不应大于 3%。

防腐涂层的现场检测应参照《钢结构工程施工质量验收标准》（GB 50205—2020）、《钢结构现场检测技术标准》（GB/T 50621—2010）和《建筑防腐蚀工程施工规范》（GB 50212—2014）等规定执行。

（3）涂层附着力检测

检测涂层与底材之间的附着力有多种方法，很多机构制定了相应的标准，同时也制备了很多的仪器工具来进行附着力的检测。适用于现场检测附着力的方法主要有两大类，用刀具划 X 或划格法，以及拉开法。拉开法操作简便，评定标准直观，既可以在实验室内使用，又适合于在施工现场中应用。主要检测步骤如下：

a. 铝合金圆柱用 240～400 目细度的砂纸砂毛，使用前用溶剂擦洗除油。

b. 测试部位用溶剂除油除灰。

c. 按正确比例混合双组分无溶剂环氧胶黏剂，再涂抹上铝合金圆柱，压在测试涂层表面，转向 360°，确保所有部位都有胶黏剂附着。

d. 用胶带把铝合金圆柱固定在涂层表面，双组分环氧胶黏剂在室温下要固化 24 小时；氰基丙烯酸胶黏剂按说明书的要求处理，15min 后达到强度，最好在 2 小时内测试。

e. 测试前，用刀具围着铝合金圆柱切割涂层到底材。

f. 用拉力仪套上铝合金圆柱，转动手柄进行测试，记录下破坏强度（MPa）以及破坏状态。用百分比表示出涂层与底材、涂层之间、涂层与胶水以及胶水与圆柱间的附着力强度及状态。

11.4.6.2　防火涂层检测

防火涂料涂装质量检测可分为涂层外观质量、涂层完整性、涂层厚度等检测项目。

(1) 涂层外观质量和完整性检测

新建钢结构防火涂料涂装基层不应有油污、灰尘和泥沙等污垢，防火涂料不应有误涂、漏涂，涂层应闭合，无脱层、空鼓、明显凹陷、粉化松散和浮浆、乳突等缺陷。既有钢结构防火涂装的外观质量检测，可根据不同材料按《建筑结构检测技术标准》（GB/T 50344—2019）的规定进行检测和评定。

(2) 涂层厚度检测

① 对薄型防火涂料，可参照防腐涂层厚度检测法，采用涂层厚度测定仪检测涂层厚度，抽检构件的数量不应少于建筑结构抽样检测的最小样本容量 A 类检测样本的最小容量，也不应少于 3 件；每件测 5 处，每处的数值为 3 个相距 50mm 的测点干漆膜厚的平均值，量测方法应符合《钢结构现场检测技术标准》（GB/T 50621—2010）、《钢结构防火涂料应用技术规程》（T/CECS 24—2020）等标准规定。

② 对厚型防火涂料，应采用测针和钢尺检测涂层厚度，量测方法应符合现行国家标准《钢结构现场检测技术标准》（GB/T 50621—2010）、《建筑结构检测技术标准》（GB/T 50344—2019）的规定。

当测针不易插入防火涂层内部时，可采取剥除防火涂层的方法进行检测，剥除面积不宜大于 15mm×15mm。针式测厚仪应符合下列规定：

a. 针式测厚仪由测针、可滑动的圆盘和标尺组成。圆盘始终保持与测针垂直，并在其上装有固定装置，圆盘直径不大于 30mm，以保证完全接触被测试件的表面，标尺可为普通式标尺，也可为数显式的标尺，应根据被测涂层厚度选择相应量程的标尺。测量精度不应大于 0.1mm。

b. 检测前应对测厚仪进行对零校准。把圆盘紧贴标准片，轻压滑杆使测针与圆盘处于同一平面，计下标尺上的初始数值，测量后标尺数值减去该初始数值即是实际的涂层厚度。数显式标尺，检测期间关机再开机后，应重新校准。

c. 检测后应将仪器擦拭干净，测针处加润滑油，把测针缩回并锁紧标尺螺丝。

③钢结构防火涂层的评定应符合下列规定：

a. 薄型防火涂料的涂层厚度应符合有关耐火极限的设计要求；

b. 厚型防火涂料涂层的评定应符合下列规定：

(a) 符合有关耐火极限设计要求的厚度应大于构件表面积的 80%；

(b) 最薄处的厚度不应低于设计要求值的 85%。

11.4.7　钢结构性能的检验

钢结构性能的检测分静力荷载检测和动力特性检测。

11.4.7.1　钢结构性能的静力荷载检测

钢结构性能的静力荷载检验分为：使用性能检验、承载力检验和破坏性检验。使用性能检验和承载力检验的对象可以是实际的结构或构件，也可以是足尺模型；破坏性检验的对象可以是不再使用的结构或构件，也可以是足尺模型。

（1）静力荷载检测检验准备和要求

① 检验装置和设置应能模拟结构实际荷载的大小和分布，能反映结构或构件实际工作状态，加荷点和支座处不得出现不正常的偏心，同时应保证构件的变形和破坏不影响测试数据的准确性和不造成检验设备的损坏和人身伤亡事故。

② 检验的荷载，应分级加载，每级荷载不宜超过最大荷载的 20%，在每级加载后应保持足够的静止时间，并检查构件是否存在断裂、屈服、屈曲的迹象。

③ 变形的测试，应考虑支座沉降变形的影响，正式检验前应施加一定的初始荷载，然后卸荷，使构件贴紧检验装置。加载过程中应记录荷载变形曲线，当这条曲线表现出明显的非线性时，应减小荷载增量。

④ 达到使用性能或承载力检验的最大荷载后，应持荷至少 1h，每隔 15min 测取一次荷载和变形值，直到变形值在 15min 内不再明显增加为止。然后应分级卸载，在每一级卸载和卸载全都完成后测取变形值。

⑤ 当检验用模型的材料与所模拟结构或构件的材料性能有差别时，应进行材料性能的检验。

（2）分类

钢结构性能的静力荷载检验分为：使用性能检验、承载力检验和破坏性检验。

① 使用性能检验：

a. 结构现场原位试验常采用重物直接加载的形式，在单块加载物重量均匀的前提下，可方便地通过加载物数量控制加载重量，分堆码放重物之间的空隙不宜过小，这是因为试件在加载后期弯曲变形较大，重物之间留有足够空隙可避免其互相接触形成拱作用卸载；现场进行的大跨度复杂钢结构体系进行集中加载可采用悬挂重物、倒链-地锚等方式。

b. 试验之前应根据试验类型计算控制测点的应变和挠度，并作为加载控制值。当荷载未达到临界试验荷载而结构已经出现屈服、失稳、断裂以及变形超限时，如继续加载将可能造成结构的永久损伤或影响试验安全。一般情况下，除非有特殊的试验要求，不应再继续加载。

c. 经检验的结构或构件应满足下列要求：荷载变形曲线宜基本为线性关系；卸载后残余变形不应超过所记录到最大变形值的 20%。承载力检验结果的评定，检验荷载作用下，结构或构件的任何部分不应出现屈曲破坏或断裂破坏；卸载后结构或构件的变形应至少减少 20%。破坏性检验的加载，应先分级加到设计承载力的检验荷载，根据荷载变形曲线确定随后的加载增量，然后加载到不能继续加载为止，此时的承载力即为结构的实际承载力。

d. 一般选用位移传感器、百分表、千分表等精度较高的仪表进行量测；挠度修正系数是指试件在均布荷载下跨中挠度与等效加载时试件跨中挠度的比值，根据三等分点受力和均布加载弯矩等效原则，挠度修正系数取 0.98。

② 承载力检验：

a. 承载力检验用于证实结构或构件的设计承载力。

b. 在进行承载力检验前，宜先进行使用性能检验且检验结果应满足相应的要求。

c. 承载力检验荷载，应采用永久和可变荷载适当组合的承载力极限状态的设计荷载。

d. 承载力检验结果的评定，检验荷载作用下，结构或构件的任何部分不应出现屈曲破坏或断裂破坏。

③ 破坏性检验：

a. 破坏性检验用于确定结构或模型的实际承载力。

b. 进行破坏性检验前，宜先进行设计承载力的检验，并根据检验情况估算被检验结构的实际承载力。

c. 破坏性检验的加载，应先分级加到设计承载力的检验荷载，根据荷载变形曲线确定随后的加载增量，然后加载到不能继续加载为止，此时的承载力即为结构的实际承载力。

11.4.7.2　钢结构性能的动力特性检测

钢结构性能的动力特性检测是通过测试结构动力输入处和响应处的应变、位移、速度或加速度等时程信号，获取结构的固有频率、振型、阻尼比等动力性能参数。

① 存在下列情况之一时，宜进行钢结构动力特性检测：

a. 需要进行抗震、抗风、工作环境或其他激励下动力响应计算的结构。

b. 需要通过动力参数进行损伤识别和故障诊断的结构。

c. 在某种动外力作用下，某些部分动力响应过大的结构。

d. 其他需要获取结构动力性能参数的结构。

② 钢结构动力特性检测，可根据检测目的选择下列方法：

a. 检测结构的基本振型时，宜采用环境随机振动激振法。在满足检测要求的前提下，也可采用初始位移法、重物撞击法等方法。

b. 检测结构平面内多个振型时，宜采用环境随机振动激振法或稳态正弦激振方法。

c. 检测结构空间振型或扭转振型时，宜采用环境随机振动激振法、多振源相位控制同步的稳态正弦激振方法或初速度法。

d. 评估结构的抗震性能时，可选用环境随机振动激振法或人工爆破模拟地震法。

e. 大型复杂结构宜采用多点激振方法。

f. 对于单点激振法测试结果，必要时可采用多点激振法进行校核。

思考题

在线题库

1. 混凝土结构检测包括哪些内容？
2. 名词解释：钻芯法测试混凝土强度、回弹法测试混凝土强度。
3. 混凝土强度检测方法有哪几种？
4. 混凝土中钢筋的检测主要包括哪些内容？
5. 砌体结构检测包括哪几项内容？
6. 砌筑砂浆的强度检测方法有哪些？
7. 简述钢结构外观质量的检测方法。
8. 钢结构的疲劳裂缝有何特点？疲劳裂缝在何种情况下出现？
9. 钢结构的焊缝连接失效形式有哪几种？探伤有哪些方法？

第11章

第 12 章
地基与桩基基础检测

第 13 章
测试数据整理与分析

参考文献

[1] 混凝土物理力学性能试验方法标准：GB/T 50081—2019 [S].

[2] 钢及钢产品 力学性能试验取样位置及试样制备：GB/T 2975—2018 [S].

[3] 金属材料 拉伸试验 第 1 部分：室温试验方法：GB/T 228.1—2021 [S].

[4] 金属材料 弯曲试验方法：GB/T 232—2010 [S].

[5] 砌体基本力学性能试验方法标准：GB/T 50129—2011 [S].

[6] 建筑砂浆基本性能试验方法标准：JGJ/T 70—2009 [S].

[7] 混凝土强度检验评定标准：GB/T 50107—2010 [S].

[8] 钻芯法检测混凝土强度技术规程（附条文说明）：CECS 03—2007 [S].

[9] 建筑变形测量规范：JGJ 8—2016 [S].

[10] 工程结构可靠性设计统一标准：GB 50153—2008 [S].

[11] 工业建筑可靠性鉴定标准：GB 50144—2019 [S].

[12] 张俊平. 土木工程试验与检测技术 [M]. 北京：中国建筑工业出版社，2013.

[13] 张建仁，田仲初. 土木工程试验 [M]. 北京：人民交通出版社，2012.

[14] 杨艳敏，王勃，朱坤，等. 建筑结构试验 [M]. 北京：化学工业出版社，2010.

[15] 宋彧. 土木工程试验 [M]. 北京：中国建筑工业出版社，2011.

[16] 王天稳. 土木工程结构试验 [M]. 3 版. 武汉：武汉理工大学出版社. 2013.

[17] 赵菊梅，李国庆. 土木工程结构试验与检测 [M]. 成都：西南交通大学出版社，2015.

[18] 易伟建，何庆锋，肖岩. 钢筋混凝土框架结构抗倒塌性能的试验研究 [J]. 建筑结构学报，2007（05）：104-109，117.

[19] 陈星烨，马晓燕，宋建中. 大型结构试验模型相似理论分析与推导 [J]. 长沙交通学院学报，2004（01）：11-14.

[20] 王进廷，金峰，张楚汉. 结构抗震试验方法的发展 [J]. 地震工程与工程振动，2005（04）：37-43.

[21] 陈再现，姜洪斌，张家齐，等. 预制钢筋混凝土剪力墙结构拟动力子结构试验研究 [J]. 建筑结构学报，2011，32（06）：41-50.

[22] 熊仲明，史庆轩，王社良，等. 钢筋混凝土框架-剪力墙模型结构试验的滞回反应和耗能分析 [J]. 建筑结构学报，2006（04）：89-95.

[23] 岩土工程勘察规范（2009 版）：GB 50021—2001 [S].